"十三五"普通高等教育系列教材

复变函数

文 斌 姜春艳 张 玲 杨 帆 编
赵宝江 主审

中国电力出版社
CHINA ELECTRIC POWER PRESS

内 容 提 要

本书为“十三五”普通高等教育系列教材。全书共6章，内容为复数与复变函数、解析函数、复变函数的积分、解析函数的级数理论、留数、共形映射。本书结构严谨，条理清晰，每章末都附有小结和习题，习题题型多样，难度适中。本书后还附有复变函数发展简史、数学家简介、数学实验、习题答案，有利于读者对复变函数的进一步学习与了解。书中带“*”号部分为选学内容。

本书可作为高等院校工科学生的复变函数教材，也可供工程技术人员参考。

图书在版编目（CIP）数据

复变函数/文斌等编. —北京：中国电力出版社，2019.6（2023.5重印）
“十三五”普通高等教育规划教材
ISBN 978-7-5198-3446-3

Ⅰ.①复… Ⅱ.①文… Ⅲ.①复变函数-高等学校-教材 Ⅳ.①O174.5

中国版本图书馆CIP数据核字（2019）第150600号

出版发行：中国电力出版社
地　　址：北京市东城区北京站西街19号（邮政编码100005）
网　　址：http：//www.cepp.sgcc.com.cn
责任编辑：张　旻（010-63412536）
责任校对：黄　蓓　王海南
装帧设计：赵姗姗
责任印制：吴　迪

印　　刷：三河市航远印刷有限公司
版　　次：2019年6月第一版
印　　次：2023年5月北京第五次印刷
开　　本：787毫米×1092毫米　16开本
印　　张：10.75
字　　数：261
定　　价：29.00元

前　言

复变函数与积分变换是工科学生继高等数学之后的又一门重要的基础理论课，是学习后续课程的基本工具。本课程的主要任务是培养学生的逻辑思维能力与科学计算能力，应用复变函数与积分变换的基本原理和方法解决工程实际问题。

随着我国高等教育的发展，为适应本科院校的人才培养需求，我们结合多年的教学经验，编写了本书。主要内容为复数与复变函数，解析函数，复变函数的积分，解析函数的级数理论，留数，共形映射。

本书的编写过程中突出了以下几个特点。

（1）内容的编写上更加注重基础内容，强化概念，淡化理论，突出了其应用性，努力使学生学会用数学思想、数学方法去解决实际问题。

（2）例题和习题类型丰富，有利于学生对内容的掌握。习题包含了填空题、选择题、判断题、计算题和证明题。

（3）为加强复变函数的应用性，提高学生的学习兴趣，本书附录中增加了复变函数的数学实验部分内容。

本书是佳木斯大学组织编写的大学数学系列教材之一，第 1 章、各章习题及附录 D 由文斌编写，第 2 章和第 3 章由姜春艳编写，第 4 章和第 5 章由张玲编写，第 6 章及附录 A～附录 C 由杨帆编写。全书由赵宝江主审。

限于编者水平，教材中不妥之处难免，敬请广大读者指正。

编　者

2019 年 6 月

目　录

第1章 复数与复变函数

复变函数是以研究复变量之间的相互依赖关系为主要任务的一门数学课程．中学阶段对复数已经有了初步的认识．本章首先复习了复数的概念、性质、运算，然后介绍了复平面上的区域、复变函数、复变函数的极限、复变函数的连续等内容．

§1.1 复数及其代数运算

1．复数的概念

在初等代数中已经知道，方程 $x^2+1=0$ 在实数范围内无解，这是因为任何一个实数的平方都不能等于 -1，为解此类方程，引入了新数 i，规定 $i^2=-1$，并称 i 为虚数单位．从而方程 $x^2+1=0$ 就有了两个根 i 和 $-i$. 下面引入复数的概念．

我们称形如 $z=x+iy$ 或 $z=x+yi$ 的数为复数，其中 i 为虚数单位，x 和 y 为任意实数，分别称为复数 z 的实部和虚部，记为

$$x=\mathrm{Re}(z)\,,\ y=\mathrm{Im}(z).$$

当 $x=0$，$y\neq 0$ 时，$z=iy$ 称为纯虚数；当 $y=0$ 时，$z=x+0i=x$，此时复数 z 即为实数 x，因此复数是实数概念的推广．例如，复数 $z=2i$ 为纯虚数，复数 $z=1+0i$ 可看作实数 1.

两个复数相等，必须且只须它们的实部和虚部分别相等．即若设复数 $z_1=x_1+iy_1$，$z_2=x_2+iy_2$，当且仅当 $x_1=x_2$，$y_1=y_2$ 时，$z_1=z_2$，反之也成立．

一个复数 z 等于 0，必须且只须它的实部和虚部同时为 0.

实数能比较大小，与实数不同，一般来说，两个不全为实数的复数不能比较大小．

2．复数的代数运算

两个复数 $z_1=x_1+iy_1$，$z_2=x_2+iy_2$ 的加法、减法、乘法定义如下：

$$z_1+z_2=(x_1+iy_1)+(x_2+iy_2)=(x_1+x_2)+i(y_1+y_2)$$

$$z_1-z_2=(x_1+iy_1)-(x_2+iy_2)=(x_1-x_2)+i(y_1-y_2)$$

$$z_1\cdot z_2=(x_1+iy_1)\cdot(x_2+iy_2)=(x_1x_2-y_1y_2)+i(x_1y_2+x_2y_1).$$

分别称以上三式右端的复数为 z_1 与 z_2 的和、差、积．

同实数中除法的定义一样，我们称满足

$$z_2\cdot z=z_1(z_2\neq 0)$$

的复数 z 为 z_1 与 z_2 的商，记作 $\dfrac{z_1}{z_2}$，记 $z=x+iy$，由乘法定义，有

$$(x_2+iy_2)(x+iy)=(xx_2-yy_2)+i(xy_2+x_2y)=x_1+iy_1$$

于是

$$xx_2-yy_2=x_1\,,\ xy_2+x_2y=y_1$$

解得

$$x=\frac{x_1x_2+y_1y_2}{x_2^2+y_2^2}\,,\ y=\frac{x_2y_1-x_1y_2}{x_2^2+y_2^2}.$$

即
$$z=\frac{z_1}{z_2}=\frac{x_1x_2+y_1y_2}{x_2^2+y_2^2}+i\frac{x_2y_1-x_1y_2}{x_2^2+y_2^2}.$$

不难验证，与实数的情形一样，复数的运算也满足如下运算律：

(1) 交换律　$z_1+z_2=z_2+z_1$，$z_1z_2=z_2z_1$；

(2) 结合律　$z_1+(z_2+z_3)=(z_1+z_2)+z_3$，$z_1(z_2z_3)=(z_1z_2)z_3$；

(3) 分配律　$z_1(z_2+z_3)=z_1z_2+z_1z_3$．

我们把实部相同而虚部互为相反数的两个复数称为共轭复数，复数 z 的共轭复数记为$\bar{z}$. 如果 $z=x+iy$，那么 $\bar{z}=x-iy$.

由共轭复数的定义，容易证明共轭复数的如下性质．

(1) $\overline{z_1\pm z_2}=\overline{z_1}\pm\overline{z_2}$，$\overline{z_1z_2}=\overline{z_1}\,\overline{z_2}$，$\overline{\left(\frac{z_1}{z_2}\right)}=\frac{\overline{z_1}}{\overline{z_2}}$；

(2) $\bar{\bar{z}}=z$；

(3) $z\cdot\bar{z}=[\mathrm{Re}(z)]^2+[\mathrm{Im}(z)]^2$；

(4) $z+\bar{z}=2\mathrm{Re}(z)$，$z-\bar{z}=2i\mathrm{Im}(z)$.

在计算 $\frac{z_1}{z_2}$ 时，常利用共轭复数的性质（3），将分子、分母同时乘以分母的共轭复数，从而得到所求的商．

【例 1 - 1】 设 $z_1=2-i, z_2=3+2i$，求：(1) z_1+z_2；(2) $z_1\cdot z_2$．

解 (1) $z_1+z_2=(2-i)+(3+2i)=(2+3)+i(-1+2)=5+i$；

(2) $z_1\cdot z_2=(2-i)(3+2i)=(6+2)+i(4-3)=8+i$．

【例 1 - 2】 设 $z_1=1-2i, z_2=5+2i$，求 (1) $\frac{z_1}{z_2}$；(2) $\overline{\left(\frac{z_1}{z_2}\right)}$.

解 (1) $\frac{z_1}{z_2}=\frac{1-2i}{5+2i}=\frac{(1-2i)(5-2i)}{(5+2i)(5-2i)}=\frac{(5-4)+i(-2-10)}{5^2+2^2}=\frac{1-12i}{29}=\frac{1}{29}-\frac{12}{29}i$.

(2) $\overline{\left(\frac{z_1}{z_2}\right)}=\overline{\frac{1}{29}-\frac{12}{29}i}=\frac{1}{29}+\frac{12}{29}i$.

【例 1 - 3】 已知 $\frac{i\bar{z}}{1-i}=z+3i$，求 z.

解 设 $z=x+iy$，将原式变形为
$$i\bar{z}=(z+3i)(1-i),$$
则有
$$i(x-iy)=[(x+iy)+3i](1-i)$$
即
$$y+ix=(x+y+3)+i(y+3-x)$$
所以
$$\begin{cases}y=x+y+3\\x=y+3-x\end{cases}$$
解方程组得
$$\begin{cases}x=-3\\y=-9\end{cases}$$
故
$$z=-3-9i.$$

【例 1 - 4】 设 z_1, z_2 为任意两个复数，证明
$$z_1\overline{z_2}+\overline{z_1}z_2=2\mathrm{Re}(z_1\overline{z_2}).$$

证

证法一：

设 $z_1 = x_1 + iy_1, z_2 = x_2 + iy_2$，则有

$$
\begin{aligned}
z_1\overline{z_2}+\overline{z_1}z_2 &= (x_1+iy_1)(x_2-iy_2)+(x_1-iy_1)(x_2+iy_2)\\
&= (x_1x_2+y_1y_2)+i(x_2y_1-x_1y_2)+(x_1x_2+y_1y_2)+i(x_1y_2-x_2y_1)\\
&= 2(x_1x_2+y_1y_2)\\
&= 2\mathrm{Re}(z_1\overline{z_2}).
\end{aligned}
$$

证法二：

因为

$$\overline{z_1\overline{z_2}}=\overline{z_1}\,\overline{\overline{z_2}}=\overline{z_1}z_2,$$

所以

$$z_1\overline{z_2}+\overline{z_1}z_2=z_1\overline{z_2}+\overline{z_1\overline{z_2}}=2\mathrm{Re}(z_1\overline{z_2}).$$

§1.2 复数的几何表示

1. 复平面

任意给定一个复数 $z=x+iy$，都与一对有序实数 (x,y) 相对应．而任意一对有序实数 (x,y) 都与平面直角坐标系中的点 $P(x,y)$ 对应，于是平面上的全部点与全体复数之间就形成了一一对应关系，从而复数 $z=x+iy$ 可以用该平面上坐标为 (x,y) 的点来表示，这种表示称为点表示．这是复数的一个常用表示方法．

在平面直角坐标系中，由于 x 轴上的点表示实数，故将 x 轴称为实轴，y 轴上除原点外的点表示纯虚数，故将 y 轴称为虚轴，两轴所在的平面称为复平面或 z 平面．

引进了复平面后，复数与复平面上的点成一一对应，所以“数 z”，也称为“点 z”，这就使得我们可以借助几何方法来研究复变函数的问题，为复变函数应用于实际奠定了基础．

在复平面上，复数 $z=x+iy$ 也与从原点指向点 $P(x,y)$ 的向量 $\overrightarrow{OP}$ 对应，所以复数 z 也可以用向量 $\overrightarrow{OP}$ 表示（见图 1.1)．$\overrightarrow{OP}$ 的长度称为 z 的模（或绝对值)，记作

$$|z|=r=\sqrt{x^2+y^2}.$$

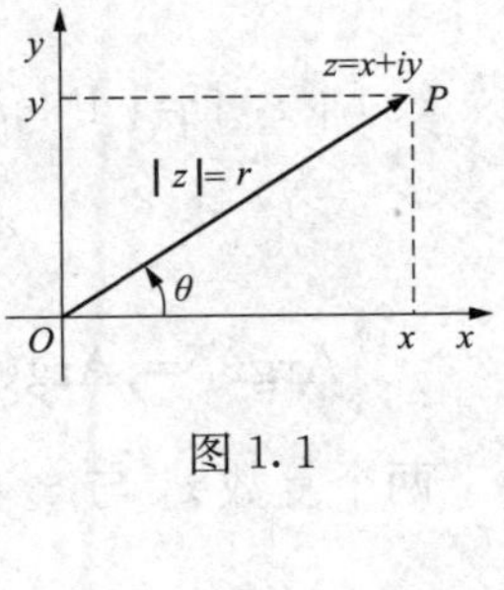

图 1.1

显然，下列各式成立：

$$
\begin{gathered}
|x|\leqslant|z|,\ |y|\leqslant|z|\\
|z|\leqslant|x|+|y|\\
|z|=|\bar{z}|\\
z\bar{z}=x^2+y^2=|z|^2
\end{gathered}
$$

当 $z\neq 0$ 时，从正实轴到向量 $\overrightarrow{OP}$ 的角的弧度数 θ 称为 z 的辐角，记作 $\mathrm{Arg}z=\theta$．显然

$$\tan(\mathrm{Arg}z)=\tan\theta=\frac{y}{x},x\neq 0.$$

容易知道，$\mathrm{Arg}z(z\neq 0)$ 是多值的，它们之间的差为 2π 的整数倍，即对任何一个复数 $z\neq 0$，如果 θ_0 是 z 的一个辐角，那么

$$\mathrm{Arg}z=\theta_0+2k\pi,k=0,\pm 1,\pm 2,\cdots.$$

在 $z(\neq 0)$ 的辐角中，通常称在 $(-\pi,\pi]$ 内的辐角为 $\mathrm{Arg}z$ 的主值，记为 $\arg z$．显然，$\arg z$ 是唯一的，并且

$$\mathrm{Arg}z = \arg z + 2k\pi, k = 0, \pm 1, \pm 2, \cdots.$$

当 $z=0$ 时，$|z|=0$，z 的辐角不确定．

辐角的主值 $\arg z(z \neq 0)$ 可由反正切值 $\arctan \dfrac{y}{x}$ 按下列关系确定：

$$\arg z(z \neq 0) = \begin{cases} \arctan \dfrac{y}{x}, & x > 0 \\ \dfrac{\pi}{2}, & x = 0, y > 0 \\ -\dfrac{\pi}{2}, & x = 0, y < 0 \\ \arctan \dfrac{y}{x} + \pi, & x < 0, y > 0 \\ \arctan \dfrac{y}{x} - \pi, & x < 0, y < 0 \\ \pi, & x < 0, y = 0 \end{cases}$$

其中 $-\dfrac{\pi}{2} < \arctan \dfrac{y}{x} < \dfrac{\pi}{2}$.

【例 1-5】 求下列各复数的模和辐角．

(1) $z_1 = -1$；(2) $z_2 = -3i$；(3) $z_3 = 1 + i$.

解 由 z 平面上对应点的位置，可得

(1) $|z_1| = |-1| = \sqrt{(-1)^2 + 0^2} = 1$

$$\arg z_1 = \arg(-1) = \pi$$

$$\mathrm{Arg}z_1 = \mathrm{Arg}(-1) = \arg(-1) + 2k\pi = \pi + 2k\pi, k = 0, \pm 1, \pm 2, \cdots.$$

(2) $|z_2| = |-3i| = \sqrt{0^2 + (-3)^2} = 3$

$$\arg z_2 = \arg(-3i) = -\frac{\pi}{2}$$

$$\mathrm{Arg}z_2 = \mathrm{Arg}(-3i) = \arg(-3i) + 2k\pi = -\frac{\pi}{2} + 2k\pi, k = 0, \pm 1, \pm 2, \cdots.$$

(3) $|z_3| = |1 + i| = \sqrt{1^2 + 1^2} = \sqrt{2}$

$$\arg z_3 = \arg(1 + i) = \arctan \frac{1}{1} = \arctan 1 = \frac{\pi}{4}$$

$$\mathrm{Arg}z_3 = \mathrm{Arg}(1 + i) = \arg(1 + i) + 2k\pi = \frac{\pi}{4} + 2k\pi, k = 0, \pm 1, \pm 2, \cdots.$$

两个复数 z_1 与 z_2 的加、减法运算和相应向量的加、减法运算一致（见图 1.2).

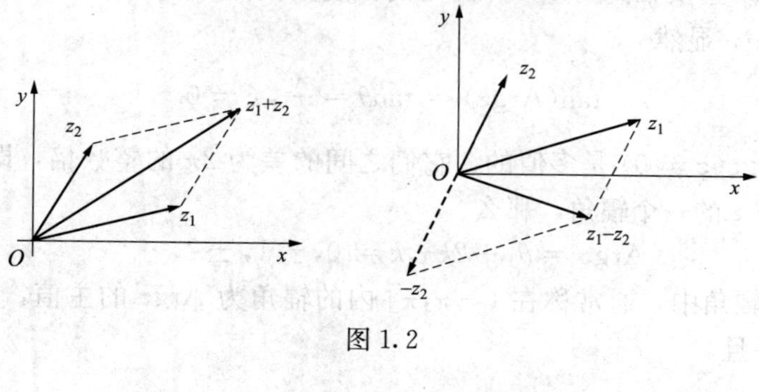

图 1.2

$|z_1-z_2|$ 就是点 z_1 与 z_2 之间的距离（见图 1.3），因此有

$$|z_1+z_2|\leqslant|z_1|+|z_2|$$

$$|z_1-z_2|\geqslant||z_1|-|z_2||.$$

一对共轭复数 z 和 $\bar{z}$ 在复平面内关于实轴对称（见图 1.4），因此 $|z|=|\bar{z}|$；若 z 不在负实轴和原点上，还有 $\arg z=-\arg\bar{z}$.

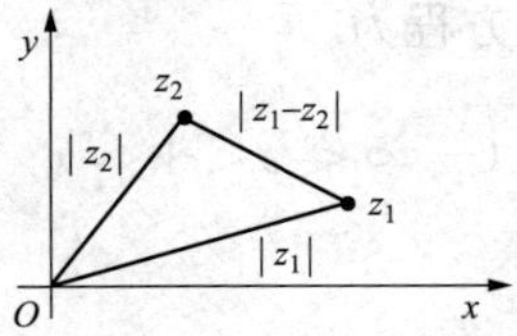

图 1.3

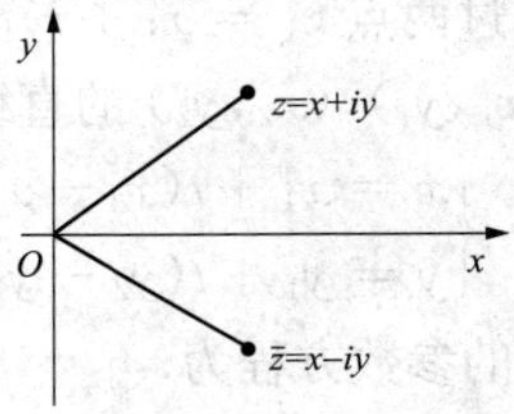

图 1.4

设 $z=x+iy$，$|z|=r$，θ 为 z 的一个辐角，利用直角坐标和极坐标的关系

$$x=r\cos\theta, y=r\sin\theta$$

于是 z 可以表示成下面的形式

$$z=r(\cos\theta+i\sin\theta)$$

称为复数的三角表示式.

又根据欧拉公式 $e^{i\theta}=\cos\theta+i\sin\theta$，可以得到

$$z=re^{i\theta}$$

这种表示形式称为复数的指数表示式.

$z=x+iy$ 称为复数的代数表示式.

复数的各种表示式可以相互转换，根据问题的不同，可以选择不同的表示式.

【例 1-6】 将下列复数分别化为三角表示式和指数表示式.

(1) $z=1-\sqrt{3}i$；　　　　(2) $z=-\sqrt{12}+2i$.

解　(1) 易知，$r=|z|=\sqrt{1^2+(-\sqrt{3})^2}=2$.

由于 z 位于第四象限，所以

$$\theta=\arg z=\arctan\frac{-\sqrt{3}}{1}=-\frac{\pi}{3}$$

因此，z 的三角表示式为

$$z=2\left[\cos\left(-\frac{\pi}{3}\right)+i\sin\left(-\frac{\pi}{3}\right)\right].$$

z 的指数表示式为

$$z=2e^{-\frac{\pi}{3}i}.$$

(2) 易知，$|z|=\sqrt{(-\sqrt{12})^2+2^2}=4$，由于 z 位于第二象限，所以

$$\theta=\arg z=\arctan\left(\frac{2}{-\sqrt{12}}\right)+\pi=\arctan\left(-\frac{\sqrt{3}}{3}\right)+\pi=-\frac{\pi}{6}+\pi=\frac{5\pi}{6}$$

因此，z 的三角表示式为

$$z=4\left(\cos\frac{5\pi}{6}+i\sin\frac{5\pi}{6}\right).$$

z 的指数表示式为

$$z=4e^{\frac{5\pi}{6}i}.$$

很多平面图形都可以用复数形式的方程（或不等式）来表示．反之，由给定的复数形式的方程（或不等式），也可以确定它所表示的平面图形．有时，复数形式的方程会更加简便.

【例 1-7】 将通过两点 $z_1=x_1+iy_1, z_2=x_2+iy_2$ 的直线用复数形式的方程来表示．

解 通过两点 $(x_1,y_1),(x_2,y_2)$ 的直线的参数方程为

$$\begin{cases}x=x_1+t(x_2-x_1)\\ y=y_1+t(y_2-y_1)\end{cases}, \qquad (-\infty<t<+\infty)$$

因此，它的复数形式的参数方程为

$$z=z_1+t(z_2-z_1).\ (-\infty<t<+\infty)$$

若取 $0\leqslant t\leqslant 1$，则参数方程

$$z=z_1+t(z_2-z_1)\ (0\leqslant t\leqslant 1).$$

表示由 z_1 到 z_2 的直线段．

若取 $t=\dfrac{1}{2}$，则 $z=\dfrac{z_1+z_2}{2}$ 表示线段 $\overline{z_1z_2}$ 的中点．

【例 1-8】 证明等式 $|z_1+z_2|^2+|z_1-z_2|^2=2(|z_1|^2+|z_2|^2)$，并说明其几何意义．

证

$$\begin{aligned}|z_1+z_2|^2&=(z_1+z_2)\overline{(z_1+z_2)}=(z_1+z_2)(\overline{z_1}+\overline{z_2})\\&=z_1\overline{z_1}+z_2\overline{z_2}+(z_1\overline{z_2}+\overline{z_1}z_2)=|z_1|^2+|z_2|^2+(z_1\overline{z_2}+\overline{z_1}z_2)\end{aligned}$$

$$\begin{aligned}|z_1-z_2|^2&=(z_1-z_2)\overline{(z_1-z_2)}=(z_1-z_2)(\overline{z_1}-\overline{z_2})\\&=z_1\overline{z_1}+z_2\overline{z_2}-(z_1\overline{z_2}+\overline{z_1}z_2)=|z_1|^2+|z_2|^2-(z_1\overline{z_2}+\overline{z_1}z_2)\end{aligned}$$

将上两式左端相加，便得

$$|z_1+z_2|^2+|z_1-z_2|^2=2(|z_1|^2+|z_2|^2).$$

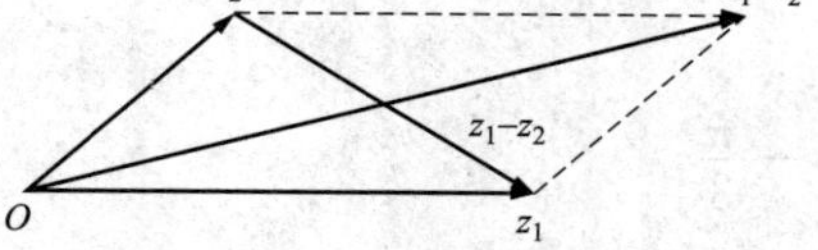

图 1.5

此等式的几何意义：平行四边形的对角线的平方和等于四条边的平方和（见图 1.5）.

【例 1-9】 求下列方程所表示的曲线．

(1) $|z-2i|=2$； (2) $|z-1|=|z-i|$；

(3) $\mathrm{Im}(2i+\overline{z})=4$.

解 (1) 我们先用代数方法求出该方程的直角坐标形式．

设 $z=x+iy$，则有

$$|x+iy-2i|=2$$

进一步有

$$|x+i(y-2)|=2$$

即

$$\sqrt{x^2+(y-2)^2}=2$$

或

$$x^2+(y-2)^2=4.$$

因此，$|z-2i|=2$ 表示以 (0,2) 为圆心，半径为 2 的圆周.

从几何上容易看出，$|z-2i|=2$ 表示以 $2i$ 为中心，半径为 2 的圆周，如图 1.6 (a) 所示.

(2) 先用代数方法求出该方程的直角坐标形式.

设 $z=x+iy$，则有

$$|x+iy-1|=|x+iy-i|$$

进一步有

$$|(x-1)+iy|=|x+i(y-1)|$$

即

$$\sqrt{(x-1)^2+y^2}=\sqrt{x^2+(y-1)^2}$$

解得

$$y=x.$$

从几何上看，方程 $|z-1|=|z-i|$ 表示到点 1 和 i 距离相等的点的轨迹，所表示的曲线就是连接点 1 和 i 的线段的垂直平分线，方程为 $y=x$，如图 1.6 (b) 所示.

(3) 设 $z=x+iy$，则

$$2i+\bar{z}=2i+x-iy=x+i(2-y)$$

所以

$$\operatorname{Im}(2i+\bar{z})=2-y=4.$$

从而可知，该方程所表示的曲线为 $y=-2$，即一条平行于 x 轴的直线，如图 1.6 (c) 所示.

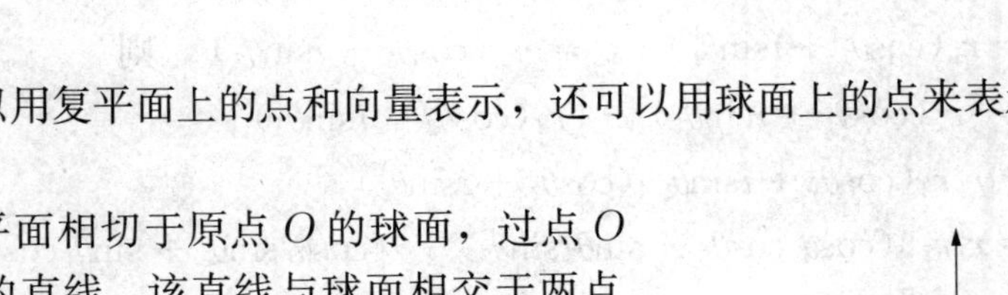

图 1.6

2. 复球面

复数除了可以用复平面上的点和向量表示，还可以用球面上的点来表示. 下面我们来介绍这种表示法.

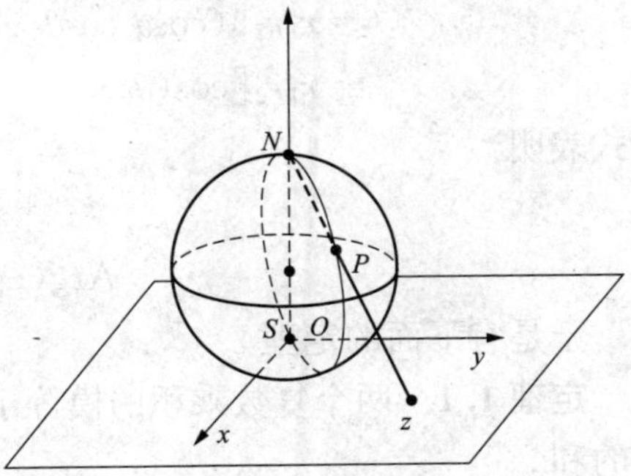

图 1.7

取一个与复平面相切于原点 O 的球面，过点 O 作垂直于复平面的直线，该直线与球面相交于两点 N 和 S (S 与原点 O 重合)，我们称 N 为北极，S 为南极 (见图 1.7).

对于复平面上的任何一点 z，作通过点 z 和北极 N 的直线，那么该直线一定与球面相交于异于 N 的一点 P. 反之，对于球面上任一异于 N 的点 P，作通过点 P 和 N 的直线，则该直线必与复平面相交于一点 z. 这样，复平面上所有的点与球面上所有的点（除了北极 N 外）就建立了一一对应的关系．我们已经知道，复数的全体与复平面上点的全体成一一对应关系，因此，球面上的点（除北极 N 外），与复数一一对应．所以，我们就可以用球面上的点来表示复数．

对于球面上的北极 N，还没有复平面内的点与之对应．但我们注意到，当复平面上的 z 点无限地远离原点时，球面上与之对应的点 P 就无限地接近于 N，或者说，当复数 z 的模 $|z|$ 无限变大时，球面上与之对应的点 P 就无限地接近于 N．为了使复平面与球面上的点都能一一对应起来，我们规定：复平面上有一个唯一的“无穷远点”与球面上的北极 N 相对应．相应地，在复数中引入唯一一个复数“无穷大”，记作 ∞，与复平面上的无穷远点相对应．这样，球面上的点与复数就一一对应了．我们把包括无穷远点在内的复平面称为扩充复平面．不包括无穷远点在内的复平面称为有限平面，或者就称复平面．

对于复数 ∞，实部、虚部、辐角均无意义，它的模规定为正无穷大，即 $|\infty|=+\infty$．对于复数 ∞ 的四则运算作如下规定：

（1）加法：$\alpha+\infty=\infty+\alpha=\infty(\alpha\neq\infty)$；

（2）减法：$\alpha-\infty=\infty-\alpha=\infty(\alpha\neq\infty)$；

（3）乘法：$\alpha\cdot\infty=\infty\cdot\alpha=\infty(\alpha\neq\infty)$；

（4）除法：$\dfrac{\alpha}{\infty}=0$，$\dfrac{\infty}{\alpha}=\infty(\alpha\neq\infty)$，$\dfrac{\alpha}{0}=\infty(\alpha\neq 0,\text{但可为}\infty)$；

对 $\infty\pm\infty, 0\cdot\infty, \dfrac{\infty}{\infty}$，我们不规定其意义．对 $\dfrac{0}{0}$，和在实变数中一样，没有确定的值．

对于引进的扩充复平面和无穷远点，可以为今后的讨论带来方便．在本书中，若无特殊声明，所谓“平面”一般指有限平面，所谓“点”指的是有限平面上的点．

§1.3 复数的乘幂与方根

两个代数形式的复数 z_1 与 z_2 的四则运算前面已经介绍过，下面我们来介绍当 z_1 与 z_2 为三角形式或指数形式时，它们的乘积、商、乘幂、方根．

1. 积与商

设有复数 $z_1=r_1(\cos\theta_1+i\sin\theta_1)$，$z_2=r_2(\cos\theta_2+i\sin\theta_2)$，则

$$\begin{aligned}
z_1\cdot z_2&=[r_1(\cos\theta_1+i\sin\theta_1)]\cdot[r_2(\cos\theta_2+i\sin\theta_2)]\\
&=r_1r_2(\cos\theta_1+i\sin\theta_1)(\cos\theta_2+i\sin\theta_2)\\
&=r_1r_2[(\cos\theta_1\cos\theta_2-\sin\theta_1\sin\theta_2)+i(\cos\theta_1\sin\theta_2+\sin\theta_1\cos\theta_2)]\\
&=r_1r_2[\cos(\theta_1+\theta_2)+i\sin(\theta_1+\theta_2)].
\end{aligned}$$

上式表明

$$|z_1z_2|=|z_1||z_2| \tag{1-1}$$

$$\operatorname{Arg}(z_1z_2)=\operatorname{Arg}z_1+\operatorname{Arg}z_2. \tag{1-2}$$

于是有下面的定理．

定理 1.1 两个复数乘积的模等于它们的模的乘积；两个复数乘积的辐角等于它们的辐角的和．

由于辐角的多值性，故式（1-2）应按集合相等来理解，即等式两端可能取的值的全体

是相同的．也就是说，对等式左端的任一值，右端必有一值与之相等，反过来也一样．今后，只要遇到等式两端都是多值的情况均按此理解．例如，设 $z_1=-3$，$z_2=5i$，则 $z_1z_2=-15i$，

$$\text{Arg}z_1=\pi+2m\pi, m=0,\pm1,\pm2,\cdots$$

$$\text{Arg}z_2=\frac{\pi}{2}+2n\pi, n=0,\pm1,\pm2,\cdots$$

$$\text{Arg}(z_1z_2)=-\frac{\pi}{2}+2k\pi,\quad k=0,\pm1,\pm2,\cdots$$

代入式（1-2），得

$$-\frac{\pi}{2}+2k\pi=\frac{3\pi}{2}+2(m+n)\pi.$$

易知，要使上式成立，只需 $k=m+n+1$．当 m 与 n 各取一确定值时，总可选取 k 值使 $k=m+n+1$；反之，当 k 取某一确定值时，也可选取 m 与 n 的值使 $k=m+n+1$ 成立．若取 $m=1$，$n=2$，则取 $k=4$；若取 $k=-3$，则可取 $m=-4$，$n=0$ 或 $m=1$，$n=-5$ 等，取法有无穷多种．

两个复数 z_1 与 z_2 乘积 z_1z_2 的几何意义：用向量表示复数时，表示 z_1z_2 的向量是由表示 z_1 的向量逆时针旋转一个角度 $\text{Arg}z_2$，并伸长（或缩短）到 $|z_2|$ 倍得到的，如图 1.8 所示．特别地，当 $|z_2|=1$ 时，表示 z_1z_2 的向量是由表示 z_1 的向量逆时针旋转一个角度 $\text{Arg}z_2$ 而得到的，此时，乘法变成了只有旋转，没有伸缩．例如，$-iz$ 相当于将 z 顺时针旋转了 90°，$\left(\frac{\sqrt{2}}{2}+\frac{\sqrt{2}}{2}i\right)z$ 相当于将 z 逆时针旋转了 45°．当 $\arg z_2=0$ 时，乘法就变成了只有伸缩，没有旋转．例如，$3z$ 相当于将 z 伸长到 3 倍得到的．

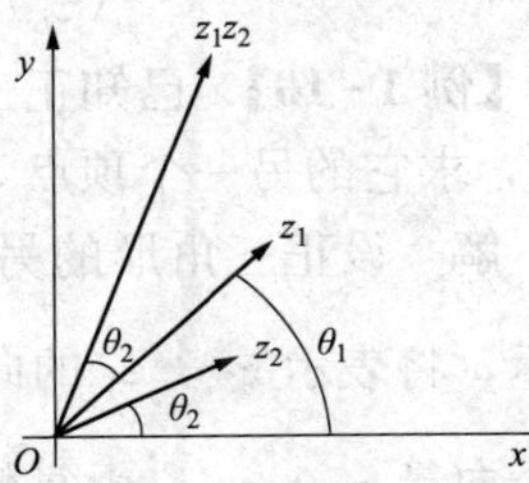

图 1.8

定理 1.1 可进行推广如下．

设
$$z_k=r_k(\cos\theta_k+i\sin\theta_k), k=1,2,3,\cdots,n$$

则
$$z_1z_2\cdots z_n=r_1r_2\cdots r_n[\cos(\theta_1+\theta_2+\cdots+\theta_n)+i\sin(\theta_1+\theta_2+\cdots+\theta_n)].$$

若用指数形式表示复数

$$z_1=r_1e^{i\theta_1}, z_2=r_2e^{i\theta_2}$$

则
$$z_1z_2=r_1r_2e^{i(\theta_1+\theta_2)}.$$

进一步，若设
$$z_k=r_ke^{i\theta_k}, k=1,2,3,\cdots,n$$

则
$$z_1z_2\cdots z_n=r_1r_2\cdots r_ne^{i(\theta_1+\theta_2+\cdots+\theta_n)}.$$

对于两个复数 z_1，z_2，当 $z_1\neq0$ 时，有

$$z_2=\frac{z_2}{z_1}z_1$$

由式（1-1）和式（1-2）有

$$|z_2|=\left|\frac{z_2}{z_1}\right||z_1|, \text{Arg}z_2=\text{Arg}\left(\frac{z_2}{z_1}\right)+\text{Arg}z_1$$

进一步有

$$\left|\frac{z_2}{z_1}\right|=\frac{|z_2|}{|z_1|}, \text{Arg}\left(\frac{z_2}{z_1}\right)=\text{Arg}z_2-\text{Arg}z_1.$$

由此可得如下定理.

定理 1.2 两个复数的商的模等于它们的模的商；两个复数的商的辐角等于被除数与除数的辐角之差.

若用指数形式表示复数

$$z_1=r_1\mathrm{e}^{i\theta_1}\ ,\ z_2=r_2\mathrm{e}^{i\theta_2}$$

则定理 1.2 可表示为

$$\frac{z_2}{z_1}=\frac{r_2}{r_1}\mathrm{e}^{i(\theta_2-\theta_1)}(r_1\neq 0).$$

两个复数 z_2 与 z_1 的商 $\frac{z_2}{z_1}(z_1\neq 0)$ 的几何意义：表示 $\frac{z_2}{z_1}$ 的向量是由表示 z_2 的向量按顺时针方向旋转一个角度 $\mathrm{Arg}z_1$，再将 z_2 的模伸长（或缩短）到 $\frac{1}{|z_1|}$ 倍得到的.

注：若将辐角换成其主值，以下两式不一定成立.

$$\arg(z_1z_2)=\arg z_1+\arg z_2$$

$$\arg\left(\frac{z_2}{z_1}\right)=\arg z_2-\arg z_1.$$

【例 1-10】 已知正三角形的两个顶点为 $z_1=1$，$z_2=2+i$，求它的另一个顶点.

解 设正三角形的另一个顶点为 z_3（或 z_3'），如图 1.9 所示，将表示 z_2-z_1 的向量绕 z_1 按逆时针旋转 $\frac{\pi}{3}$ 就得到另一个向量 z_3-z_1，由复数乘法的几何意义，有

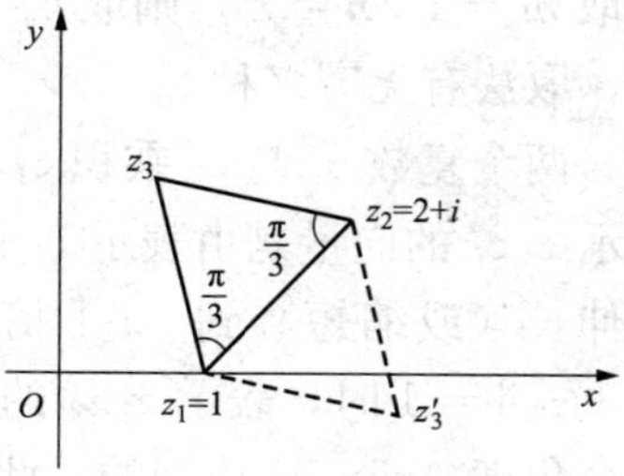

图 1.9

$$\begin{aligned}z_3-z_1&=\left(\cos\frac{\pi}{3}+i\sin\frac{\pi}{3}\right)(z_2-z_1)=\left(\frac{1}{2}+\frac{\sqrt{3}}{2}i\right)(1+i)\\&=\left(\frac{1}{2}-\frac{\sqrt{3}}{2}\right)+\left(\frac{1}{2}+\frac{\sqrt{3}}{2}\right)i\end{aligned}$$

所以

$$z_3=\frac{3-\sqrt{3}}{2}+\frac{1+\sqrt{3}}{2}i.$$

类似可得 $$z_3'=\frac{3+\sqrt{3}}{2}+\frac{1-\sqrt{3}}{2}i.$$

2. 幂与根

n 个相同复数 z 的乘积称为 z 的 n 次幂，记作 z^n，即

$$z^n=\underbrace{z\cdot z\cdots z}_{n\text{个}}.$$

设 $z_k=r_k(\cos\theta_k+i\sin\theta_k),k=1,2,\cdots,n$，我们有乘法公式

$$z_1z_2\cdots z_n=r_1r_2\cdots r_n[\cos(\theta_1+\theta_2+\cdots+\theta_n)+i\sin(\theta_1+\theta_2+\cdots+\theta_n)].$$

如果 $z_k=r(\cos\theta+i\sin\theta)$，$k=1,2,\cdots,n$，则上式可化为

$$z^n=[r(\cos\theta+i\sin\theta)]^n=r^n(\cos n\theta+i\sin n\theta).\tag{1-3}$$

当 n 为负整数时，定义 $z^n=\frac{1}{z^{-n}}$，上式亦成立.

将式（1-3）写成指数形式为

$$(re^{i\theta})^n = r^n e^{in\theta}. \tag{1-4}$$

从式（1-3）和式（1-4）可以看出，在进行乘幂运算时，复数的三角表示式或指数表示式较代数表示式更为方便.

特别地，当 $|z| = r = 1$ 时，由式（1-3）便可得到棣莫弗（De Moivre）公式

$$(\cos\theta + i\sin\theta)^n = \cos n\theta + i\sin n\theta. \tag{1-5}$$

【例 1-11】 求 $\left(\dfrac{1+\sqrt{3}i}{1-\sqrt{3}i}\right)^{10}$.

解 先将 $1+\sqrt{3}i$ 和 $1-\sqrt{3}i$ 化为三角形式

$$1+\sqrt{3}i = 2\left(\cos\frac{\pi}{3} + i\sin\frac{\pi}{3}\right)$$

$$1-\sqrt{3}i = 2\left[\cos\left(-\frac{\pi}{3}\right) + i\sin\left(-\frac{\pi}{3}\right)\right]$$

再求

$$\left(\frac{1+\sqrt{3}i}{1-\sqrt{3}i}\right)^{10} = \left(\frac{2\left(\cos\frac{\pi}{3} + i\sin\frac{\pi}{3}\right)}{2\left[\cos\left(-\frac{\pi}{3}\right) + i\sin\left(-\frac{\pi}{3}\right)\right]}\right)^{10} = \left[\cos\left(\frac{\pi}{3}+\frac{\pi}{3}\right) + i\sin\left(\frac{\pi}{3}+\frac{\pi}{3}\right)\right]^{10}$$

$$= \left(\cos\frac{2\pi}{3} + i\sin\frac{2\pi}{3}\right)^{10} = \cos\frac{20\pi}{3} + i\sin\frac{20\pi}{3}$$

$$= -\frac{1}{2} + \frac{\sqrt{3}}{2}i.$$

对于给定的复数 z，我们把满足 $w^n = z$ 的复数 w 称为 z 的 n 次方根，记作 $\sqrt[n]{z}$，即 $w = \sqrt[n]{z}$.

为了求出根 w，令 $z = r(\cos\theta + i\sin\theta)$，$w = \rho(\cos\varphi + i\sin\varphi)$，由 $w^n = z$ 可知

$$\rho^n(\cos n\varphi + i\sin n\varphi) = r(\cos\theta + i\sin\theta)$$

于是

$$\rho^n = r,\ \cos n\varphi = \cos\theta,\ \sin n\varphi = \sin\theta$$

考虑辐角的多值性，得

$$n\varphi = \theta + 2k\pi (k = 0, \pm 1, \pm 2, \cdots)$$

因此

$$\rho = r^{\frac{1}{n}},\ \varphi = \frac{\theta + 2k\pi}{n} \quad (k = 0, \pm 1, \pm 2, \cdots)$$

其中 $r^{\frac{1}{n}}$ 是算术根，故

$$w = \sqrt[n]{z} = r^{\frac{1}{n}}\left(\cos\frac{\theta + 2k\pi}{n} + i\sin\frac{\theta + 2k\pi}{n}\right).$$

当 $k = 0,1,2,\cdots,n-1$ 时，可得到 n 个不同的根：

$$w_0 = r^{\frac{1}{n}}\left(\cos\frac{\theta}{n} + i\sin\frac{\theta}{n}\right)$$

$$w_1 = r^{\frac{1}{n}}\left(\cos\frac{\theta + 2\pi}{n} + i\sin\frac{\theta + 2\pi}{n}\right)$$

$$\cdots\cdots$$

$$w_{n-1}=r^{\frac{1}{n}}\left(\cos\frac{\theta+2(n-1)\pi}{n}+i\sin\frac{\theta+2(n-1)\pi}{n}\right).$$

而当 k 取其他整数值代入时，以上的根会重复出现．例如，$k=n$ 时，$w_n=w_0$.

因此，非零复数 z 的 n 次方根 $\sqrt[n]{z}$ 共有 n 个不同的值

$$\sqrt[n]{z}=r^{\frac{1}{n}}\left(\cos\frac{\theta+2k\pi}{n}+i\sin\frac{\theta+2k\pi}{n}\right)\quad(k=0,1,2,\cdots,n-1).\tag{1-6}$$

由于复数 $\sqrt[n]{z}$ 的 n 个不同值的模相同，相邻两值的辐角相差 $\frac{2\pi}{n}$，所以 $\sqrt[n]{z}$ 的几何意义是：以原点为中心，$r^{\frac{1}{n}}$ 为半径的圆的内接正 n 边形的 n 个顶点．

式（1-6）用指数表示式可表示为

$$\sqrt[n]{z}=r^{\frac{1}{n}}e^{i\frac{\theta+2k\pi}{n}}\quad(k=0,1,2,\cdots,n-1).\tag{1-7}$$

【例 1-12】 求 $\sqrt[3]{1}$.

解 因为 $1=\cos0+i\sin0$，所以，由式（1-6）有

$$\sqrt[3]{1}=1^{\frac{1}{3}}\left(\cos\frac{0+2k\pi}{3}+i\sin\frac{0+2k\pi}{3}\right)\quad(k=0,1,2).$$

即

$$w_0=\cos0+i\sin0=1$$

$$w_1=\cos\frac{2\pi}{3}+i\sin\frac{2\pi}{3}=-\frac{1}{2}+\frac{\sqrt{3}}{2}i$$

$$w_2=\cos\frac{4\pi}{3}+i\sin\frac{4\pi}{3}=-\frac{1}{2}-\frac{\sqrt{3}}{2}i.$$

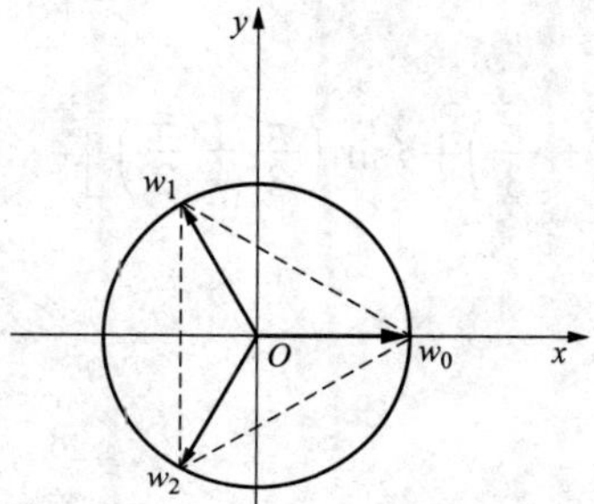

图 1.10

它们表示以原点为心，半径为 1 的单位圆的内接正三角形的三个顶点（见图 1.10）.

【例 1-13】 求 $\sqrt[4]{1+i}$.

解 因为 $1+i=\sqrt{2}\left(\cos\frac{\pi}{4}+i\sin\frac{\pi}{4}\right)$，所以，由式（1-6）有

$$\sqrt[4]{1+i}=\sqrt[8]{2}\left(\cos\frac{\frac{\pi}{4}+2k\pi}{4}+i\sin\frac{\frac{\pi}{4}+2k\pi}{4}\right)\quad(k=0,1,2,3)$$

即

$$w_0=\sqrt[8]{2}\left(\cos\frac{\pi}{16}+i\sin\frac{\pi}{16}\right)$$

$$w_1=\sqrt[8]{2}\left(\cos\frac{9\pi}{16}+i\sin\frac{9\pi}{16}\right)$$

$$w_2=\sqrt[8]{2}\left(\cos\frac{17\pi}{16}+i\sin\frac{17\pi}{16}\right)$$

$$w_3=\sqrt[8]{2}\left(\cos\frac{25\pi}{16}+i\sin\frac{25\pi}{16}\right)$$

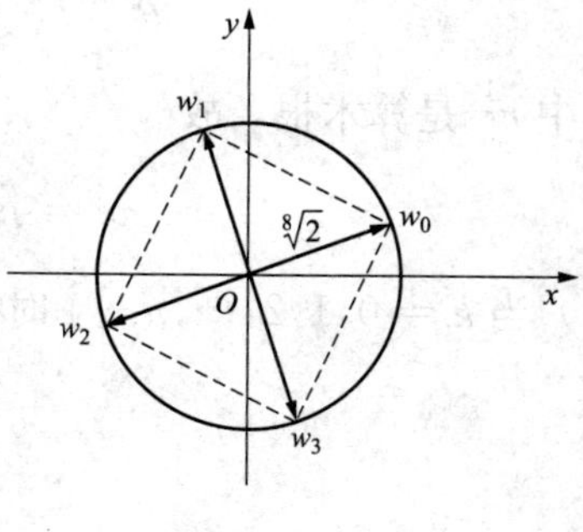

图 1.11

它们表示以原点为心，半径为 $\sqrt[8]{2}$ 的圆的内接正方形的四个顶点（见图 1.11）.

§1.4 区　　域

我们已经对复数及其运算有了一些基本的了解，现在，我们来研究复变函数．同实变函数一样，首先要研究复变函数的定义域．在今后的讨论中，复变函数的定义域通常就是所谓的区域．

1. 区域

先介绍邻域、集合的内点与开集的概念．

定义 1.1 平面上以 z_0 为中心，$\delta>0$ 为半径的圆 $|z-z_0|<\delta$ 内部的点的集合称为 z_0 的 δ 邻域，而称 $0<|z-z_0|<\delta$ 为 z_0 的去心邻域．

定义 1.2 设 G 为一平面点集，z_0 为 G 中的任意一点．如果存在 z_0 的一个邻域，该邻域内的所有点都属于 G，则称 z_0 为 G 的内点；如果存在点 z_0 的一个邻域，该邻域内的点都不属于 G，则称 z_0 为 G 的外点；如果点 z_0 的任意一个邻域内，既有属于 G 的点，也有不属于 G 的点，则称 z_0 为 G 的边界点；点集 G 的所有边界点组成 G 的边界．

定义 1.3 如果点集 G 能完全包含在一个以原点为中心的圆的内部，则称 G 为有界的，否则称 G 为无界的．

例如，点集 $2<|z|<3$ 是有界的；点集 $\mathrm{Re}z<3$ 是无界的；点集 $0\leqslant \arg z\leqslant \frac{\pi}{6}$ 是无界的．

定义 1.4 如果点集 G 内的每个点都是它的内点，则称 G 为开集．

定义 1.5 如果点集 G 中任何两点都可以用完全属于 G 的一条折线连接起来，则称 G 是连通的．

定义 1.6 如果点集 G 是一个连通的开集，则称 G 为一个区域．区域 G 与它的边界一起构成闭区域或闭域，记作 $\overline{G}$．

例如，$2<|z|<3$ 是有界区域［见图 1.12（a）］，其边界为 $|z|=2$ 和 $|z|=3$；$\mathrm{Re}z<3$ 是无界区域［见图 1.12（b）］，其边界为 $\mathrm{Re}z=3$；$0\leqslant \arg z\leqslant \frac{\pi}{6}$ 是无界闭区域［见图 1.12（c）］，其边界为 $\arg z=0$ 和 $\arg z=\frac{\pi}{6}$．

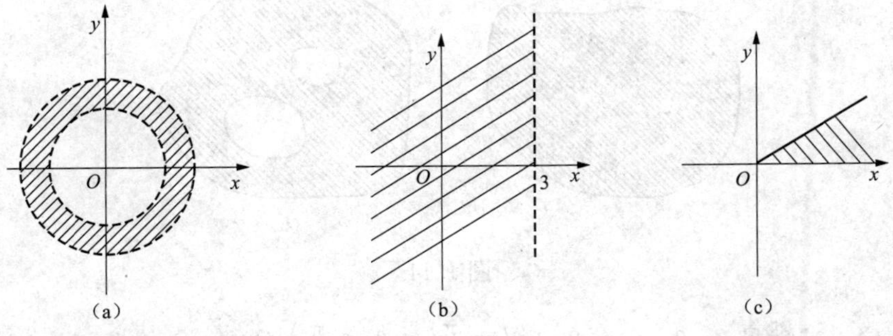

图 1.12

2. 曲线

如果 $x(t)$ 和 $y(t)$ 是两个连续的实变函数，则方程组

$$x = x(t), y = y(t), t \in [a,b]$$

表示平面上一条连续曲线．若令

$$z(t) = x(t) + iy(t)$$

则该曲线可以用方程

$$z = z(t), t \in [a,b]$$

来表示，这就是平面曲线的复数表示式．

定义 1.7 设曲线 $C: z = z(t) = x(t) + iy(t), t \in [a,b]$ 是一条连续曲线，如果在区间 $[a,b]$ 上，$x'(t)$ 和 $y'(t)$ 都是连续的，并且对于任意 $t \in [a,b]$ 都有

$$[x'(t)]^2 + [y'(t)]^2 \neq 0$$

则称曲线 C 是光滑曲线．由几条依次相接的光滑曲线组成的曲线称为按段光滑曲线．

定义 1.8 设曲线 $C: z = z(t) = x(t) + iy(t), t \in [a,b]$ 是一条连续曲线，$z(a)$ 与 $z(b)$ 分别称为 C 的起点和终点．对于满足 $a < t_1 < b, a \leqslant t_2 \leqslant b$ 的 t_1 与 t_2，当 $t_1 \neq t_2$，而 $z(t_1) = z(t_2)$ 时，点 $z(t_1)$ 称为曲线 C 的重点．没有重点的连续曲线称为简单曲线或若尔当（Jordan）曲线．如果简单曲线 C 的起点与终点重合，即 $z(a) = z(b)$，则称曲线 C 为简单闭曲线（见图 1.13）．

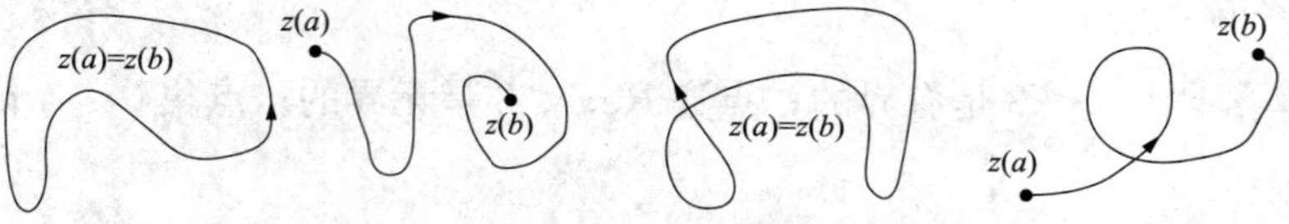

（a）简单、闭　（b）简单、不闭　（c）不简单、闭　（d）不简单、不闭

图 1.13

若尔当（Jordan）定理 任何简单闭曲线一定把扩充复平面分成两个互不相交的区域，一个是有界的，称为曲线的内部；另一个是无界的，称为曲线的外部；该曲线为两个区域的公共边界．

3. 单连通区域、多连通区域

定义 1.9 对于复平面上的区域 G，如果 G 内的任意一条简单闭曲线的内部总含于 G，则称 G 为单连通区域．一个区域如果不是单连通区域，就称为多连通区域．

例如，图 1.14（a）表示的是单连通区域，图 1.14（b）表示的是多连通区域．

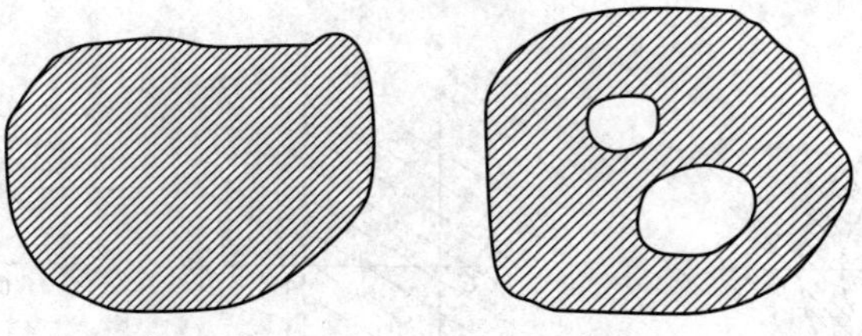

（a）　（b）

图 1.14

【例 1 - 14】 求满足 $\cos\theta < r < 2\cos\theta\left(-\dfrac{\pi}{2} < \theta < \dfrac{\pi}{2}\right)$ 的点 $z = r(\cos\theta + i\sin\theta)$ 的集合．若该集合为一区域，那么它是单连通区域还是多连通区域？

解 因为

$$r=\sqrt{x^2+y^2},\cos\theta=\frac{x}{\sqrt{x^2+y^2}}$$

所以 $\cos\theta<r<2\cos\theta$ 可化为

$$\frac{x}{\sqrt{x^2+y^2}}<\sqrt{x^2+y^2}<\frac{2x}{\sqrt{x^2+y^2}}$$

即

$$\begin{cases}\dfrac{x}{\sqrt{x^2+y^2}}<\sqrt{x^2+y^2}\\\sqrt{x^2+y^2}<\dfrac{2x}{\sqrt{x^2+y^2}}\end{cases}$$

进一步，有

$$\begin{cases}\left(x-\dfrac{1}{2}\right)^2+y^2>\dfrac{1}{4}\\(x-1)^2+y^2<1\end{cases}$$

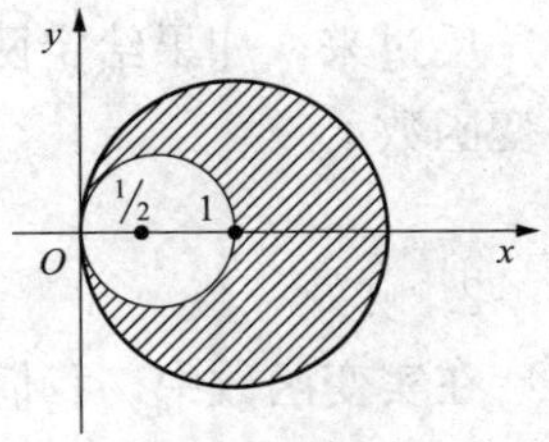

图 1.15

即图 1.15 中阴影部分，它是一个单连通区域．

§1.5 复 变 函 数

1．复变函数的概念

定义 1.10 设 G 是复数 $z=x+iy$ 的集合．如果按照某一确定的对应法则，对于集合 G 中的每一个复数 z，都有一个或几个复数 $w=u+iv$ 与之对应，那么就称复变数 w 是复变数 z 的函数，简称复变函数，记作

$$w=f(z)$$

其中，z 称为自变量，w 称为因变量（函数）．

如果对于 G 中的每一个 z 值，有且仅有一个 w 值与之对应，则称 $w=f(z)$ 为单值函数；如果对于 G 中的每一个 z 值，都有两个或两个以上的 w 值与之对应，则称 $w=f(z)$ 为多值函数．集合 G 称为 $f(z)$ 的定义集合，与 G 中 z 对应的 w 值构成的集合 G^* 称为函数值集合，即 $G^*=\{w\mid w=f(z),z\in G\}$．

例如，函数 $w=3z-1$ 是单值函数，函数 $w=\mathrm{Arg}(z-1)$ 是多值函数．

如果函数 $w=f(z)$ 的定义集合 G 是一个平面区域，则称 G 为函数的定义域．今后如无特殊声明，所讨论的复变函数均为单值函数．

我们已经知道，给定一个复数 $z=x+iy$，就相当于给定了一对实数 x 和 y，同样，复变函数 $w=f(z)=u+iv$ 也对应着一对实数 u 和 v，所以复变函数 w 和自变量 z 之间的关系 $w=f(z)$ 相当于两个关系式

$$u=u(x,y),v=v(x,y).$$

它们确定了自变量为 x 和 y 的两个二元实变函数．

例如，函数 $w=z^2$，令 $z=x+iy$，$w=u+iv$，则 $w=z^2$ 相当于

$$u+iv=(x+iy)^2=x^2-y^2+2xyi$$

所以函数 $w=z^2$ 确定了两个二元实变函数

$$u = x^2 - y^2, v = 2xy.$$

对于函数 $w = \frac{1}{z}(z \neq 0)$，令 $z = x + iy, w = u + iv$，则

$$u + iv = \frac{1}{x+iy} = \frac{x-iy}{x^2+y^2} = \frac{x}{x^2+y^2} - i\frac{y}{x^2+y^2}$$

所以有

$$u = \frac{x}{x^2+y^2}, v = -\frac{y}{x^2+y^2}.$$

反过来，如果给定两个二元实变函数 $u = u(x,y)$ 和 $v = v(x,y)$，那么就可以确定一个复变函数

$$w = u(x,y) + iv(x,y).$$

2. 映射

在实变函数中，我们常用几何图形来表示实函数，几何图形可以直观地帮助我们理解和研究函数的性质．例如，一元函数 $y = f(x)$ 可用二维空间 R^2 中的一条平面曲线来表示，二元函数 $z = f(x,y)$ 可用三维空间 R^3 中的一个空间曲面来表示．但是，对于复变函数，由于它反映了两组变量 u,v 和 x,y 之间的对应关系，所以无法用同一个平面内的几何图形表示出来，必须把它看成两个复平面上的点集之间的对应关系．

如果用 z 平面上的点表示自变量 z 的值，而用另一个平面—— w 平面上的点表示函数 w 的值，那么函数 $w = f(z)$ 在几何上可以看作是把 z 平面上的一个点集 G（定义集合）变到 w 平面上的一个点集 G^*（函数值集合）的映射（或变换）. 这个映射通常称为由函数 $w = f(z)$ 所构成的映射．如果 G 中的点 z 被映射 $w = f(z)$ 映射成 G^* 中的点 w，那么 w 称为 z 的象，而 z 称为 w 的原象．

例如，函数 $w = \bar{z}$ 所构成的映射，把 z 平面上的点 $z = a + ib$ 映射成 w 平面上的点 $w = a - ib$；$z_1 = 2 + i$ 映射成 $w_1 = 2 - i$；$z_2 = 1 - 3i$ 映射成 $w_2 = 1 + 3i$. z 平面上 $\triangle ABC$ 映射成 w 平面上 $\triangle A'B'C'$（见图 1.16).

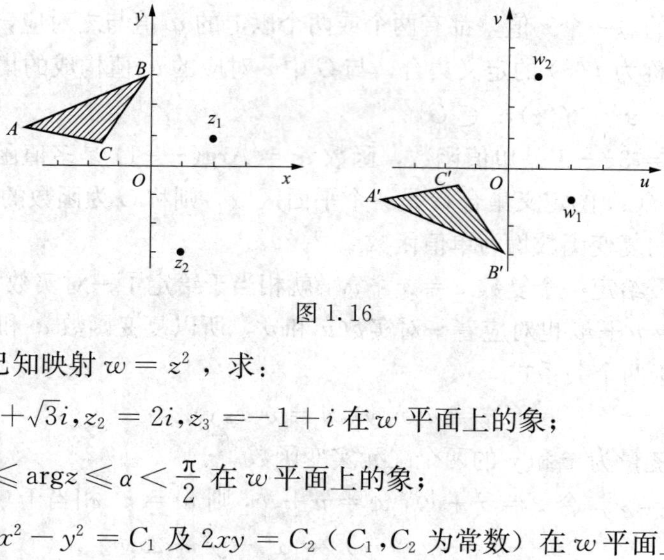

图 1.16

【例 1-15】 已知映射 $w = z^2$，求：

(1) 点 $z_1 = 1 + \sqrt{3}i, z_2 = 2i, z_3 = -1 + i$ 在 w 平面上的象；

(2) 角形域 $0 \leqslant \arg z \leqslant \alpha < \frac{\pi}{2}$ 在 w 平面上的象；

(3) 双曲线族 $x^2 - y^2 = C_1$ 及 $2xy = C_2$（C_1, C_2 为常数）在 w 平面上的象．

解 (1) $$w_1 = z_1^2 = (1 + \sqrt{3}i)^2 = -2 + 2\sqrt{3}i$$

$$w_2 = z_2^2 = (2i)^2 = -4$$

$$w_3 = z_3^2 = (-1+i)^2 = -2i\,.$$

故映射 $w = z^2$ 将 z 平面上的点 $z_1 = 1+\sqrt{3}i, z_2 = 2i, z_3 = -1+i$ 分别映射成 w 平面上的点 $w_1 = -2+2\sqrt{3}i, w_2 = -4, w_3 = -2i$（见图 1.17）.

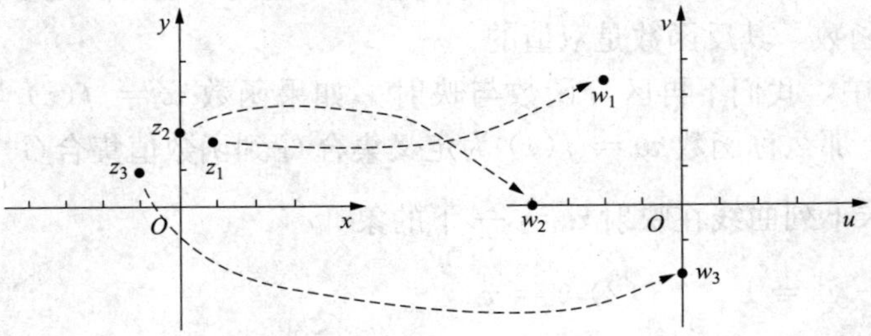

图 1.17

(2) 设 $z = re^{i\theta}, w = \rho e^{i\varphi}$，则

$$w = z^2 = r^2 e^{i2\theta}$$

于是

$$\rho = r^2, \varphi = 2\theta.$$

通过映射 $w = z^2$，z 的辐角增大了一倍，因此，映射 $w = z^2$ 将 z 平面上的角形域 $0 \leqslant \arg z \leqslant \alpha < \frac{\pi}{2}$ 映射成 w 平面上的角形域 $0 \leqslant \arg w \leqslant 2\alpha$（见图 1.18）.

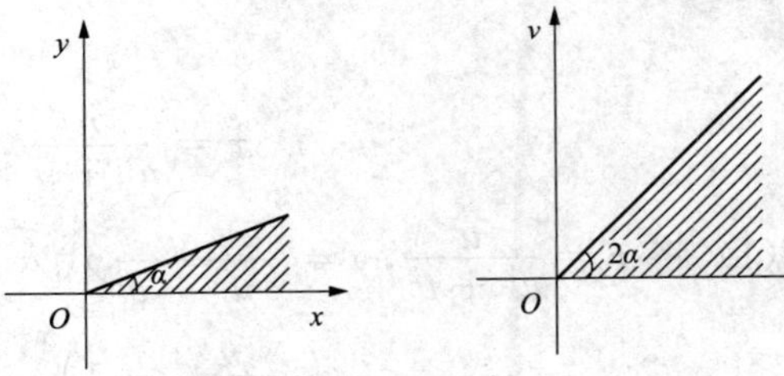

图 1.18

(3) 设 $z = x+iy$，$w = u+iv$，则

$$w = z^2 = (x+iy)^2 = x^2 - y^2 + 2xyi,$$

于是

$$u = x^2 - y^2, v = 2xy\,.$$

映射 $w = z^2$ 将 z 平面上的双曲线族

$$x^2 - y^2 = C_1\,, 2xy = C_2$$

分别映射成 w 平面上的两族平行直线

$$u = C_1, v = C_2\,.$$

显然 $u = C_1$ 与 $v = C_2$ 是正交的，可证明它们的原象 $x^2 - y^2 = C_1$ 与 $2xy = C_2$ 在 z 平面上也是正交的（见图 1.19）.

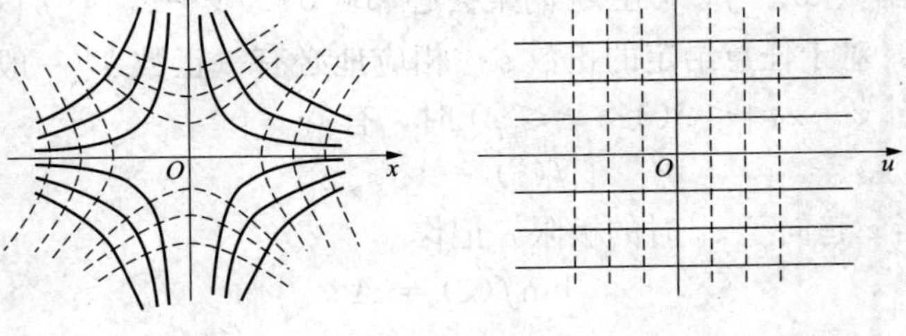

图 1.19

定义 1.11 设 $w=f(z)$ 是定义在 z 平面上的集合 G 上的函数，函数值集合为 w 平面上的集合 G^*，那么对于 G^* 中的每一个 w，由 $w=f(z)$ 的对应关系，一定存在一个或多个 G 中的点 z 与之对应，按照函数的定义，在 G^* 上就确定了一个函数 $z=\varphi(w)$，称为函数 $w=f(z)$ 的反函数，也称为映射 $w=f(z)$ 的逆映射.

当 $w=f(z)$ 为单值函数时，它的反函数可能是单值的，也可能是多值的. 例如，函数 $f(z)=z^2$ 是单值函数，其反函数是双值的.

在今后的讨论中，我们不再区分函数与映射. 如果函数 $w=f(z)$ 与它的反函数 $z=\varphi(w)$ 都是单值的，那么称函数 $w=f(z)$ 为定义集合 G 到函数值集合 G^* 的一一映射.

【例 1-16】 求下列曲线在映射 $w=\dfrac{1}{z}$ 下的象.

(1) $(x-1)^2+y^2=1$； (2) $y=x$.

解 设 $z=x+iy$，$w=u+iv$，由

$$w=\frac{1}{z}=\frac{1}{x+iy}=\frac{x}{x^2+y^2}-i\frac{y}{x^2+y^2}$$

可得

$$u=\frac{x}{x^2+y^2},v=-\frac{y}{x^2+y^2}$$

于是

$$x=\frac{u}{u^2+v^2},y=-\frac{v}{u^2+v^2}.$$

(1) 将 $x=\dfrac{u}{u^2+v^2},y=-\dfrac{v}{u^2+v^2}$ 代入 $(x-1)^2+y^2=1$ 得

$$\left(\frac{u}{u^2+v^2}-1\right)^2+\left(-\frac{v}{u^2+v^2}\right)^2=1$$

化简得 w 平面上的曲线方程为

$$u=\frac{1}{2}.$$

(2) 将 $x=\dfrac{u}{u^2+v^2},y=-\dfrac{v}{u^2+v^2}$ 代入 $y=x$ 得 w 平面上的曲线方程为

$$v=-u.$$

§1.6 复变函数的极限和连续性

1. 复变函数的极限

定义 1.12 设函数 $w=f(z)$ 在 z_0 的某去心邻域 $0<|z-z_0|<\rho$ 内有定义，如果存在一个确定的复数 A，对于任意给定的正数 ε，相应地必有一正数 δ［一般与 ε 有关，常记为 $\delta(\varepsilon)$］，使得当 $0<|z-z_0|<\delta(0<\delta\leqslant\rho)$ 时，有

$$|f(z)-A|<\varepsilon$$

那么称 A 为 $f(z)$ 当 z 趋向于 z_0 时的极限，记作

$$\lim_{z\to z_0}f(z)=A$$

或记作当 $z\to z_0$ 时，$f(z)\to A$ (见图 1.20).

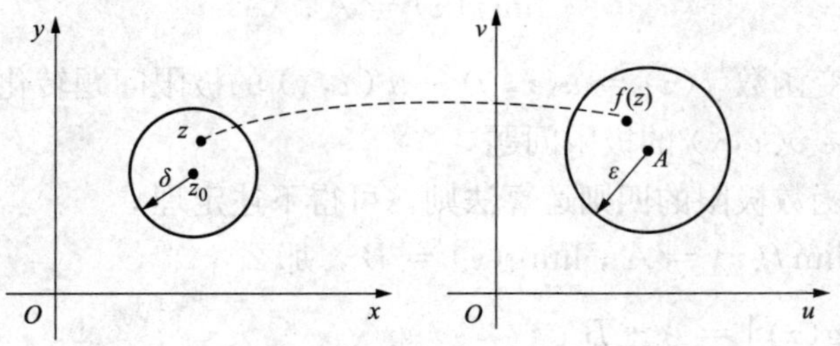

图 1.20

定义 1.12 的几何意义：当变点 z 进入 z_0 的充分小的去心 δ 邻域时，它的象点 $f(z)$ 就落入 A 的预先给定的 ε 邻域中.

注意：在复平面上，z 趋向于 z_0 的方式有无穷多种，也就是说，定义 1.12 中 z 趋向于 z_0 的方式是任意的，即无论 z 从什么方向，以何种方式趋向于 z_0，$f(z)$ 都趋向于同一个常数 A. 显然，复变函数极限定义比一元实函数极限定义的要求要严格得多，而与二元实函数极限定义相比较，其本质一致.

定理 1.3 设 $f(z)=u(x,y)+iv(x,y)$，$z=x+iy$，$A=u_0+iv_0$，$z_0=x_0+iy_0$，则 $\lim\limits_{z\to z_0}f(z)=A$ 的充要条件是

$$\lim_{\substack{x\to x_0\\ y\to y_0}}u(x,y)=u_0,\ \lim_{\substack{x\to x_0\\ y\to y_0}}v(x,y)=v_0.$$

证 必要性：设 $\lim\limits_{z\to z_0}f(z)=A$，由极限定义，有

对任意给定的 $\varepsilon>0$，存在 $\delta>0$，当 $0<|z-z_0|<\delta$ 时，有 $|f(z)-A|<\varepsilon$.

因为 $$|z-z_0|=|(x+iy)-(x_0+iy_0)|=\sqrt{(x-x_0)^2+(y-y_0)^2}$$

$$|f(z)-A|=|(u+iv)-(u_0+iv_0)|=\sqrt{(u-u_0)^2+(v-v_0)^2}$$

所以，当 $0<\sqrt{(x-x_0)^2+(y-y_0)^2}<\delta$ 时，有

$$\sqrt{(u-u_0)^2+(v-v_0)^2}<\varepsilon.$$

进一步，当 $0<\sqrt{(x-x_0)^2+(y-y_0)^2}<\delta$ 时，有

$$|u-u_0|<\varepsilon,\ |v-v_0|<\varepsilon$$

即

$$\lim_{\substack{x\to x_0\\ y\to y_0}}u(x,y)=u_0,\ \lim_{\substack{x\to x_0\\ y\to y_0}}v(x,y)=v_0.$$

充分性：设 $\lim\limits_{\substack{x\to x_0\\ y\to y_0}}u(x,y)=u_0$，$\lim\limits_{\substack{x\to x_0\\ y\to y_0}}v(x,y)=v_0$，由二元实函数极限定义，对任意给定的 $\varepsilon>0$，存在 $\delta>0$，当 $0<\sqrt{(x-x_0)^2+(y-y_0)^2}<\delta$ 时，有

$$|u-u_0|<\frac{\varepsilon}{2},\ |v-v_0|<\frac{\varepsilon}{2}.$$

所以，当 $0<\sqrt{(x-x_0)^2+(y-y_0)^2}<\delta$ 时，有

$$|f(z)-A|=|(u+iv)-(u_0+iv_0)|\leqslant|u-u_0|+|v-v_0|<\frac{\varepsilon}{2}+\frac{\varepsilon}{2}=\varepsilon.$$

根据复变函数极限的定义

$$\lim_{z \to z_0} f(z) = A.$$

定理 1.3 将求复变函数 $f(z) = u(x,y) + iv(x,y)$ 的极限问题转化为求两个二元实变函数 $u = u(x,y)$ 和 $v = v(x,y)$ 的极限问题.

由定理 1.3 及实函数极限的四则运算法则，可得下述定理.

定理 1.4 如果 $\lim\limits_{z \to z_0} f(z) = A$，$\lim\limits_{z \to z_0} g(z) = B$，那么

(1) $\lim\limits_{z \to z_0}[f(z) \pm g(z)] = A \pm B$；

(2) $\lim\limits_{z \to z_0}[f(z)g(z)] = AB$；

(3) $\lim\limits_{z \to z_0} \dfrac{f(z)}{g(z)} = \dfrac{A}{B}(B \neq 0)$.

【例 1-17】 证明函数 $f(z) = \dfrac{\mathrm{Im}(z)}{|z|}$ 当 $z \to 0$ 时的极限不存在.

证 设 $z = x + iy$，则

$$f(z) = \frac{y}{\sqrt{x^2 + y^2}}$$

于是

$$u(x,y) = \frac{y}{\sqrt{x^2 + y^2}}, v(x,y) = 0$$

当 z 沿直线 $y = kx$（k 为实常数）趋于零，我们有

$$\lim_{\substack{x \to 0 \\ (y=kx)}} u(x,y) = \lim_{\substack{x \to 0 \\ (y=kx)}} \frac{y}{\sqrt{x^2 + y^2}} = \lim_{x \to 0} \frac{kx}{\sqrt{x^2 + (kx)^2}} = \pm \frac{k}{\sqrt{1 + k^2}}.$$

因为它的值随 k 的不同而不同，所以 $\lim\limits_{\substack{x \to 0 \\ y \to 0}} u(x,y)$ 不存在，虽然 $\lim\limits_{\substack{x \to 0 \\ y \to 0}} v(x,y) = 0$，但根据定理 1.3，$\lim\limits_{z \to 0} f(z)$ 不存在.

2. 复变函数的连续性

定义 1.13 设函数 $w = f(z)$ 在点 z_0 的某个邻域内有定义，若 $\lim\limits_{z \to z_0} f(z) = f(z_0)$，则称函数 $w = f(z)$ 在点 z_0 处连续. 若 $w = f(z)$ 在区域 D 内处处连续，则称 $w = f(z)$ 在区域 D 内连续.

由连续的定义和本节定理 1.3、定理 1.4，可以得到下面定理.

定理 1.5 函数 $f(z) = u(x,y) + iv(x,y)$ 在 $z_0 = x_0 + iy_0$ 处连续的充要条件是：$u(x,y)$ 和 $v(x,y)$ 在 (x_0, y_0) 处连续.

定理 1.6 (1) 如果函数 $f(z)$ 和 $g(z)$ 在 z_0 连续，则它们的和、差、积、商（分母在 z_0 不为零）在 z_0 也连续.

(2) 如果函数 $h = g(z)$ 在 z_0 连续，函数 $w = f(h)$ 在 $h_0 = g(z_0)$ 连续，则复合函数 $w = f[g(z)]$ 在 z_0 连续.

从上述定理容易知道，有理整函数

$$w = P(z) = a_0 + a_1 z + a_2 z^2 + \cdots + a_n z^n$$

在复平面上处处连续，而有理分式函数

$$w = \frac{P(z)}{Q(z)}$$

在复平面内分母不为零的点连续，其中 $P(z)$，$Q(z)$ 都是有理整函数．

【例 1-18】 计算下列极限：

(1) $\lim\limits_{z\to i}(z^2-\bar{z}+2i)$；　　(2) $\lim\limits_{z\to 1}\dfrac{z^2\bar{z}+z-\bar{z}-1}{z-1}$．

解 (1) 因为 $w=z^2-\bar{z}+2i$ 在 $z=i$ 处连续，所以

$$\lim_{z\to i}(z^2-\bar{z}+2i)=i^2-(-i)+2i=-1+i+2i=-1+3i.$$

$$(2)\ \lim_{z\to 1}\frac{z^2\bar{z}+z-\bar{z}-1}{z-1}=\lim_{z\to 1}\frac{\bar{z}(z-1)(z+1)+(z-1)}{z-1}=\lim_{z\to 1}[\bar{z}(z+1)+1]=3.$$

【例 1-19】 讨论函数 $f(z)=\begin{cases}\dfrac{\mathrm{Re}(z^2)}{|z|^2}, & z\neq 0\\ 0, & z=0\end{cases}$ 的连续性．

解 令 $z=x+iy$，则

当 $z\neq 0$ 时，$f(z)=\dfrac{\mathrm{Re}(z^2)}{|z|^2}=\dfrac{x^2-y^2}{x^2+y^2}$ 为二元初等函数（分母不为零），在复平面上连续.

当 $z=0$ 时，令 z 沿直线 $y=kx$ 趋向于0，有

$$\lim_{\substack{x\to 0\\ y=kx}}\frac{x^2-y^2}{x^2+y^2}=\lim_{x\to 0}\frac{x^2-(kx)^2}{x^2+(kx)^2}=\frac{1-k^2}{1+k^2}$$

它的值随 k 的变化而变化，故 $\lim\limits_{z\to 0}f(z)$ 不存在，$f(z)$ 在 $z=0$ 处不连续．

综上所述，函数 $f(z)$ 在除去 $z=0$ 的平面内连续．

本章小结

本章学习了复数的概念、运算及其表示，以及复变函数的概念、极限和连续等内容．

一、复数的概念、运算及其表示

此部分内容是学习本门课程的基础，因此要做到熟练掌握，灵活运用．主要的运算律：

1. $z_1+z_2=z_2+z_1$；　$z_1z_2=z_2z_1$；　$z_1+(z_2+z_3)=(z_1+z_2)+z_3$；

$z_1(z_2z_3)=(z_1z_2)z_3$；　$z_1(z_2+z_3)=z_1z_2+z_1z_3$．

2. $\overline{z_1\pm z_2}=\bar{z}_1\pm\bar{z}_2$；　$\overline{z_1z_2}=\bar{z}_1\,\bar{z}_2$；　$\overline{\left(\dfrac{z_1}{z_2}\right)}=\dfrac{\bar{z}_1}{\bar{z}_2}$；　$\bar{\bar{z}}=z$；

$z\bar{z}=[\mathrm{Re}(z)]^2+[\mathrm{Im}(z)]^2$；　$z+\bar{z}=2\mathrm{Re}(z)$；　$z-\bar{z}=2i\mathrm{Im}(z)$．

3. $|z_1z_2|=|z_1||z_2|$；　$\left|\dfrac{z_1}{z_2}\right|=\dfrac{|z_1|}{|z_2|}\ (z_2\neq 0)$；

$\mathrm{Arg}(z_1z_2)=\mathrm{Arg}z_1+\mathrm{Arg}z_2$；$\mathrm{Arg}\dfrac{z_1}{z_2}=\mathrm{Arg}z_1-\mathrm{Arg}z_2$；

$$z_1z_2=(r_1e^{i\theta_1})(r_2e^{i\theta_2})=r_1r_2e^{i(\theta_1+\theta_2)}=r_1r_2[\cos(\theta_1+\theta_2)+i\sin(\theta_1+\theta_2)]；$$

$$\frac{z_1}{z_2}=\frac{r_1e^{i\theta_1}}{r_2e^{i\theta_2}}=\frac{r_1}{r_2}e^{i(\theta_1-\theta_2)}=\frac{r_1}{r_2}[\cos(\theta_1-\theta_2)+i\sin(\theta_1-\theta_2)]\ (z_2\neq 0).$$

4. $z^n=(re^{i\theta})^n=r^ne^{in\theta}=r^n(\cos n\theta+i\sin n\theta)$；

$$\sqrt[n]{z}=\sqrt[n]{r}e^{i\frac{\theta+2k\pi}{n}}=\sqrt[n]{r}\left(\cos\frac{\theta+2k\pi}{n}+i\sin\frac{\theta+2k\pi}{n}\right),\ k=0,1,\cdots,n-1.$$

由于复数可以用平面上的点与向量来表示，因此我们可以用复数形式的方程或不等式来表示一些平面图形．学习了扩充复平面后，复数也可以用球面上的点来表示，我们引入了无穷远点的概念．无穷远点与无穷大 ∞ 这个复数对应，无穷大 ∞ ，是指模为正无穷大（辐角无意义）的唯一的一个复数．

二、复变函数的概念、极限和连续

此部分内容与高等数学相应的概念相似，是高等数学相应概念的推广．它们既有相似之处，又有不同之处，既有联系，又不尽相同．

平面曲线（特别是简单闭曲线、光滑曲线或按段光滑曲线）和平面区域（包括单连通域和多连通域）是复变函数理论的几何基础，应当熟悉一些常见的平面曲线及区域的表达形式.

复变函数的定义与一元实变函数的定义完全一样，只需把实变函数定义中的“实数”换为“复数”就可以了．复变函数极限的定义与一元实变函数极限的定义形式上虽然相似，但实质相差却很大，这是我们学习中需要特别注意的地方．

复变函数极限、连续的许多性质和运算法则都与实变函数相同．

1. 如果 $\lim\limits_{z\to z_0}f(z)=A$ ，$\lim\limits_{z\to z_0}g(z)=B$ ，那么

(1) $\lim\limits_{z\to z_0}[f(z)\pm g(z)]=A\pm B$ ；

(2) $\lim\limits_{z\to z_0}[f(z)g(z)]=AB$ ；

(3) $\lim\limits_{z\to z_0}\dfrac{f(z)}{g(z)}=\dfrac{A}{B}(B\neq 0)$ ．

2. 设 $f(z)=u(x,y)+iv(x,y)$ ，$z=x+iy$ ，$A=u_0+iv_0$ ，$z_0=x_0+iy_0$ ，则 $\lim\limits_{z\to z_0}f(z)=A$ 的充要条件是 $\lim\limits_{\substack{x\to x_0\\y\to y_0}}u(x,y)=u_0$ ，$\lim\limits_{\substack{x\to x_0\\y\to y_0}}v(x,y)=v_0$ ．

3. 函数 $f(z)=u(x,y)+iv(x,y)$ 在 $z_0=x_0+iy_0$ 处连续的充要条件是：$u(x,y)$ 和 $v(x,y)$ 在 (x_0,y_0) 处连续．

4. (1) 如果函数 $f(z)$ 和 $g(z)$ 在 z_0 连续，则它们的和、差、积、商（分母在 z_0 不为零）在 z_0 也连续．

(2) 如果函数 $h=g(z)$ 在 z_0 连续，函数 $w=f(h)$ 在 $h_0=g(z_0)$ 连续，则复合函数 $w=f[g(z)]$ 在 z_0 连续．

在学习过程中要注意复数与实数的不同之处．如，复数不能比较大小；任何一个非零复数总是可以开方的，且 $\sqrt[n]{z}$ 有 n 个互异的值．

习题 1

一、填空题

1. 若 $\dfrac{1}{z}=a+bi$，则 $a=$ ________，$b=$ ________．

2. 若 $z=x+iy$，$w=z^2=u+iv$，则 $v=$ ________．

3. 若 $z=6+i$，则 $|z|=$ ________，$\arg z=$ ________．

4. $\arg z$ 的连续性区域为__________.

5. __________称为简单曲线.

6. 若 $z = e^{-3+i}$，则 $|z| =$ ______，$\arg z =$ ______.

7. 一曲线的复数方程为 $|z-i|=1$，则此曲线的直角坐标方程为__________.

8. 方程 $|z+1-2i|=|z-2+i|$ 所表示的曲线是：连接点______和______的线段的垂直平分线.

9. $\lim\limits_{z \to 1+i}(1+z^2+2z^4) =$ ______.

10. $w = z^2$ 将 z 平面内曲线族 $x^2 - y^2 = 2$ 映成 w 平面内曲线__________.

二、单项选择题

1. 若 $w = \dfrac{(4+i)(1-i)}{(4-i)(1+i)}$，则 $|w| =$（　　）.

(A) 0；　(B) 1；　(C) 2；　(D) 3.

2. 当 $z = \dfrac{1+i}{1-i}$ 时，$z^{100}+z^{75}+z^{50} =$（　　）.

(A) i；　(B) $-i$；　(C) 1；　(D) -1.

3. 下列所给区域中是多连通区域的为（　　）.

(A) $\mathrm{Im}z > 0$；　(B) $\mathrm{Re}z < 0$；　(C) $0 < |z| < 1$；(D) $\dfrac{\pi}{4} < \arg z < \dfrac{\pi}{3}$.

4. 下列说法正确的是（　　）.

(A) $|z+i|=1$ 是区域；　(B) $0 < |z-i| < 2$ 是单连通区域；

(C) $|z-z_0| < r$ 是圆形区域；　(D) $\arg z < \dfrac{\pi}{2}$ 是有界区域.

5. 下列各项中点 z 的轨迹是直线 $y=4$ 的是（　　）.

(A) $\mathrm{Re}(i\bar{z}) = 4$；　(B) $|z-2|=2$；　(C) $0 < \arg z < \pi$；(D) $\mathrm{Re}(z) = 4$.

6. 方程 $|z+2-3i| = \sqrt{2}$ 所代表的曲线是（　　）.

(A) 以 $2-3i$ 为圆心，半径为 $\sqrt{2}$ 的圆周；　(B) 以 $-2+3i$ 为圆心，半径为 2 的圆周；

(C) 以 $-2+3i$ 为圆心，半径为 $\sqrt{2}$ 的圆周；　(D) 以 $-2-3i$ 为圆心，半径为 2 的圆周.

7. $z^3 = i$ 的复根的个数为（　　）.

(A) 0；　(B) 1；　(C) 2；　(D) 3.

8. 下列式子正确的是（　　）.

(A) $\mathrm{Arg}(2z) = 2\mathrm{Arg}z$；　(B) $\arg(-1) = -\pi$；

(C) $\mathrm{Arg}(z_1 z_2) = \mathrm{Arg}z_1 + \mathrm{Arg}z_2$；　(D) $\arg z = \arctan \dfrac{y}{x}$.

9. 函数 $f(z) = u(x,y) + iv(x,y)$ 在点 $z_0 = x_0 + iy_0$ 处连续的充要条件是（　　）.

(A) $u(x,y)$ 在 (x_0,y_0) 连续；　(B) $v(x,y)$ 在 (x_0,y_0) 连续；

(C) $u(x,y)$ 和 $v(x,y)$ 都在 (x_0,y_0) 连续；　(D) $u(x,y)+v(x,y)$ 在 (x_0,y_0) 连续.

10. 一个向量顺时针旋转 $\dfrac{\pi}{3}$，向右平移 3 个单位，再向下平移 1 个单位后对应的复数为 $1-\sqrt{3}i$，则原向量对应的复数是（　　）.

(A) 2；　(B) $1+\sqrt{3}i$；　(C) $\sqrt{3}-i$；　(D) $\sqrt{3}+i$.

三、判断题

1. 零的辐角是零；

2. 若 z 为实常数，则 $z=\bar{z}$；

3. 若 z 为纯虚数，则 $z\neq\bar{z}$；

4. $i<2i$；

5. 对任何 z，$z^2=|z|^2$；

6. $|z_1+z_2|=|z_1|+|z_2|$；

7. $|\infty|=+\infty$；

8. 复数 $z=-\sin\frac{\pi}{5}-i\cos\frac{\pi}{5}$ 的辐角主值是 $-\frac{\pi}{5}$；

9. 复平面上只有一个无穷远点；

10. $\mathrm{Re}(8+5i)>\mathrm{Im}(3-6i)$.

四、计算题

1. 求下列复数 z 的实部、虚部、共轭复数、模、主辐角：

(1) $1-\sqrt{3}i$；(2) $i^4-4i^{21}+i^5$；

(3) $\dfrac{1-i}{1+i}$；(4) $(1+i)^{100}+(1-i)^{100}$；

(5) $\dfrac{1}{i}-\dfrac{3i}{1-i}$；(6) $\dfrac{(3+4i)(2-5i)}{2i}$.

2. x,y 取何值时，下列等式成立：

(1) $\dfrac{x+1+i(y-3)}{5+3i}=1+i$；(2) $\dfrac{5}{(1+yi)(x-i)}=\dfrac{i}{2}$.

3. 将下列复数化为三角表示式和指数表示式：

(1) 1；(2) $\dfrac{i}{2}$；

(3) $(2-3i)(-2+i)$；(4) $\dfrac{(\cos5\theta+i\sin5\theta)^2}{(\cos3\theta-i\sin3\theta)^3}$.

4. 一个复数乘以 $-2i$，它的模与辐角有何改变？

5. 求下列各式的值：

(1) $(1-i)^4$；(2) $(\sqrt{3}-i)^5$；(3) $\sqrt[5]{1}$；(4) $(2-2i)^{\frac{1}{3}}$.

6. 解下列方程：

(1) $z^2-3(1+i)z+5i=0$；(2) $z^4+a^4=0(a>0)$.

7. 指出下列各题中点 z 的轨迹或所在范围，并作图：

(1) $|z-2|=3$；(2) $|z+3i|\geqslant1$；

(3) $\mathrm{Re}(z+1)=2$；(4) $\mathrm{Re}(i\bar{z})=3$；

(5) $|z-2i|=|z+2i|$；(6) $|z+3|+|z+1|=4$；

(7) $\mathrm{Im}(z)\leqslant1$；(8) $\left|\dfrac{z-3}{z-2}\right|\geqslant1$；

(9) $0<\arg z<\pi$；(10) $\arg(z-i)=\dfrac{\pi}{4}$.

8. 描出下列不等式所确定的区域或闭区域，并指明它是有界的还是无界的，单连通的还是多连通的：

(1) $\mathrm{Re}(z)>0$；(2) $|z-1|>3$；

(3) $0<\mathrm{Im}(z)<2$；(4) $1\leqslant|z|\leqslant2$；

(5) $|z-2|<|z-3|$；(6) $-1<\arg z<-1+\pi$；

(7) $|z-1|<4|z+1|$； (8) $|z-2|+|z+2|\leqslant 6$.

9. 函数 $w=\dfrac{1}{z}$ 把下列 z 平面上的曲线映射成 w 平面上怎样的曲线？

(1) $y=x$； (2) $x^2+y^2=4$； (3) $x=1$； (4) $x^2+y^2=2x$.

五、证明题

1. 设 z_1、z_2、z_3 三点适合条件：$z_1+z_2+z_3=0$，$|z_1|=|z_2|=|z_3|=1$，证明：z_1、z_2、z_3 是内接于单位圆 $|z|=1$ 的一个正三角形的顶点.

2. 设 $f(z)=\dfrac{1}{2i}\left(\dfrac{z}{\bar{z}}-\dfrac{\bar{z}}{z}\right)$，$(z\neq 0)$. 试证当 $z\to 0$ 时 $f(z)$ 的极限不存在.

3. 试证 $\arg z$ 在原点与负实轴上不连续.

第2章 解 析 函 数

复变函数的解析性是复变函数的主要性质之一，它在理论和实际问题中都有着广泛的应用．本章首先介绍了复变函数导数的概念和求导法则，然后由此引入了解析函数的概念和函数解析的判别方法，最后，介绍了一些常用的初等函数及它们的解析性．

§2.1 解析函数的概念

1. 复变函数的导数与微分

定义 2.1 设函数 $w=f(z)$ 在区域 D 内有定义，z_0 为 D 内一点，且 $z_0+\Delta z\in D$，如果极限

$$\lim_{\Delta z\to 0}\frac{\Delta w}{\Delta z}=\lim_{\Delta z\to 0}\frac{f(z_0+\Delta z)-f(z_0)}{\Delta z}$$

存在，则称函数 $f(z)$ 在 z_0 可导．此极限值称为函数 $f(z)$ 在 z_0 的导数，记作

$$f'(z_0)=\lim_{\Delta z\to 0}\frac{\Delta w}{\Delta z}=\lim_{\Delta z\to 0}\frac{f(z_0+\Delta z)-f(z_0)}{\Delta z}\tag{2-1}$$

也可记作 $\left.\frac{\mathrm{d}w}{\mathrm{d}z}\right|_{z=z_0}$，$\left.\frac{\mathrm{d}f}{\mathrm{d}z}\right|_{z=z_0}$，$\left.w'\right|_{z=z_0}$．否则称 $f(z)$ 在 z_0 不可导或导数不存在．

上述定义也可叙述如下：

设函数 $w=f(z)$ 在区域 D 内有定义，z_0 为 D 内一点，且 $z_0+\Delta z\in D$，若对任意给定的 $\varepsilon>0$，相应的存在 $\delta(\varepsilon)>0$，使得当 $0<|\Delta z|<\delta$ 时，有

$$\left|\frac{f(z_0+\Delta z)-f(z_0)}{\Delta z}-A\right|<\varepsilon$$

成立，则称常数 A 为函数 $f(z)$ 在 z_0 的导数．

需要注意，定义中 $\Delta z\to 0$ 的方式是任意的．

如果 $f(z)$ 在区域 D 内处处可导，则称 $f(z)$ 在 D 内可导．

【例 2-1】 求函数 $f(z)=z^2$ 的导数．

解 因为

$$\lim_{\Delta z\to 0}\frac{f(z+\Delta z)-f(z)}{\Delta z}=\lim_{\Delta z\to 0}\frac{(z+\Delta z)^2-z^2}{\Delta z}=\lim_{\Delta z\to 0}\frac{z^2+2z\Delta z+(\Delta z)^2-z^2}{\Delta z}$$
$$=\lim_{\Delta z\to 0}(2z+\Delta z)=2z$$

所以

$$(z^2)'=2z.$$

【例 2-2】 讨论函数 $f(z)=\bar{z}$ 的可导性．

解 令 $z=x+iy$，

$$\lim_{\Delta z\to 0}\frac{f(z+\Delta z)-f(z)}{\Delta z}=\lim_{\Delta z\to 0}\frac{\overline{z+\Delta z}-\bar{z}}{\Delta z}$$
$$=\lim_{\Delta z\to 0}\frac{(x+\Delta x)-i(y+\Delta y)-(x-iy)}{\Delta z}$$

$$= \lim_{\substack{\Delta x \to 0 \\ \Delta y \to 0}} \frac{\Delta x - i\Delta y}{\Delta x + i\Delta y}$$

当 $z+\Delta z$ 沿平行于 x 轴的直线趋向于 z（见图 2.1），即 $\Delta y=0$，$\Delta x \to 0$，此时极限

$$\lim_{\substack{\Delta x \to 0 \\ \Delta y \to 0}} \frac{\Delta x - i\Delta y}{\Delta x + i\Delta y} = \lim_{\substack{\Delta x \to 0 \\ \Delta y = 0}} \frac{\Delta x}{\Delta x} = 1 .$$

当 $z+\Delta z$ 沿平行于 y 轴的直线趋向于 z（见图 2.1），即 $\Delta x=0$，$\Delta y \to 0$，此时极限

$$\lim_{\substack{\Delta x \to 0 \\ \Delta y \to 0}} \frac{\Delta x - i\Delta y}{\Delta x + i\Delta y} = \lim_{\substack{\Delta y \to 0 \\ \Delta x = 0}} \frac{-i\Delta y}{i\Delta y} = -1 .$$

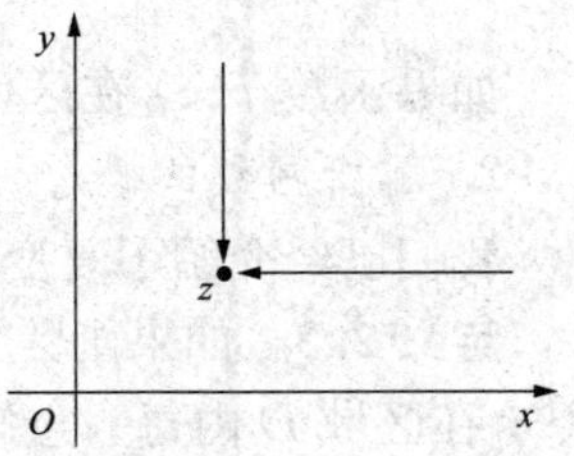

图 2.1

所以 $\lim\limits_{\Delta z \to 0} \dfrac{f(z+\Delta z)-f(z)}{\Delta z}$ 不存在，故函数 $f(z)=\bar{z}$ 不可导.

在［例 2-2］中，函数 $f(z)=\bar{z}=x-iy$ 在复平面内处处连续，却处处不可导. 反之，我们容易证明，如果函数 $f(z)$ 在 z_0 可导，则 $f(z)$ 在 z_0 连续.

事实上，由 $f(z)$ 在 z_0 可导，可得

$$\begin{aligned}\lim_{\Delta z \to 0}[f(z_0+\Delta z)-f(z_0)] &= \lim_{\Delta z \to 0}\left[\Delta z \cdot \frac{f(z_0+\Delta z)-f(z_0)}{\Delta z}\right] \\ &= \lim_{\Delta z \to 0}\Delta z \cdot \lim_{\Delta z \to 0} \frac{f(z_0+\Delta z)-f(z_0)}{\Delta z} \\ &= 0 \cdot f'(z_0) = 0\end{aligned}$$

所以 $f(z)$ 在 z_0 连续.

由于复变函数中导数的定义与实变函数中导数的定义在形式上相同，而且复变函数中极限运算法则与实变函数中极限运算法则也相同，因而，不难证明，复变函数的求导法则与实变函数的求导法则也完全相同. 下面是几个常用求导公式与求导法则：

(1) $C'=0$，其中 C 为复常数；

(2) $(z^n)'=nz^{n-1}$，其中 n 为正整数；

(3) $[f(z) \pm g(z)]' = f'(z) \pm g'(z)$；

(4) $[f(z)g(z)]' = f'(z)g(z)+f(z)g'(z)$；

(5) $\left[\dfrac{f(z)}{g(z)}\right]' = \dfrac{1}{g^2(z)}[f'(z)g(z)-f(z)g'(z)]$，$g(z) \neq 0$；

(6) $\{f[g(z)]\}' = f'(w)g'(z)$，其中 $w=g(z)$；

(7) $f'(z)=\dfrac{1}{\varphi'(w)}$，其中 $w=f(z)$ 与 $z=\varphi(w)$ 是两个互为反函数的单值函数，且 $\varphi'(w) \neq 0$.

【例 2-3】 已知 $f(z)=\dfrac{2z}{1+z}$，求 $f'(z)$ 及 $f'(i)$.

解 $f'(z)=\left(\dfrac{2z}{1+z}\right)'=\dfrac{2(1+z)-2z}{(1+z)^2}=\dfrac{2}{(1+z)^2}$，$f'(i)=\dfrac{2}{(1+i)^2}=\dfrac{1}{i}=-i$.

定义 2.2 如果复变函数 $w=f(z)$ 在 z 的增量

$$\Delta w = f(z+\Delta z)-f(z)$$

满足

$$\Delta w = f(z+\Delta z) - f(z) = A\Delta z + \rho(\Delta z)\Delta z \tag{2-2}$$

其中 $\lim\limits_{\Delta z\to 0}\rho(\Delta z)=0$，$A$ 为与 Δz 无关，而只与 z 有关的复常数，则称函数 $w=f(z)$ 在 z 可微，并称 $A\Delta z$ 为 $f(z)$ 在 z 的微分，记作

$$\mathrm{d}w = \mathrm{d}f = A\Delta z .$$

容易证明，函数 $w=f(z)$ 在 z 可导的充要条件是 $w=f(z)$ 在 z 可微，且

$$\mathrm{d}w = f'(z)\Delta z = f'(z)\mathrm{d}z .$$

如果函数 $f(z)$ 在区域 D 内处处可微，则称 $f(z)$ 在 D 内可微．

2．解析函数的概念

我们已经介绍了复变函数导数的概念及导数的运算法则，下面来介绍解析函数．

定义 2.3 如果函数 $f(z)$ 在 z_0 及 z_0 的某邻域内处处可导，则称 $f(z)$ 在 z_0 解析．如果 $f(z)$ 在区域 D 内每一点解析，则称 $f(z)$ 在 D 内解析，或称 $f(z)$ 是 D 内的一个解析函数．

如果 $f(z)$ 在 z_0 不解析，则称 z_0 为 $f(z)$ 的奇点．

显然，由函数解析的定义可知，函数在一点可导，却不一定在该点解析，而如果函数在一点解析，则必定在该点可导，也就是说，函数在一点可导和在一点解析是两个不等价的概念．反之，函数在区域内解析与在区域内可导是等价的．

【例 2-4】 研究函数 $f(z)=z^2$，$g(z)=\overline{z}$，$h(z)=|z|^2$ 的解析性．

解 由［例 2-1］知，$f(z)=z^2$ 在复平面内处处可导，所以 $f(z)=z^2$ 在复平面内处处解析．由［例 2-2］知，$g(z)=\overline{z}$ 在复平面内处处不可导，所以 $g(z)=\overline{z}$ 在复平面内处处不解析．下面研究 $h(z)=|z|^2$ 的解析性．

由于

$$\begin{aligned}\frac{h(z_0+\Delta z)-h(z_0)}{\Delta z} &= \frac{|z_0+\Delta z|^2-|z_0|^2}{\Delta z}\\ &= \frac{(z_0+\Delta z)(\overline{z_0}+\overline{\Delta z})-z_0\,\overline{z_0}}{\Delta z}\\ &= \overline{z_0}+\overline{\Delta z}+z_0\,\frac{\overline{\Delta z}}{\Delta z}\end{aligned}$$

当 $z_0=0$ 时，

$$\lim_{\Delta z\to 0}\frac{h(z_0+\Delta z)-h(z_0)}{\Delta z}=\lim_{\Delta z\to 0}\frac{h(\Delta z)-h(0)}{\Delta z}=\lim_{\Delta z\to 0}\overline{\Delta z}=0$$

当 $z_0\neq 0$ 时，令 $z_0+\Delta z$ 沿直线 $\Delta y=k\Delta x$ 趋于 z_0，

$$\lim_{\Delta z\to 0}\frac{\overline{\Delta z}}{\Delta z}=\lim_{\Delta z\to 0}\frac{\Delta x-i\Delta y}{\Delta x+i\Delta y}=\lim_{\substack{\Delta x\to 0\\ \Delta y=k\Delta x}}\frac{\Delta x-ik\Delta x}{\Delta x+ik\Delta x}=\frac{1-ik}{1+ik}$$

它的值随 k 的变化而变化，所以 $\lim\limits_{\Delta z\to 0}\dfrac{h(z_0+\Delta z)-h(z_0)}{\Delta z}$ 不存在．

因此，$h(z)=|z|^2$ 仅在 $z=0$ 处可导，由解析定义可知，$h(z)=|z|^2$ 在复平面内处处不解析．

【例 2-5】 讨论函数 $f(z)=\dfrac{1}{z}$ 的解析性．

解 当 $z\neq 0$ 时，$f'(z)=-\dfrac{1}{z^2}$，所以函数 $f(z)=\dfrac{1}{z}$ 在除去 $z=0$ 的平面内可导、解析.

而 $z=0$ 是函数 $f(z)=\dfrac{1}{z}$ 的奇点.

根据复变函数的求导法则，可得下面定理.

定理 2.1 在区域 D 内解析的两个函数 $f(z)$ 与 $g(z)$ 的和、差、积、商（除去分母为零的点）在 D 内解析.

由定理 2.1 可知，多项式函数在复平面内处处解析，有理分式函数 $\dfrac{P(z)}{Q(z)}$［其中 $P(z)$ 与 $Q(z)$ 为多项式函数］在除去分母为零的点的区域内解析，使分母为零的点是函数的奇点.

【例 2-6】 确定函数 $f(z)=\dfrac{z+1}{z^2+1}$ 的解析性区域，并求出其奇点.

解 $f(z)=\dfrac{z+1}{z^2+1}$ 为有理分式函数，令 $z^2+1=0$，解得 $z=\pm i$.

所以函数 $f(z)=\dfrac{z+1}{z^2+1}$ 在除去 $z=\pm i$ 的区域内解析，$z=\pm i$ 为函数 $f(z)$ 的奇点.

定理 2.2 设函数 $h=g(z)$ 在 z 平面上的区域 D 内解析，函数 $w=f(h)$ 在 h 平面上的区域 G 内解析，如果对于 D 内的每一个点 z，函数 $g(z)$ 的对应值 h 都属于 G，那么复合函数 $w=f[g(z)]$ 在 D 内解析.

§ 2.2 函数解析的充要条件

前面我们已经介绍了解析函数的定义和性质. 然而，判定函数的解析性仅仅依靠定义和性质是不够的，本节我们就要学习判定函数解析的简便方法.

定理 2.3 设函数 $f(z)=u(x,y)+iv(x,y)$ 在区域 D 内有定义，则 $f(z)$ 在 D 内一点 $z=x+iy$ 可导的充要条件是：$u(x,y)$ 与 $v(x,y)$ 在点 (x,y) 可微，且满足柯西—黎曼方程

$$\frac{\partial u}{\partial x}=\frac{\partial v}{\partial y},\ \frac{\partial u}{\partial y}=-\frac{\partial v}{\partial x}. \tag{2-3}$$

证 先证必要性. 设 $f(z)=u(x,y)+iv(x,y)$ 在 D 内一点 $z=x+iy$ 可导，由式(2-2) 知

$$\Delta w=f(z+\Delta z)-f(z)=f'(z)\Delta z+\rho(\Delta z)\Delta z$$

其中 $\lim\limits_{\Delta z\to 0}\rho(\Delta z)=0$.

令

$$\Delta w=\Delta u+i\Delta v\,,\ f'(z)=a+ib\,,\ \rho(\Delta z)=\rho_1+i\rho_2$$

于是，上式可化为

$$\begin{aligned}\Delta w=\Delta u+i\Delta v&=(a+ib)(\Delta x+i\Delta y)+(\rho_1+i\rho_2)(\Delta x+i\Delta y)\\&=(a\Delta x-b\Delta y+\rho_1\Delta x-\rho_2\Delta y)+i(b\Delta x+a\Delta y+\rho_2\Delta x+\rho_1\Delta y)\end{aligned}$$

所以有

$$\begin{aligned}\Delta u&=a\Delta x-b\Delta y+\rho_1\Delta x-\rho_2\Delta y\\\Delta v&=b\Delta x+a\Delta y+\rho_2\Delta x+\rho_1\Delta y.\end{aligned}$$

由 $\lim\limits_{\Delta z\to 0}\rho(\Delta z)=0$ 可得

$$\lim_{\substack{\Delta x\to 0\\\Delta y\to 0}}\rho_1=0\,,\ \lim_{\substack{\Delta x\to 0\\\Delta y\to 0}}\rho_2=0$$

所以，u 和 v 在 (x,y) 可微，且

$$a=\frac{\partial u}{\partial x},-b=\frac{\partial u}{\partial y},b=\frac{\partial v}{\partial x},a=\frac{\partial v}{\partial y}$$

于是

$$\frac{\partial u}{\partial x}=\frac{\partial v}{\partial y},\frac{\partial u}{\partial y}=-\frac{\partial v}{\partial x}.$$

再证充分性．设 $u(x,y)$ 与 $v(x,y)$ 在点 (x,y) 可微，且满足柯西—黎曼方程．

因为 $u(x,y)$，$v(x,y)$ 在 (x,y) 可微，所以

$$\Delta u=\frac{\partial u}{\partial x}\Delta x+\frac{\partial u}{\partial y}\Delta y+\varepsilon_1\Delta x+\varepsilon_2\Delta y$$

$$\Delta v=\frac{\partial v}{\partial x}\Delta x+\frac{\partial v}{\partial y}\Delta y+\varepsilon_3\Delta x+\varepsilon_4\Delta y$$

其中 $\lim\limits_{\substack{\Delta x\to 0\\ \Delta y\to 0}}\varepsilon_k=0(k=1,2,3,4)$．

于是

$$\begin{aligned}\Delta w&=f(z+\Delta z)-f(z)=\Delta u+i\Delta v\\&=\left(\frac{\partial u}{\partial x}\Delta x+\frac{\partial u}{\partial y}\Delta y+\varepsilon_1\Delta x+\varepsilon_2\Delta y\right)+i\left(\frac{\partial v}{\partial x}\Delta x+\frac{\partial v}{\partial y}\Delta y+\varepsilon_3\Delta x+\varepsilon_4\Delta y\right)\end{aligned}$$

再根据 $u(x,y)$，$v(x,y)$ 满足柯西—黎曼方程 $\frac{\partial u}{\partial x}=\frac{\partial v}{\partial y},\frac{\partial u}{\partial y}=-\frac{\partial v}{\partial x}$，代入上式

$$\begin{aligned}\Delta w&=\left(\frac{\partial u}{\partial x}\Delta x-\frac{\partial v}{\partial x}\Delta y+\varepsilon_1\Delta x+\varepsilon_2\Delta y\right)+i\left(\frac{\partial v}{\partial x}\Delta x+\frac{\partial u}{\partial x}\Delta y+\varepsilon_3\Delta x+\varepsilon_4\Delta y\right)\\&=\frac{\partial u}{\partial x}(\Delta x+i\Delta y)+\frac{\partial v}{\partial x}(-\Delta y+i\Delta x)+(\varepsilon_1+i\varepsilon_3)\Delta x+(\varepsilon_2+i\varepsilon_4)\Delta y\\&=\left(\frac{\partial u}{\partial x}+i\frac{\partial v}{\partial x}\right)(\Delta x+i\Delta y)+(\varepsilon_1+i\varepsilon_3)\Delta x+(\varepsilon_2+i\varepsilon_4)\Delta y\end{aligned}$$

$$\frac{\Delta w}{\Delta z}=\frac{\partial u}{\partial x}+i\frac{\partial v}{\partial x}+(\varepsilon_1+i\varepsilon_3)\frac{\Delta x}{\Delta z}+(\varepsilon_2+i\varepsilon_4)\frac{\Delta y}{\Delta z}$$

因为 $\left|\frac{\Delta x}{\Delta z}\right|\leqslant 1$，$\left|\frac{\Delta y}{\Delta z}\right|\leqslant 1$，且 $\lim\limits_{\substack{\Delta x\to 0\\ \Delta y\to 0}}\varepsilon_k=0(k=1,2,3,4)$，所以

$$\lim_{\Delta z\to 0}(\varepsilon_1+i\varepsilon_3)\frac{\Delta x}{\Delta z}=0,\lim_{\Delta z\to 0}(\varepsilon_2+i\varepsilon_4)\frac{\Delta y}{\Delta z}=0$$

于是有

$$\lim_{\Delta z\to 0}\frac{\Delta w}{\Delta z}=\frac{\partial u}{\partial x}+i\frac{\partial v}{\partial x}$$

即 $f(z)=u(x,y)+iv(x,y)$ 在 $z=x+iy$ 可导，且

$$f'(z)=\frac{\partial u}{\partial x}+i\frac{\partial v}{\partial x}. \tag{2-4}$$

根据柯西—黎曼方程，式（2-4）还可改写为

$$f'(z)=\frac{\partial v}{\partial y}-i\frac{\partial u}{\partial y}. \tag{2-5}$$

定理 2.3 给出了判断函数在一点可导的方法，需要两个条件，一是需判断该函数的实部、虚部是否可微，二是需判断函数的实部与虚部是否满足柯西—黎曼方程．判断函数是否

可导时，两个条件缺一不可．

由函数在区域内可导和在区域内解析的等价关系及定理 2.3，可得下面定理．

定理 2.4 设函数 $f(z)=u(x,y)+iv(x,y)$ 在区域 D 内有定义，则 $f(z)$ 在区域 D 内解析的充要条件是 $u(x,y)$ 和 $v(x,y)$ 在 D 内可微，并且满足柯西—黎曼方程式（2-3）.

【例 2-7】 讨论下列函数的可导性与解析性：

(1) $f(z)=e^x(\cos y+i\sin y)$；

(2) $f(z)=z\mathrm{Re}(z)$；

(3) $f(z)=x^3-i(y^3-3y)$.

解 (1) $u=e^x\cos y$，$v=e^x\sin y$，对 u,v 求偏导数

$$\frac{\partial u}{\partial x}=e^x\cos y,\ \frac{\partial u}{\partial y}=-e^x\sin y$$

$$\frac{\partial v}{\partial x}=e^x\sin y,\ \frac{\partial v}{\partial y}=e^x\cos y$$

显然，上面四个一阶偏导数：$\frac{\partial u}{\partial x}$，$\frac{\partial u}{\partial y}$，$\frac{\partial v}{\partial x}$，$\frac{\partial v}{\partial y}$ 都连续，所以 u,v 可微，且柯西—黎曼方程

$$\frac{\partial u}{\partial x}=\frac{\partial v}{\partial y},\ \frac{\partial u}{\partial y}=-\frac{\partial v}{\partial x}$$

处处成立，所以 $f(z)=e^x(\cos y+i\sin y)$ 在复平面内处处可导，处处解析，且

$$f'(z)=\frac{\partial u}{\partial x}+i\frac{\partial v}{\partial x}=e^x(\cos y+i\sin y)=f(z).$$

(2) 因为 $f(z)=z\mathrm{Re}(z)=(x+iy)x=x^2+ixy$，所以

$$u=x^2,v=xy$$

对 u，v 求偏导数

$$\frac{\partial u}{\partial x}=2x,\ \frac{\partial u}{\partial y}=0$$

$$\frac{\partial v}{\partial x}=y,\ \frac{\partial v}{\partial y}=x$$

因为四个一阶偏导数：$\frac{\partial u}{\partial x}$，$\frac{\partial u}{\partial y}$，$\frac{\partial v}{\partial x}$，$\frac{\partial v}{\partial y}$ 连续，所以 u,v 可微．

若 u，v 满足柯西—黎曼方程

$$\frac{\partial u}{\partial x}=\frac{\partial v}{\partial y},\ \frac{\partial u}{\partial y}=-\frac{\partial v}{\partial x}$$

则必有

$$2x=x,\ y=0$$

解得

$$x=0,\ y=0.$$

故函数 $f(z)=z\mathrm{Re}(z)$ 仅在 $z=0$ 处可导，但在复平面内处处不解析．

(3) 因为 $f(z)=x^3-i(y^3-3y)$，所以

$$u=x^3,v=-y^3+3y$$

对 u，v 求偏导数

$$\frac{\partial u}{\partial x}=3x^2,\ \frac{\partial u}{\partial y}=0$$

$$\frac{\partial v}{\partial x}=0\,,\frac{\partial v}{\partial y}=-3y^2+3$$

因为四个一阶偏导数：$\frac{\partial u}{\partial x}$，$\frac{\partial u}{\partial y}$，$\frac{\partial v}{\partial x}$，$\frac{\partial v}{\partial y}$ 连续，所以 u,v 可微．

若 u，v 满足柯西—黎曼方程

$$\frac{\partial u}{\partial x}=\frac{\partial v}{\partial y}\,,\frac{\partial u}{\partial y}=-\frac{\partial v}{\partial x}$$

则必有

$$3x^2=-3y^2+3$$

即

$$x^2+y^2=1.$$

故函数 $f(z)=x^3-i(y^3-3y)$ 在圆 $x^2+y^2=1$ 上可导，在复平面内处处不解析．

【例 2 - 8】 证明：如果函数 $f(z)=u+iv$ 在区域 D 内解析，并满足下列条件之一，那么 $f(z)$ 在 D 内为一常数．

(1) $f'(z)=0$；

(2) $|f(z)|$ 在 D 内是一常数．

证 (1) 因为

$$f'(z)=\frac{\partial u}{\partial x}+i\frac{\partial v}{\partial x}=\frac{\partial v}{\partial y}-i\frac{\partial u}{\partial y}=0$$

所以

$$\frac{\partial u}{\partial x}=\frac{\partial u}{\partial y}=\frac{\partial v}{\partial x}=\frac{\partial v}{\partial y}=0$$

故 $u=$ 常数，$v=$ 常数，因而 $f(z)=u+iv$ 在 D 内是常数．

(2) 因为 $|f(z)|=\sqrt{u^2+v^2}$ 在 D 内是一常数，所以 $|f(z)|^2=u^2+v^2$ 在 D 内也是一常数，令

$$u^2+v^2=C\,(C\text{ 为实常数}).$$

若 $C=0$，则 $u=v=0$，故 $f(z)=0$ 为常数．下面证明 $C\neq 0$ 时的情况．

将式 $u^2+v^2=C$ 两端分别对 x 、对 y 求偏导数

$$2u\frac{\partial u}{\partial x}+2v\frac{\partial v}{\partial x}=0\,,2u\frac{\partial u}{\partial y}+2v\frac{\partial v}{\partial y}=0$$

化简得

$$u\frac{\partial u}{\partial x}+v\frac{\partial v}{\partial x}=0\,,u\frac{\partial u}{\partial y}+v\frac{\partial v}{\partial y}=0.$$

因为函数 $f(z)=u+iv$ 在区域 D 内解析，所以 u，v 满足柯西—黎曼方程：

$$\frac{\partial u}{\partial x}=\frac{\partial v}{\partial y}\,,\frac{\partial u}{\partial y}=-\frac{\partial v}{\partial x}$$

代入上式

$$u\frac{\partial u}{\partial x}+v\frac{\partial v}{\partial x}=0\,,-u\frac{\partial v}{\partial x}+v\frac{\partial u}{\partial x}=0$$

进一步

$$u^2\frac{\partial u}{\partial x}+uv\frac{\partial v}{\partial x}=0\,,-uv\frac{\partial v}{\partial x}+v^2\frac{\partial u}{\partial x}=0$$

将上面两式相加得

$$(u^2+v^2)\frac{\partial u}{\partial x}=0$$

因为 $u^2+v^2=C\neq 0$，所以 $\frac{\partial u}{\partial x}=0$，代回可解得 $\frac{\partial v}{\partial x}=0$，再由柯西—黎曼方程，可得 $\frac{\partial u}{\partial y}=0$，$\frac{\partial v}{\partial y}=0$，故 $u=$ 常数，$v=$ 常数，因而 $f(z)=u+iv$ 在 D 内是常数.

【例 2-9】 设 $f(z)=u+iv$ 为一解析函数，且在 $z_0=x_0+iy_0$ 处 $f'(z_0)\neq 0$，试证曲线

$$u(x,y)=u(x_0,y_0),\ v(x,y)=v(x_0,y_0)$$

在交点 (x_0,y_0) 处正交.

证 因为

$$f'(z_0)=v_y(x_0,y_0)-iu_y(x_0,y_0)\neq 0$$

所以 $u_y(x_0,y_0),v_y(x_0,y_0)$ 不全为零.

(1) 若 $u_y(x_0,y_0),v_y(x_0,y_0)$ 都不为零. 由隐函数求导法则，在交点 (x_0,y_0) 处的切线斜率分别为

$$k_1=-\frac{u_x(x_0,y_0)}{u_y(x_0,y_0)},\ k_2=-\frac{v_x(x_0,y_0)}{v_y(x_0,y_0)}.$$

由柯西—黎曼方程

$$\frac{\partial u}{\partial x}=\frac{\partial v}{\partial y},\ \frac{\partial u}{\partial y}=-\frac{\partial v}{\partial x}$$

有

$$\begin{aligned}k_1\cdot k_2&=\left[-\frac{u_x(x_0,y_0)}{u_y(x_0,y_0)}\right]\cdot\left[-\frac{v_x(x_0,y_0)}{v_y(x_0,y_0)}\right]\\&=\left[-\frac{v_y(x_0,y_0)}{-v_x(x_0,y_0)}\right]\cdot\left[-\frac{v_x(x_0,y_0)}{v_y(x_0,y_0)}\right]\\&=-1\end{aligned}$$

即曲线 $u(x,y)=u(x_0,y_0)$ 与 $v(x,y)=v(x_0,y_0)$ 在交点 (x_0,y_0) 处正交.

(2) 若 $u_y(x_0,y_0),v_y(x_0,y_0)$ 中有一个为零，则另一个必不为零，容易知道 $u(x,y)=u(x_0,y_0)$ 与 $v(x,y)=v(x_0,y_0)$ 在交点 (x_0,y_0) 处的切线一条是水平的，另一条是铅直的，因此它们仍正交.

§2.3 初 等 函 数

复变函数的初等函数是实变函数中相应的基本初等函数的推广，本节，我们将研究这些初等函数的性质及解析性.

1. 指数函数

由［例 2.7］可知，函数 $f(z)=e^x(\cos y+i\sin y)$ 在复平面内处处解析，并且 $f'(z)=f(z)$，当 $\mathrm{Im}(z)=y=0$，即 $z=\mathrm{Re}(z)=x\in R$ 时，$f(z)=e^x$ 与高等数学中所学的指数函数一致. 于是，我们定义

$$f(z)=e^x(\cos y+i\sin y)$$

为复变量 z 的指数函数，记作

$$\exp z = e^x(\cos y + i\sin y) \tag{2-6}$$

或简记为

$$e^z = e^x(\cos y + i\sin y).$$

显然

$$|\exp z| = e^x$$
$$\mathrm{Arg}(\exp z) = y + 2k\pi, k \in Z.$$

由指数函数的定义，可以得到下列性质：

(1) 指数函数在整个复平面上有定义，且由 $|\exp z| = e^x > 0$ 知

$$\exp z \neq 0.$$

(2) 指数函数 e^z 在整个复平面上解析，且

$$(e^z)' = e^z.$$

(3) 实指数函数服从加法定理，同样，复指数函数也服从加法定理

$$\exp z_1 \cdot \exp z_2 = \exp(z_1 + z_2).$$

事实上，设

$$z_1 = x_1 + iy_1, z_2 = x_2 + iy_2$$

由复指数函数定义有

$$\begin{aligned}\exp z_1 \cdot \exp z_2 &= e^{x_1}(\cos y_1 + i\sin y_1) \cdot e^{x_2}(\cos y_2 + i\sin y_2)\\ &= e^{x_1+x_2}[(\cos y_1\cos y_2 - \sin y_1\sin y_2) + i(\sin y_1\cos y_2 + \cos y_1\sin y_2)]\\ &= e^{x_1+x_2}[\cos(y_1 + y_2) + i\sin(y_1 + y_2)]\\ &= \exp(z_1 + z_2).\end{aligned}$$

(4) 指数函数 e^z 是以 $2k\pi i$（k 为整数）为周期的周期函数，即

$$e^{z+2k\pi i} = e^z.$$

事实上，令 $z = x + iy$，对任意整数 k，有

$$\begin{aligned}e^{z+2k\pi i} &= e^{x+iy+2k\pi i} = e^{x+i(y+2k\pi)}\\ &= e^x[\cos(y + 2k\pi) + i\sin(y + 2k\pi)]\\ &= e^x(\cos y + i\sin y) = e^z.\end{aligned}$$

2. 对数函数

同一元实函数一样，指数函数的反函数称为对数函数．即把满足方程

$$e^w = z(z \neq 0)$$

的函数 $w = f(z)$ 称为对数函数，记作 $w = \mathrm{Ln}z$.

令

$$z = re^{i\theta}, w = u + iv$$

则

$$e^{u+iv} = re^{i\theta}$$

于是

$$e^u = r, v = \theta + 2k\pi, k = 0, \pm 1, \pm 2, \cdots$$

从而

$$w = u + iv = \ln r + i(\theta + 2k\pi), k = 0, \pm 1, \pm 2, \cdots$$

即

$$\mathrm{Ln}z = \ln|z| + i\mathrm{Arg}z . \tag{2-7}$$

由于 $\mathrm{Arg}z$ 是多值函数，所以对数函数 $w = \mathrm{Ln}z$ 也是多值函数，若将式（2-7）中 $\mathrm{Arg}z$ 取主值 $\arg z$，则 $\mathrm{Ln}z$ 为单值函数，记作 $\ln z$，称为 $\mathrm{Ln}z$ 的主值

$$\ln z = \ln|z| + i\arg z \tag{2-8}$$

且有

$$\mathrm{Ln}z = \ln z + 2k\pi i , k = 0, \pm 1, \pm 2, \cdots \tag{2-9}$$

对于每一个固定的 k，式（2-9）为一单值函数，称为 $\mathrm{Ln}z$ 的一个分支.

特别地，当 $z = x > 0$ 时，$\mathrm{Ln}z$ 的主值 $\ln z = \ln x$ 就是实对数函数.

【例 2-10】 求 $\mathrm{Ln}3$，$\mathrm{Ln}(-1)$，$\mathrm{Ln}(2i)$ 以及它们相应的主值.

解 因为

$$|3| = 3 , \arg 3 = 0$$

所以

$$\mathrm{Ln}3 = \ln|3| + i(\arg 3 + 2k\pi) = \ln 3 + 2k\pi i , k = 0, \pm 1, \pm 2, \cdots$$

它的主值为 $\ln 3$.

因为

$$|-1| = 1 , \arg(-1) = \pi$$

所以

$$\begin{aligned}\mathrm{Ln}(-1) &= \ln|-1| + i[\arg(-1) + 2k\pi] \\ &= \ln 1 + i(\pi + 2k\pi) \\ &= (2k+1)\pi i , k = 0, \pm 1, \pm 2, \cdots\end{aligned}$$

$\mathrm{Ln}(-1)$ 的主值为

$$\ln(-1) = \pi i .$$

因为

$$|2i| = 2 , \arg(2i) = \frac{\pi}{2}$$

所以

$$\begin{aligned}\mathrm{Ln}(2i) &= \ln|2i| + i[\arg(2i) + 2k\pi] \\ &= \ln 2 + i\left(\frac{\pi}{2} + 2k\pi\right) , k = 0, \pm 1, \pm 2, \cdots\end{aligned}$$

它的主值为

$$\ln(2i) = \ln 2 + \frac{\pi}{2} i .$$

对数函数 $\mathrm{Ln}z$ 有下列性质：

（1）复对数函数保持了实对数函数的基本性质：

$$\mathrm{Ln}(z_1 z_2) = \mathrm{Ln}z_1 + \mathrm{Ln}z_2$$

$$\mathrm{Ln}\frac{z_1}{z_2} = \mathrm{Ln}z_1 - \mathrm{Ln}z_2 .$$

注意：上面两等式两边都是无穷多个复数值的集合，等号成立是指两边的集合相等．即右边 $\mathrm{Ln}z_1$ 的每一个值加上（或减去）$\mathrm{Ln}z_2$ 的任意一个值都与左边的某个分支相等．对于主

值 $\ln z$，上述两等式未必成立．而且下面两等式

$$\mathrm{Ln} z^n = n\mathrm{Ln} z\,,\ \mathrm{Ln}\sqrt[n]{z} = \frac{1}{n}\mathrm{Ln} z\ (\,n\ 为大于\ 1\ 的整数)$$

不再成立．

(2) $\mathrm{Ln} z$ 的主值 $\ln z = \ln|z| + i\arg z$ 在复平面上除去原点和负实轴的区域

$$\begin{cases} |z| > 0 \\ -\pi < \arg z < \pi \end{cases}$$

内解析，且

$$(\ln z)' = \frac{1}{z}$$

$\ln z$ 的各个分支在除去原点和负实轴的区域内也解析，并且有相同的导数值．

3. 乘幂 a^b 与幂函数

在实变函数中，我们知道，当 $a > 0$，b 为任一实数时，$a^b = e^{b\ln a}$．我们将这一结果推广到复数的情形．

设 a 为不等于零的一个复数，b 为任意一个复数，定义乘幂 a^b 为 $e^{b\mathrm{Ln} a}$，即

$$a^b = e^{b\mathrm{Ln} a}. \tag{2-10}$$

由于

$$\mathrm{Ln} a = \ln|a| + i\mathrm{Arg} a = \ln|a| + i(\arg a + 2k\pi),k = 0,\pm 1,\pm 2,\cdots$$

所以

$$a^b = e^{b\mathrm{Ln} a} = e^{b[\ln|a| + i(\arg a + 2k\pi)]},\ k = 0,\pm 1,\pm 2,\cdots$$

由 $\mathrm{Ln} a$ 的多值性可知，乘幂 a^b 也是多值函数．

(1) 当 $b = n$（n 为正整数）时，

$$\begin{aligned} a^b = a^n &= e^{n\mathrm{Ln} a} = e^{\mathrm{Ln} a + \mathrm{Ln} a + \cdots + \mathrm{Ln} a} \\ &= \underbrace{e^{\mathrm{Ln} a} \cdot e^{\mathrm{Ln} a} \cdot \cdots \cdot e^{\mathrm{Ln} a}}_{n个} \\ &= \underbrace{a \cdot a \cdot \cdots \cdot a}_{n个} \end{aligned}$$

此时 $a^b = a^n$ 是单值函数．当 $a = z$ 为一复变数时，$a^b = z^n$ 在整个复平面内解析．

(2) 当 $b = -n$（n 为正整数）时

$$a^b = a^{-n} = \frac{1}{a^n}$$

也是单值函数．当 $a = z$ 为一复变数时，$a^b = \dfrac{1}{z^n}$ 在除去原点的复平面内解析．

(3) 当 $b = \dfrac{1}{n}$（n 为正整数）时

$$\begin{aligned} a^b = a^{\frac{1}{n}} &= e^{\frac{1}{n}\mathrm{Ln} a} = e^{\frac{1}{n}[\ln|a| + i(\arg a + 2k\pi)]} \\ &= e^{\frac{1}{n}\ln|a|}\left(\cos\frac{\arg a + 2k\pi}{n} + i\sin\frac{\arg a + 2k\pi}{n}\right) \\ &= |a|^{\frac{1}{n}}\left(\cos\frac{\arg a + 2k\pi}{n} + i\sin\frac{\arg a + 2k\pi}{n}\right) \\ &= \sqrt[n]{a} \end{aligned}$$

它在 $k=0,1,\cdots,n-1$ 时取不同的值，是具有 n 个分支的多值函数．当 $a=z$ 为一复变数时，$a^b=\sqrt[n]{z}$，它的各个分支在除去原点和负实轴的复平面内解析．

（4）当 $b=\dfrac{m}{n}$（m 和 n 为互质的整数，$n>0$）时

$$a^b=a^{\frac{m}{n}}=\mathrm{e}^{\frac{m}{n}\mathrm{Ln}a}=\mathrm{e}^{\frac{m}{n}[\ln|a|+i(\arg a+2k\pi)]}$$

$$=\mathrm{e}^{\frac{m}{n}\ln|a|}\left[\cos\frac{m}{n}(\arg a+2k\pi)+i\sin\frac{m}{n}(\arg a+2k\pi)\right]$$

它在 $k=0,1,\cdots,n-1$ 时取不同的值，是具有 n 个分支的多值函数．当 $a=z$ 为一复变数时，它的各个分支在除去原点和负实轴的复平面内解析．

当 $a=z$ 为一复变数时，$a^b=z^b$ 就是一般的幂函数．

【例 2 - 11】 求 2^{1+i}，$1^{\sqrt{3}}$，i^i 的值．

解　$2^{1+i}=\mathrm{e}^{(1+i)\mathrm{Ln}2}=\mathrm{e}^{(1+i)(\ln2+2k\pi i)}=\mathrm{e}^{(\ln2-2k\pi)+i(\ln2+2k\pi)}$

$$=\mathrm{e}^{\ln2-2k\pi}[\cos(\ln2+2k\pi)+i\sin(\ln2+2k\pi)]$$

$$=\mathrm{e}^{\ln2-2k\pi}(\cos\ln2+i\sin\ln2)\text{，}k=0,\pm1,\pm2,\cdots$$

2^{1+i} 的主值为 $2(\cos\ln2+i\sin\ln2)$．

$$1^{\sqrt{3}}=\mathrm{e}^{\sqrt{3}\mathrm{Ln}1}=\mathrm{e}^{\sqrt{3}(\ln1+2k\pi i)}=\mathrm{e}^{2\sqrt{3}k\pi i}$$

$$=\cos(2\sqrt{3}k\pi)+i\sin(2\sqrt{3}k\pi)\text{，}k=0,\pm1,\pm2,\cdots$$

$1^{\sqrt{3}}$ 的主值为 1.

$$i^i=\mathrm{e}^{i\mathrm{Ln}i}=\mathrm{e}^{i\left[\ln1+i\left(\frac{\pi}{2}+2k\pi\right)\right]}=\mathrm{e}^{-\frac{\pi}{2}-2k\pi}\text{，}k=0,\pm1,\pm2,\cdots$$

i^i 的主值为 $\mathrm{e}^{-\frac{\pi}{2}}$．

4. 三角函数与双曲函数

由欧拉公式有

$$\mathrm{e}^{ix}=\cos x+i\sin x,\ \mathrm{e}^{-ix}=\cos x-i\sin x$$

其中 x 为实数，将上面两式相加、相减得到

$$\cos x=\frac{\mathrm{e}^{ix}+\mathrm{e}^{-ix}}{2},\ \sin x=\frac{\mathrm{e}^{ix}-\mathrm{e}^{-ix}}{2i}.$$

将以上两式由实变量 x 推广到复变量 z，便得到复变函数中余弦函数与正弦函数的定义：

$$\cos z=\frac{\mathrm{e}^{iz}+\mathrm{e}^{-iz}}{2}\tag{2-11}$$

$$\sin z=\frac{\mathrm{e}^{iz}-\mathrm{e}^{-iz}}{2i}.\tag{2-12}$$

由余弦函数与正弦函数的定义，我们不难得到下列性质：

(1) $\cos z$，$\sin z$ 都是以 2π 为周期的周期函数，即

$$\cos(z+2\pi)=\cos z\text{，}\sin(z+2\pi)=\sin z.$$

证　由于复指数函数是以 $2\pi i$ 为周期的周期函数，所以

$$\cos(z+2\pi)=\frac{\mathrm{e}^{i(z+2\pi)}+\mathrm{e}^{-i(z+2\pi)}}{2}=\frac{\mathrm{e}^{iz}+\mathrm{e}^{-iz}}{2}=\cos z$$

$$\sin(z+2\pi)=\frac{\mathrm{e}^{i(z+2\pi)}-\mathrm{e}^{-i(z+2\pi)}}{2i}=\frac{\mathrm{e}^{iz}-\mathrm{e}^{-iz}}{2i}=\sin z.$$

(2) $\cos z$ 是偶函数，$\sin z$ 是奇函数，即

$$\cos(-z)=\cos z\ ,\ \sin(-z)=-\sin z\ .$$

证 由余弦函数与正弦函数的定义有

$$\cos(-z)=\frac{e^{i(-z)}+e^{-i(-z)}}{2}=\frac{e^{-iz}+e^{iz}}{2}=\cos z$$

$$\sin(-z)=\frac{e^{i(-z)}-e^{-i(-z)}}{2i}=\frac{e^{-iz}-e^{iz}}{2i}=-\frac{e^{iz}-e^{-iz}}{2i}=-\sin z\ .$$

(3) $\cos z$ ，$\sin z$ 都是复平面内的解析函数，且

$$(\cos z)'=-\sin z\ ,\ (\sin z)'=\cos z\ .$$

证 由于 $(e^z)'=e^z$，所以

$$(\cos z)'=\left(\frac{e^{iz}+e^{-iz}}{2}\right)'=\frac{ie^{iz}-ie^{-iz}}{2}=-\frac{e^{iz}-e^{-iz}}{2i}=-\sin z$$

$$(\sin z)'=\left(\frac{e^{iz}-e^{-iz}}{2i}\right)'=\frac{ie^{iz}+ie^{-iz}}{2i}=\frac{e^{iz}+e^{-iz}}{2}=\cos z\ .$$

(4) 三角学中关于余弦函数和正弦函数的公式在复变函数中仍然成立．

$$\sin^2 z+\cos^2 z=1$$

$$\sin\left(z+\frac{\pi}{2}\right)=\cos z\ ,\ \cos\left(z+\frac{\pi}{2}\right)=-\sin z$$

$$\sin(z_1+z_2)=\sin z_1\cos z_2+\cos z_1\sin z_2$$

$$\cos(z_1+z_2)=\cos z_1\cos z_2-\sin z_1\sin z_2\ .$$

(5) $|\sin z|\leqslant 1$ 和 $|\cos z|\leqslant 1$ 在复数范围不再成立，即 $|\sin z|$ 和 $|\cos z|$ 都是无界的.

证 设 $z=x+iy$，则

$$|\cos z|=\left|\frac{e^{iz}+e^{-iz}}{2}\right|=\left|\frac{e^{i(x+iy)}+e^{-i(x+iy)}}{2}\right|$$

$$=\left|\frac{e^{-y}\cdot e^{ix}+e^{y}\cdot e^{-ix}}{2}\right|\geqslant\frac{1}{2}\,|e^{y}-e^{-y}|\ .$$

当 $|y|\to+\infty$ 时，$|\cos z|\to+\infty$ ，即 $|\cos z|$ 是无界的，同理可知，$|\sin z|$ 也是无界的.

其他三角函数的定义如下：

$$\tan z=\frac{\sin z}{\cos z}\ ,\ \cot z=\frac{\cos z}{\sin z},\ \sec z=\frac{1}{\cos z}\ ,\ \csc z=\frac{1}{\sin z}$$

分别称为正切函数、余切函数、正割函数和余割函数．它们都在复平面上分母不为零的点处解析，且

$$(\tan z)'=\sec^2 z\ ,\ (\cot z)'=-\csc^2 z,\ (\sec z)'=\sec z\tan z\ ,\ (\csc z)'=-\csc z\cot z\ .$$

【例 2-12】 计算 $\cos(\pi+5i)$ 的值．

解 由余弦函数定义，有

$$\cos(\pi+5i)=\frac{e^{i(\pi+5i)}+e^{-i(\pi+5i)}}{2}$$

$$=\frac{1}{2}\left[e^{-5}(\cos\pi+i\sin\pi)+e^{5}(\cos\pi-i\sin\pi)\right]$$

$$=-\frac{1}{2}(e^{-5}+e^{5})=-\cosh 5\ .$$

双曲函数的定义与一元实函数的情形相同，定义如下：

$$\sinh z=\frac{e^z-e^{-z}}{2},\ \cosh z=\frac{e^z+e^{-z}}{2},\ \tanh z=\frac{\sinh z}{\cosh z},\ \coth z=\frac{\cosh z}{\sinh z}$$

它们分别称为双曲正弦、双曲余弦、双曲正切和双曲余切函数．

双曲函数具有下列性质：

(1) $\sinh z$ 和 $\cosh z$ 在整个复平面内解析，且

$$(\sinh z)'=\cosh z,\ (\cosh z)'=\sinh z$$

$\tanh z$ 和 $\coth z$ 在复平面上分母不为零的点处解析．

(2) $\sinh z$ 和 $\cosh z$ 都是以 $2\pi i$ 为周期的周期函数，即

$$\sinh(z+2\pi i)=\sinh z,\ \cosh(z+2\pi i)=\cosh z.$$

(3) $\sinh z$ 是奇函数，$\cosh z$ 是偶函数，即

$$\sinh(-z)=-\sinh z,\ \cosh(-z)=\cosh z.$$

(4) 三角函数与双曲函数有如下关系：

$$\sin iz=i\sinh z,\ \cos iz=\cosh z,\ \sinh iz=i\sin z,\ \cosh iz=\cos z$$

另外，还有

$$\cosh^2 z-\sinh^2 z=1.$$

【例 2-13】 试求出方程 $\sin z=0$ 的全部解．

解 由

$$\begin{aligned}\sin z&=\sin(x+iy)=\sin x\cos iy+\cos x\sin iy\\&=\sin x\cosh y+i\cos x\sinh y=0\end{aligned}$$

可得

$$\begin{cases}\sin x\cosh y=0\\\cos x\sinh y=0\end{cases}$$

由于 $\cosh y\neq 0$，所以 $\sin x=0$，解得

$$x=k\pi,\ k=0,\pm1,\pm2,\cdots$$

代入得

$$\cos k\pi\sinh y=0$$

而 $\cos k\pi\neq 0$，故 $\sinh y=0$，解得

$$y=0.$$

因此，方程 $\sin z=0$ 的全部解为

$$z=x+iy=k\pi,\ k=0,\pm1,\pm2,\cdots.$$

【例 2-14】 计算 $\cosh(1+i)$ 的值．

解

$$\begin{aligned}\cosh(1+i)&=\frac{e^{1+i}+e^{-(1+i)}}{2}=\frac{1}{2}[e(\cos1+i\sin1)+e^{-1}(\cos1-i\sin1)]\\&=\frac{e+e^{-1}}{2}\cos1+i\,\frac{e-e^{-1}}{2}\sin1=\cosh1\cos1+i\sinh1\sin1.\end{aligned}$$

5. 反三角函数与反双曲函数

三角函数的反函数称为反三角函数．双曲函数的反函数称为反双曲函数．

设 $z=\sin w$，由正弦函数的定义有

$$z=\sin w=\frac{e^{iw}-e^{-iw}}{2i}$$

由上式可得关于 e^{iw} 的二次方程

$$e^{2iw}-2ize^{iw}-1=0$$

解得

$$e^{iw}=iz+\sqrt{1-z^2}$$

其中，$\sqrt{1-z^2}$ 为双值函数．上式两端取对数，得

$$w=-i\mathrm{Ln}(iz+\sqrt{1-z^2}).$$

这就是正弦函数的反函数，称为反正弦函数．记作 $w=\arcsin z$．

反三角函数和反双曲函数的具体表达式如下：

反正弦函数 $\arcsin z=-i\mathrm{Ln}(iz+\sqrt{1-z^2})$．

反余弦函数 $\arccos z=-i\mathrm{Ln}(z+\sqrt{z^2-1})$．

反正切函数 $\arctan z=-\dfrac{i}{2}\mathrm{Ln}\dfrac{1+iz}{1-iz}$．

反双曲正弦函数 $\mathrm{arsinh}z=\mathrm{Ln}(z+\sqrt{z^2+1})$．

反双曲余弦函数 $\mathrm{arcosh}z=\mathrm{Ln}(z+\sqrt{z^2-1})$．

反双曲正切函数 $\mathrm{artanh}z=\dfrac{1}{2}\mathrm{Ln}\dfrac{1+z}{1-z}$．

【例 2 - 15】 求 $\arctan\dfrac{i}{3}$ 的值．

解 $$\arctan\frac{i}{3}=-\frac{i}{2}\mathrm{Ln}\frac{1+i\cdot\frac{i}{3}}{1-i\cdot\frac{i}{3}}=-\frac{i}{2}\mathrm{Ln}\frac{1-\frac{1}{3}}{1+\frac{1}{3}}$$

$$=-\frac{i}{2}\mathrm{Ln}\frac{1}{2}=-\frac{i}{2}\left(\ln\frac{1}{2}+2k\pi i\right)=k\pi+\frac{i}{2}\ln 2,\ k=0,\pm1,\pm2,\cdots.$$

本章小结

解析函数是复变函数的主要研究对象．本章的重点是正确理解复变函数的导数与解析函数等基本概念，掌握判别复变函数可导与解析的方法，熟悉复变初等函数的定义和性质，特别要注意的是，复变初等函数与相应的实变初等函数有哪些性质不同．

1. 复变函数的可导性与解析性

(1) 复变函数导数的定义与一元实变函数导数的定义形式上是相同的，因而它们的求导法则也是相同的．

$$[f(z)\pm g(z)]'=f'(z)\pm g'(z)$$

$$[f(z)g(z)]'=f'(z)g(z)+f(z)g'(z)$$

$$\left[\frac{f(z)}{g(z)}\right]'=\frac{1}{g^2(z)}[f'(z)g(z)-f(z)g'(z)],\ g(z)\neq0.$$

函数可导的判定：设函数 $f(z)=u(x,y)+iv(x,y)$ 在区域 D 内有定义，则 $f(z)$ 在 D 内一点 $z=x+iy$ 可导的充要条件是：$u(x,y)$ 与 $v(x,y)$ 在点 (x,y) 可微，且满足柯西—黎曼方程

$$\frac{\partial u}{\partial x}=\frac{\partial v}{\partial y},\frac{\partial u}{\partial y}=-\frac{\partial v}{\partial x}.$$

（2）可导是解析的前提条件，柯西—黎曼方程是判别函数可导和解析的主要条件．函数在一点可导与函数在该点解析不等价；函数在区域内可导与函数在区域内解析是等价的．

函数解析性的判定：设函数 $f(z)=u(x,y)+iv(x,y)$ 在区域 D 内有定义，则 $f(z)$ 在区域 D 内解析的充要条件是 $u(x,y)$ 和 $v(x,y)$ 在 D 内可微，并且满足柯西—黎曼方程

$$\frac{\partial u}{\partial x}=\frac{\partial v}{\partial y},\frac{\partial u}{\partial y}=-\frac{\partial v}{\partial x}.$$

若函数 $f(z)=u(x,y)+iv(x,y)$ 在 $z=x+iy$ 可导，则有

$$f'(z)=\frac{\partial u}{\partial x}+i\frac{\partial v}{\partial x}=\frac{\partial v}{\partial y}-i\frac{\partial u}{\partial y}=\frac{\partial u}{\partial x}-i\frac{\partial u}{\partial y}=\frac{\partial v}{\partial y}+i\frac{\partial v}{\partial x}.$$

2. 初等函数

复变初等函数是一元实变初等函数在复数范围的自然推广，它们既有相同之处，也有不同之处．

（1）指数函数 $e^z=\exp z=e^x(\cos y+i\sin y)$．

指数函数的性质：

$$|\exp z|=e^x;\ \mathrm{Arg}(\exp z)=y+2k\pi,k\in Z;\ \exp z\neq 0;$$

指数函数 e^z 在整个复平面上解析，且 $(e^z)'=e^z$；

指数函数服从加法定理：$\exp z_1\cdot\exp z_1=\exp(z_1+z_2)$；

指数函数 e^z 是以 $2k\pi i$（k 为整数）为周期的周期函数，即 $e^{z+2k\pi i}=e^z$．

（2）对数函数 $\mathrm{Ln}z=\ln|z|+i\mathrm{Arg}z$.

对数函数 $w=\mathrm{Ln}z$ 是多值函数，若将 $\mathrm{Arg}z$ 取主值 $\arg z$，则 $\mathrm{Ln}z$ 为单值函数，记作 $\ln z$，称为 $\mathrm{Ln}z$ 的主值，即 $\ln z=\ln|z|+i\arg z$

$$\mathrm{Ln}z=\ln z+2k\pi i,k=0,\pm1,\pm2,\cdots.$$

特别地，当 $z=x>0$ 时，$\mathrm{Ln}z$ 的主值 $\ln z=\ln x$ 就是实对数函数．

对数函数 $\mathrm{Ln}z$ 有下列性质：

复对数函数的性质： $\mathrm{Ln}(z_1z_2)=\mathrm{Ln}z_1+\mathrm{Ln}z_2$，$\mathrm{Ln}\dfrac{z_1}{z_2}=\mathrm{Ln}z_1-\mathrm{Ln}z_2$．

注意：等式 $\mathrm{Ln}z^n=n\mathrm{Ln}z$，$\mathrm{Ln}\sqrt[n]{z}=\dfrac{1}{n}\mathrm{Ln}z$（$n$ 为大于1的整数）不再成立．

$\mathrm{Ln}z$ 的各个分支在除去原点和负实轴的区域内解析，并且有相同的导数值 $(\mathrm{Ln}z)'=\dfrac{1}{z}$．

（3）乘幂 a^b 与幂函数．设 a 为不等于零的一个复数，b 为任意一个复数，定义乘幂：$a^b=e^{b\mathrm{Ln}a}$．由 $\mathrm{Ln}a$ 的多值性可知，乘幂 a^b 也是多值函数．

当 $a=z$ 为一复变数时，$a^b=z^b$ 就是一般的幂函数．

（4）三角函数与双曲函数 $\sin z=\dfrac{e^{iz}-e^{-iz}}{2i}$，$\cos z=\dfrac{e^{iz}+e^{-iz}}{2}$．

$\cos z$，$\sin z$ 都是以 2π 为周期的周期函数．$\cos z$ 是偶函数，$\sin z$ 是奇函数．$\cos z$，$\sin z$ 都是复平面内的解析函数，且 $(\cos z)'=-\sin z$，$(\sin z)'=\cos z$．

三角学中关于余弦函数和正弦函数的公式在复变函数中仍然成立．

$$\sin^2 z + \cos^2 z = 1,\ \sin\left(z+\frac{\pi}{2}\right) = \cos z,\ \cos\left(z+\frac{\pi}{2}\right) = -\sin z$$

$\sin(z_1+z_2) = \sin z_1 \cos z_2 + \cos z_1 \sin z_2$，$\cos(z_1+z_2) = \cos z_1 \cos z_2 - \sin z_1 \sin z_2$.

$|\sin z| \leqslant 1$ 和 $|\cos z| \leqslant 1$ 在复数范围不再成立，即 $|\sin z|$ 和 $|\cos z|$ 都是无界的.

其他三角函数的定义如下：

$$\tan z = \frac{\sin z}{\cos z},\ \cot z = \frac{\cos z}{\sin z},\ \sec z = \frac{1}{\cos z},\ \csc z = \frac{1}{\sin z}.$$

双曲函数的定义：

$$\sinh z = \frac{e^z - e^{-z}}{2},\ \cosh z = \frac{e^z + e^{-z}}{2},\ \tanh z = \frac{\sinh z}{\cosh z},\ \coth z = \frac{\cosh z}{\sinh z}.$$

双曲函数具有下列性质：

$\sinh z$ 和 $\cosh z$ 在整个复平面内解析，且 $(\sinh z)' = \cosh z$，$(\cosh z)' = \sinh z$. $\tanh z$ 和 $\coth z$ 在复平面上分母不为零的点处解析.

$\sinh z$ 和 $\cosh z$ 都是以 $2\pi i$ 为周期的周期函数.

$\sinh z$ 是奇函数，$\cosh z$ 是偶函数.

三角函数与双曲函数有如下关系：

$\sin iz = i\sinh z$，$\cos iz = \cosh z$，$\sinh iz = i\sin z$，$\cosh iz = \cos z$. $\cosh^2 z - \sinh^2 z = 1$.

3. 反三角函数与反双曲函数

$\arcsin z = -i\mathrm{Ln}(iz + \sqrt{1-z^2})$；　　$\arccos z = -i\mathrm{Ln}(z + \sqrt{z^2-1})$；

$\arctan z = -\frac{i}{2}\mathrm{Ln}\frac{1+iz}{1-iz}$；　　$\mathrm{arsinh} z = \mathrm{Ln}(z + \sqrt{z^2+1})$；

$\mathrm{arcosh} z = \mathrm{Ln}(z + \sqrt{z^2-1})$；　　$\mathrm{artanh} z = \frac{1}{2}\mathrm{Ln}\frac{1+z}{1-z}$.

习题 2

一、填空题

1. 若 $f(z) = z^2 + 2z + 1$，则 $f'(z) =$ ________.
2. 若 $f(z)$ 在点 $z=1$ ________________，则 $f(z)$ 在点 $z=1$ 解析.
3. $f(z) = u(x,y) + iv(x,y)$ 在区域 D 内解析的充要条件是 ______________________.
4. 设 $f(0) = 1, f'(0) = 1+i$，则 $\lim\limits_{z\to 0}\frac{f(z)-1}{z} =$ ________.
5. 对数函数 $\mathrm{Ln}z$ 的主值在除 ________________ 外解析.
6. 方程 $\cos z = 0$ 的全部解为 ________________.
7. 指数函数 e^z 的周期为 ________.
8. 设 $z = (-i)^i$，则 $|z| =$ ________________.
9. 函数 $\frac{z+1}{z(z^2+4)}$ 的奇点为 ________________.
10. 设 $f(z) = u(x,y) + iv(x,y)$ 在区域 D 内解析，如果 $u+v$ 是实常数，那么 $f(z)$ 在 D 内是 ________.

二、单项选择题

1. 若 $f(z)=x^2-y^2+2xyi$，则 $f'(z)=$（　　）.

(A) $2x$；　(B) $2y$；

(C) $2x-2y-2yi$；　(D) $2x+2yi$.

2. 若 $f(z)=u(x,y)+iv(x,y)$，则柯西—黎曼条件为（　　）.

(A) $\frac{\partial u}{\partial x}=\frac{\partial u}{\partial y},\frac{\partial v}{\partial x}=\frac{\partial v}{\partial y}$；　(B) $\frac{\partial u}{\partial x}=\frac{\partial v}{\partial y},\frac{\partial v}{\partial x}=\frac{\partial v}{\partial y}$；

(C) $\frac{\partial u}{\partial y}=-\frac{\partial v}{\partial x},\frac{\partial u}{\partial x}=\frac{\partial v}{\partial x}$；　(D) $\frac{\partial u}{\partial x}=\frac{\partial v}{\partial y},\frac{\partial u}{\partial y}=-\frac{\partial v}{\partial x}$.

3. 函数 $f(z)=3|z|^2$ 在点 $z=0$ 处（　　）.

(A) 解析；　(B) 可导；

(C) 不可导；　(D) 既不可导，也不解析.

4. 若 $f(z)$ 在复平面解析，$g(z)$ 在复平面连续，则 $f(z)+g(z)$ 在复平面（　　）.

(A) 解析；　(B) 可导；

(C) 连续；　(D) 不连续.

5. 在整个复平面上解析的函数是（　　）.

(A) $w=z^2$；　(B) $w=\frac{1}{z}$；

(C) $w=\bar{z}$；　(D) $w=\mathrm{Ln}z$.

6. 下列命题中不正确的是（　　）.

(A) $\sin z$ 在复平面上处处解析；　(B) $\sin z$ 以 2π 为周期；

(C) $\sin z=\frac{e^{iz}-e^{-iz}}{2i}$；　(D) $|\sin z|\leqslant 1$.

7. 在下列复数中，使得 $e^z=2$ 成立的是（　　）.

(A) $z=2$；　(B) $z=\ln 2+2\pi i$；

(C) $z=\sqrt{2}$；　(D) $z=\ln 2+\pi i$.

8. 下列说法正确的是（　　）.

(A) 函数的连续点一定不是奇点；

(B) 可微的点一定不是奇点；

(C) $f(z)$ 在区域 D 内解析，则 $f(z)$ 在 D 内无奇点；

(D) 不存在处处不可导的函数.

9. 下列命题中，正确的是（　　）.

(A) 设 x,y 为实数，则 $|\cos(x+iy)|\leqslant 1$；

(B) 若 z_0 是函数 $f(z)$ 的奇点，则 $f(z)$ 在 z_0 不可导；

(C) 若 u,v 在区域 D 内满足柯西—黎曼方程，则 $f(z)=u+iv$ 在 D 内解析；

(D) 若 $f(z)$ 在区域 D 内解析，则 $i\overline{f(z)}$ 在 D 内也解析.

10. 函数 $e^{\bar{z}}$ 在复平面上（　　）.

(A) 无可导点；　(B) 有可导点，但不解析；

(C) 有可导点，且在可导点集上解析；　(D) 处处解析.

三、判断题

1. 如果 $f(z)$ 在 z_0 连续，那么 $f'(z_0)$ 存在；
2. 如果 $f'(z_0)$ 存在，那么 $f(z)$ 在 z_0 解析；
3. 如果 z_0 是 $f(z)$ 的奇点，那么 $f(z)$ 在 z_0 不可导；
4. 如果 $f(z)$ 在区域 D 内解析，则 $f(z)$ 在区域 D 内连续；
5. 如果 $u(x,y)$ 和 $v(x,y)$ 可导（指偏导数存在），那么 $f(z)=u+iv$ 也可导；
6. 如果 $f(z)$ 在区域 D 内可导，则 $f(z)$ 在区域 D 内解析．

四、计算题

1. 下列函数在何处可导？何处解析？

(1) $f(z)=x^2-iy$； (2) $f(z)=z|z|$；

(3) $f(z)=xy^2+ix^2y$； (4) $f(z)=x^3-y^3+2x^2y^2i$．

2. 指出下列函数的解析性区域，并求出其导数：

(1) $f(z)=z^2+2iz$； (2) $f(z)=\dfrac{z}{z^2+1}$；

(3) $f(z)=\dfrac{1}{z-1}+2\cos z$； (4) $f(z)=\dfrac{az+b}{cz+d}$（c,d 中至少有一个不为 0）．

3. 下列关系是否正确？

(1) $\overline{e^z}=e^{\bar{z}}$； (2) $\overline{\cos z}=\cos\bar{z}$； (3) $\overline{\sin z}=\sin\bar{z}$．

4. 求下列方程的全部解．

(1) $e^z+1=0$； (2) $\sinh z=0$；

(3) $\cosh z=0$； (4) $\sin z+\cos z=0$；

(5) $2\ln z=\pi i$； (6) $e^z=1+\sqrt{3}i$．

5. 求下列复数．

(1) $e^{-\frac{\pi}{2}i}$； (2) e^{2+i}； (3) 3^i；

(4) $(1+i)^i$； (5) $\mathrm{Ln}1$； (6) $\mathrm{Ln}(-3+4i)$．

6. 说明下列等式是否正确．

(1) $\mathrm{Ln}z^2=2\mathrm{Ln}z$； (2) $\mathrm{Ln}\sqrt{z}=\dfrac{1}{2}\mathrm{Ln}z$.

五、证明题

1. 如果 $f(z)=u+iv$ 在区域 D 内解析，并且满足下列条件之一，试证 $f(z)$ 在 D 内是一常数．

(1) u 为常数或 v 为常数； (2) $\overline{f(z)}$ 在 D 内解析；

(3) $|f(z)|$ 在 D 内是一常数； (4) $\arg f(z)$ 在 D 内是一常数；

(5) $au+bv=c$，其中 a,b,c 为不全为零的实常数．

2. 证明：

(1) $\cos(z_1+z_2)=\cos z_1\cos z_2-\sin z_1\sin z_2$；

$\sin(z_1+z_2)=\sin z_1\cos z_2+\cos z_1\sin z_2$；

(2) $\sin 2z=2\sin z\cos z$；

(3) $\sin^2 z+\cos^2 z=1$；

(4) $|\cos z|^2=\cos^2 x+\sinh^2 y$, $|\sin z|^2=\sin^2 x+\sinh^2 y$;

(5) $\cosh^2 z-\sinh^2 z=1$;

(6) $\sinh(z_1+z_2)=\sinh z_1\cosh z_2+\cosh z_1\sinh z_2$;

$\cosh(z_1+z_2)=\cosh z_1\cosh z_2+\sinh z_1\sinh z_2$;

(7) $\mathrm{Ln}(z_1 z_2)=\mathrm{Ln}z_1+\mathrm{Ln}z_2$;

(8) $\mathrm{Ln}\dfrac{z_1}{z_2}=\mathrm{Ln}z_1-\mathrm{Ln}z_2$.

第3章 复变函数的积分

复变函数的积分是实积分在复数域的推广，是复变函数论的重要内容之一．复变函数的积分是研究解析函数的重要工具，也是解决许多理论及实际问题的重要工具．本章首先介绍复变函数积分的概念、性质和计算方法，然后重点介绍了关于解析函数积分的柯西—古萨基本定理及其推广—复合闭路定理、柯西积分公式和高阶导数公式，最后利用高阶导数的解析性推出解析函数与调和函数的关系．

§3.1 复变函数积分的概念

1. 积分的定义

设 C 为复平面上给定的一条光滑或按段光滑曲线，A 与 B 为曲线 C 的两个端点，如果把从 A 到 B 的方向作为曲线 C 的正方向，那么从 B 到 A 的方向就是曲线 C 的负方向，记作 C^-．我们把带有方向的曲线称为有向曲线．曲线的两个端点分别记作起点和终点，如无特殊说明，正方向总是指从起点到终点的方向．简单闭曲线 C 的正方向是指当曲线 C 上的点 P 顺着该方向沿曲线前进时，邻近 P 点的曲线内部始终位于 P 点的左边，相反的方向规定为 C 的负方向．

定义 3.1 设函数 $w = f(z)$ 在区域 D 内有定义，C 为 D 内的一条以 A 为起点，B 为终点的光滑的有向曲线．把曲线 C 任意分成 n 个弧段，设分点为

$$A = z_0, z_1, z_2, \cdots, z_{k-1}, z_k, \cdots, z_n = B$$

在每个弧段 $\widehat{z_{k-1}z_k}$（$k = 1,2,\cdots,n$）上任意取一点 ζ_k（见图 3.1），并作和式

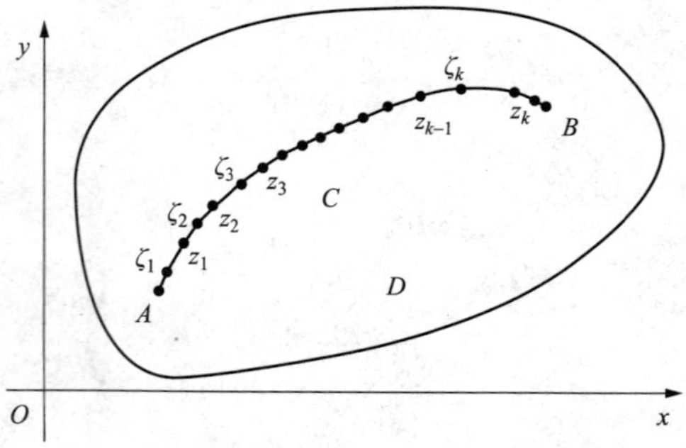

图 3.1

$$S_n = \sum_{k=1}^{n} f(\zeta_k)(z_k - z_{k-1}) = \sum_{k=1}^{n} f(\zeta_k)\Delta z_k$$

这里 $\Delta z_k = z_k - z_{k-1}$．记 $\Delta s_k = \widehat{z_{k-1}z_k}$ 的长度，$\delta = \max\limits_{1\leqslant k\leqslant n}\{\Delta s_k\}$．当 n 无限增加，且 δ 趋于零时，如果不论对 C 的分法及 ζ_k 的取法如何，S_n 有唯一极限，那么称这极限值为函数 $f(z)$ 沿曲线 C 的积分．记作

$$\int_C f(z)\mathrm{d}z = \lim_{n\to\infty}\sum_{k=1}^{n} f(\zeta_k)\Delta z_k. \tag{3-1}$$

注 1：如果 $\int_C f(z)\mathrm{d}z$ 存在，一般不能写成定积分的形式，但当 C 是 x 轴上的区间 $a \leqslant x \leqslant b$，$f(z) = R(x)$ 时，上述积分定义就是一元实变函数定积分的定义．

注 2：如果 C 为闭曲线，那么沿此闭曲线的积分记作 $\oint_C f(z)\mathrm{d}z$.

复变函数的积分定义主要分为三部分：

(1) 分割：把曲线 C 任意分割成 n 个小弧段，记分点为

$$A=z_0,z_1,z_2,\cdots,z_{k-1},z_k,\cdots,z_n=B\text{，其中 } z_k=x_k+iy_k.$$

(2) 求和：在每个小弧段上，任取一点 ζ_k，记 $\Delta z_k=z_k-z_{k-1}$，作和式 $\sum\limits_{k=1}^{n}f(\zeta_k)\Delta z_k$.

(3) 取极限：令 δ 为所有小弧段的弧长的最大值，如果当 $\delta\to 0$ 时，上面和式 $\sum\limits_{k=1}^{n}f(\zeta_k)\Delta z_k$ 的极限存在，且此极限值不依赖 ζ_k 的选取和对曲线 C 的分法，那么此极限值即为 $f(z)$ 沿曲线 C 的复积分.

【例 3-1】 求 $\int_C \mathrm{d}z$，其中 C 是连接起点 α 和终点 β 的任意一条按段光滑曲线.

解 把曲线 C 任意分成 n 个弧段，设分点为

$$\alpha=z_0,z_1,z_2,\cdots,z_{k-1},z_k,\cdots,z_n=\beta$$

因为 $f(z)\equiv 1$，所以有

$$\sum_{k=1}^{n}f(\zeta_k)\Delta z_k=\sum_{k=1}^{n}\Delta z_k=z_n-z_0=\beta-\alpha$$

故

$$\int_C \mathrm{d}z=\lim_{n\to\infty}\sum_{k=1}^{n}f(\zeta_k)\Delta z_k=\beta-\alpha.$$

2. 积分存在的条件及其计算方法

在实积分中，我们知道，并非所有的函数都可积，函数可积需满足一定的条件. 复变函数的积分与实变函数的积分类似，函数 $f(z)$ 及曲线 C 需满足一定的条件，积分 $\int_C f(z)\mathrm{d}z$ 才存在，那么，积分 $\int_C f(z)\mathrm{d}z$ 存在的条件是什么呢? 复变函数积分的存在性由下面定理给出.

定理 3.1 设函数 $f(z)=u(x,y)+iv(x,y)$ 在光滑曲线 C 上连续，则 $f(z)$ 沿曲线 C 的积分存在，且有

$$\int_C f(z)\mathrm{d}z=\int_C u(x,y)\mathrm{d}x-v(x,y)\mathrm{d}y+i\int_C v(x,y)\mathrm{d}x+u(x,y)\mathrm{d}y.\tag{3-2}$$

证 设

$$z_k=x_k+iy_k\text{，}\Delta z_k=z_k-z_{k-1}=\Delta x_k+i\Delta y_k\text{，}\zeta_k=\xi_k+i\eta_k$$

则有

$$\begin{aligned}\sum_{k=1}^{n}f(\zeta_k)\Delta z_k&=\sum_{k=1}^{n}[u(\xi_k,\eta_k)+iv(\xi_k,\eta_k)](\Delta x_k+i\Delta y_k)\\&=\sum_{k=1}^{n}[u(\xi_k,\eta_k)\Delta x_k-v(\xi_k,\eta_k)\Delta y_k]+i\sum_{k=1}^{n}[v(\xi_k,\eta_k)\Delta x_k+u(\xi_k,\eta_k)\Delta y_k].\end{aligned}$$

由 $f(z)=u(x,y)+iv(x,y)$ 在 C 上连续，可知 $u(x,y),v(x,y)$ 在 C 上连续，根据线积分的存在定理，当 n 无限增大而弧段长度的最大值趋于零时，不论对 C 的分法如何，点 (ξ_k,η_k) 的取法如何，上式右端的两个和式的极限都存在，因此 $\int_C f(z)\mathrm{d}z$ 必存在，且有

$$\int_C f(z)\mathrm{d}z=\int_C u(x,y)\mathrm{d}x-v(x,y)\mathrm{d}y+i\int_C v(x,y)\mathrm{d}x+u(x,y)\mathrm{d}y.$$

公式 (3-2) 说明：

当 $f(z)$ 是连续函数，且 C 为光滑曲线时积分 $\int_C f(z)\mathrm{d}z$ 一定存在；$\int_C f(z)\mathrm{d}z$ 可通过两个二元实变函数的曲线积分来计算.

公式（3-2）在形式上可以看作是函数 $f(z)=u(x,y)+iv(x,y)$ 与 $\mathrm{d}z=\mathrm{d}x+i\mathrm{d}y$ 相乘后求积分得到的

$$\begin{aligned}\int_C f(z)\mathrm{d}z &= \int_C [u(x,y)+iv(x,y)](\mathrm{d}x+i\mathrm{d}y)\\ &= \int_C [u(x,y)\mathrm{d}x - v(x,y)\mathrm{d}y] + i[u(x,y)\mathrm{d}y + v(x,y)\mathrm{d}x]\\ &= \int_C u(x,y)\mathrm{d}x - v(x,y)\mathrm{d}y + i\int_C v(x,y)\mathrm{d}x + u(x,y)\mathrm{d}y.\end{aligned}$$

设光滑曲线 C 的参数方程为

$$z=z(t)=x(t)+iy(t)(\alpha\leqslant t\leqslant\beta)$$

参数 α,β 分别对应曲线的起点和终点，正方向为参数增加的方向，且 $z'(t)\neq 0(\alpha<t<\beta)$.

根据线积分的计算方法，有

$$\begin{aligned}\int_C f(z)\mathrm{d}z &= \int_\alpha^\beta \{u[x(t),y(t)]x'(t)-v[x(t),y(t)]y'(t)\}\mathrm{d}t + i\int_\alpha^\beta \{v[x(t),y(t)]x'(t)\\ &\quad + u[x(t),y(t)]y'(t)\}\mathrm{d}t\\ &= \int_\alpha^\beta \{u[x(t),y(t)]+iv[x(t),y(t)]\}[x'(t)+iy'(t)]\mathrm{d}t\\ &= \int_\alpha^\beta f[z(t)]z'(t)\mathrm{d}t.\end{aligned}$$

如果曲线 C 是按段光滑曲线，C 由 $C_1,C_2,\cdots,C_n$ 等光滑曲线段依次连接所组成，那么

$$\int_C f(z)\mathrm{d}z=\int_{C_1} f(z)\mathrm{d}z+\int_{C_2} f(z)\mathrm{d}z+\cdots+\int_{C_n} f(z)\mathrm{d}z.$$

本书中所讨论的积分，如无特别声明，总假定被积函数是连续的，曲线 C 是光滑或按段光滑的.

【例 3-2】 计算积分 $\int_C (\bar{z})^2\mathrm{d}z$，其中 C 为：

（1）从 $A=i$ 到 $B=1+2i$ 的抛物线 $y=x^2+1$［见图 3.2（a）］;

（2）从 $A=i$ 到 $Q=1+i$ 再到 $B=1+2i$ 的折线段［见图 3.2（b）］.

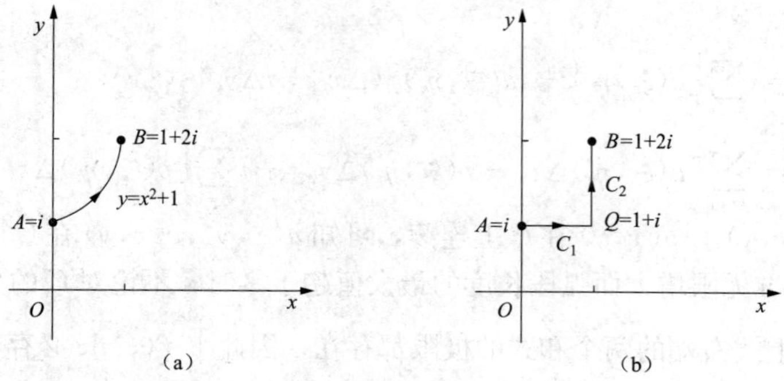

图 3.2

解 （1）抛物线 $y=x^2+1$ 的参数方程为

$$\begin{cases} x = t \\ y = t^2 + 1 \end{cases} (0 \leqslant t \leqslant 1)$$

或

$$z = t + i(t^2 + 1) \quad (0 \leqslant t \leqslant 1)$$

在抛物线上

$$\bar{z} = t - i(t^2 + 1)$$
$$dz = (1 + 2ti)dt$$

于是

$$\int_C (\bar{z})^2 dz = \int_0^1 [t - i(t^2 + 1)]^2 (1 + 2ti) dt$$
$$= \int_0^1 (3t^4 + 3t^2 - 1) dt + i \int_0^1 (-2t^5 - 4t^3 - 4t) dt$$
$$= \frac{3}{5} - \frac{10}{3} i.$$

(2) 如图 3.2 (b) 所示，C_1 的参数方程为

$$\begin{cases} x = t \\ y = 1 \end{cases} (0 \leqslant t \leqslant 1)$$

或

$$z = t + i \quad (0 \leqslant t \leqslant 1)$$

在 C_1 上

$$\bar{z} = t - i, dz = dt.$$

C_2 的参数方程为

$$\begin{cases} x = 1 \\ y = t \end{cases} (1 \leqslant t \leqslant 2)$$

或

$$z = 1 + it \quad (1 \leqslant t \leqslant 2)$$

在 C_2 上

$$\bar{z} = 1 - it, dz = i dt.$$

所以

$$\int_C (\bar{z})^2 dz = \int_{C_1} (\bar{z})^2 dz + \int_{C_2} (\bar{z})^2 dz$$
$$= \int_0^1 (t^2 - 1 - 2ti) dt + \int_1^2 [2t + (1 - t^2) i] dt$$
$$= \frac{7}{3} - \frac{7}{3} i.$$

【例 3-3】 计算积分 $\int_C |z| dz$，其中 C 为

(1) 从 $A = -i$ 到 $B = i$ 的直线段［见图 3.3 (a)］；

(2) 从 $A = -i$ 到 $B = i$ 的以原点为中心的左半单位圆［见图 3.3 (b)］；

(3) 从 $A = -i$ 到 $B = i$ 的以原点为中心的右半单位圆［见图 3.3 (c)］.

解 (1) C 的参数方程为

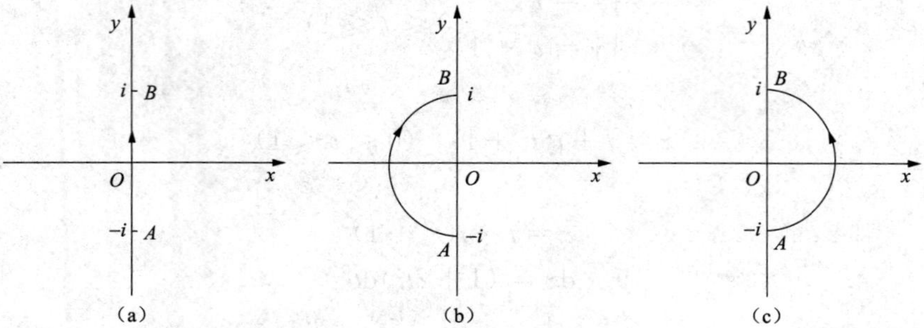

图 3.3

$$z = it, \quad -1 \leqslant t \leqslant 1$$

于是

$$|z| = |it| = |t|, \quad dz = i dt$$

所以

$$\int_C |z| dz = \int_{-1}^{1} |t| i dt = 2i \int_0^1 t dt = it^2 |_0^1 = i.$$

(2) C 的参数方程为

$$z = e^{-it}, \frac{1}{2}\pi \leqslant t \leqslant \frac{3}{2}\pi$$

于是

$$|z| = |e^{-it}| = 1, dz = -ie^{-it} dt$$

所以

$$\int_C |z| dz = \int_{\frac{\pi}{2}}^{\frac{3\pi}{2}} -ie^{-it} dt = -i \int_{\frac{\pi}{2}}^{\frac{3\pi}{2}} (\cos t - i\sin t) dt$$
$$= -\int_{\frac{\pi}{2}}^{\frac{3\pi}{2}} \sin t dt - i \int_{\frac{\pi}{2}}^{\frac{3\pi}{2}} \cos t dt = 2i.$$

(3) C 的参数方程为

$$z = e^{it}, -\frac{1}{2}\pi \leqslant t \leqslant \frac{1}{2}\pi$$

于是

$$|z| = |e^{it}| = 1, dz = ie^{it} dt$$

所以

$$\int_C |z| dz = \int_{-\frac{\pi}{2}}^{\frac{\pi}{2}} ie^{it} dt = i \int_{-\frac{\pi}{2}}^{\frac{\pi}{2}} (\cos t + i\sin t) dt$$
$$= -\int_{-\frac{\pi}{2}}^{\frac{\pi}{2}} \sin t dt + i \int_{-\frac{\pi}{2}}^{\frac{\pi}{2}} \cos t dt = 2i.$$

图 3.4

【例 3-4】 计算$\oint_C \frac{dz}{(z - z_0)^n}$，其中 C 为以 z_0 为中心，r 为半径的正向圆周（见图 3.4），n 为整数.

解 C 为正向圆周，其参数方程为

$$z = z_0 + re^{i\theta} (0 \leqslant \theta \leqslant 2\pi)$$

显然有

$$dz = ire^{i\theta}d\theta$$

于是

$$\oint_C \frac{dz}{(z-z_0)^n} = \int_0^{2\pi} \frac{ire^{i\theta}}{r^n e^{in\theta}}d\theta = \frac{i}{r^{n-1}}\int_0^{2\pi} e^{-i(n-1)\theta}d\theta = \frac{i}{r^{n-1}}\int_0^{2\pi}[\cos(n-1)\theta - i\sin(n-1)\theta]d\theta$$

$$= \begin{cases} 2\pi i, n=1 \\ 0, \quad n\neq 1 \end{cases}.$$

本例的特点是，积分结果与积分路径圆周的中心和半径无关，此结果应熟记，以后要经常用到.

3. 积分的性质

由复变函数积分的定义可以推出复积分的一些简单性质，这些性质与一元实函数定积分的性质类似.

(1) $\int_C f(z)dz = -\int_{C^-} f(z)dz$；

(2) $\int_C kf(z)dz = k\int_C f(z)dz$；（$k$ 为常数）

(3) $\int_C [f(z) \pm g(z)]dz = \int_C f(z)dz \pm \int_C g(z)dz$；

(4) $\int_C f(z)dz = \int_{C_1} f(z)dz + \int_{C_2} f(z)dz + \cdots + \int_{C_n} f(z)dz$，其中 $C = C_1 + C_2 + \cdots + C_n$；

(5) 设曲线 C 的长度为 L，函数 $f(z)$ 在 C 上满足 $|f(z)| \leqslant M$，则有

$$\left|\int_C f(z)dz\right| \leqslant \int_C |f(z)| ds \leqslant ML.$$

利用复积分的定义或曲线积分的有关性质，容易证得性质（1）～（4），下面来证明性质（5）.

证 因为

$$\left|\sum_{k=1}^{n} f(\zeta_k)\Delta z_k\right| \leqslant \sum_{k=1}^{n} |f(\zeta_k)||\Delta z_k| \leqslant \sum_{k=1}^{n} |f(\zeta_k)|\Delta s_k$$

其中 $|\Delta z_k|$,Δs_k 分别表示曲线 C 上弧段 $\widehat{z_{k-1}z_k}$ 对应的弦长和弧长.

将上述不等式两边取极限，得

$$\left|\int_C f(z)dz\right| \leqslant \int_C |f(z)| ds.$$

特别地，若在曲线 C 上 $|f(z)| \leqslant M$，L 为曲线 C 的长度时，有

$$\left|\int_C f(z)dz\right| \leqslant \int_C |f(z)| ds \leqslant ML.$$

【例 3-5】 证明：

(1) $\left|\int_C (x^2 + iy^2)dz\right| \leqslant 2$，其中 C 为连接 $-i$ 到 i 的线段；

(2) $\left|\int_C \frac{1}{z^2}dz\right| \leqslant 1$，其中 C 为连接 i 到 $i+1$ 的线段.

证明 （1）由题意易知［见图 3.3（a）］，曲线 C 的长度 $L = 2$.

曲线 C 的参数方程为

$$\begin{cases} x = 0 \\ y = t \end{cases} \quad -1 \leqslant t \leqslant 1$$

在 C 上

$$f(z) = x^2 + iy^2 = it^2, -1 \leqslant t \leqslant 1, \mid f(z) \mid = \mid it^2 \mid = t^2 \leqslant 1$$

故

$$M = 1.$$

由性质（5），有

$$\left| \int_C (x^2 + iy^2) \mathrm{d}z \right| \leqslant ML = 2.$$

（2）由题意易知（见图 3.5），曲线 C 的长度 $L = 1$.

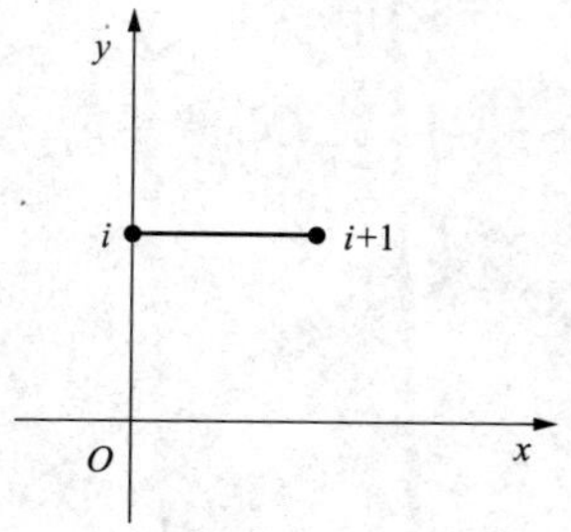

图 3.5

曲线 C 的参数方程为

$$\begin{cases} x = t \\ y = 1 \end{cases} \quad 0 \leqslant t \leqslant 1$$

在 C 上

$$f(z) = \frac{1}{z^2} = \frac{1}{(x + iy)^2} = \frac{1}{(t + i)^2}, 0 \leqslant t \leqslant 1$$

$$\mid f(z) \mid = \mid \frac{1}{(t+i)^2} \mid = \frac{1}{\mid t + i \mid^2} = \frac{1}{t^2 + 1} \leqslant 1$$

故

$$M = 1.$$

由性质（5），有

$$\left| \int_C \frac{1}{z^2} \mathrm{d}z \right| \leqslant ML = 1.$$

§ 3.2 柯西—古萨基本定理及其推广

1. 柯西—古萨基本定理

在实变函数中，若 D 是一个单连通区域，$P(x, y)$，$Q(x, y)$ 在 D 内具有一阶连续偏导数，则曲线积分 $\int_C P(x, y) \mathrm{d}x + Q(x, y) \mathrm{d}y$ 在 D 内与路径无关的充要条件是：$\frac{\partial P}{\partial y} = \frac{\partial Q}{\partial x}$ 在 D 内恒成立.

由式（3-2）我们知道，复变函数积分可以通过两个二元实变函数的曲线积分来计算：

$$\int_C f(z) \mathrm{d}z = \int_C u(x, y) \mathrm{d}x - v(x, y) \mathrm{d}y + i \int_C v(x, y) \mathrm{d}x + u(x, y) \mathrm{d}y$$

因此复积分与积分路径关系问题的研究，可以转化为实变函数曲线积分与路径关系问题的研究. 那么，在什么条件下，积分 $\int_C f(z) \mathrm{d}z$ 与路径无关？下面的定理回答了这一问题.

定理 3.2 如果函数 $f(z)$ 在单连通区域 D 内解析，且 $f'(z)$ 在 D 内连续，则 $f(z)$ 沿 D 内任意一条简单闭曲线 C 的积分为零，即

$$\oint_C f(z) \mathrm{d}z = 0.$$

证　令 $z=x+iy$，$f(z)=u+iv$，则

$$f'(z)=u_x+iv_x=v_y-iu_y$$

由于 $f(z)=u+iv$ 在单连通区域 D 内解析，且 $f'(z)$ 在 D 内连续，所以 u,v，以及 u_x,u_y，v_x,v_y 在 D 内都是连续的，并满足柯西—黎曼方程：

$$u_x=v_y,u_y=-v_x.$$

由式（3-2）

$$\oint_C f(z)\mathrm{d}z=\oint_C u(x,y)\mathrm{d}x-v(x,y)\mathrm{d}y+i\oint_C v(x,y)\mathrm{d}x+u(x,y)\mathrm{d}y$$

设 D' 为 C 所围成的闭区域，则由格林公式与柯西—黎曼方程，有

$$\oint_C u(x,y)\mathrm{d}x-v(x,y)\mathrm{d}y=\iint_{D'}(-v_x-u_y)\mathrm{d}\sigma=0$$

$$\oint_C v(x,y)\mathrm{d}x+u(x,y)\mathrm{d}y=\iint_{D'}(u_x-v_y)\mathrm{d}\sigma=0$$

故有

$$\oint_C f(z)\mathrm{d}z=0.$$

定理 3.2 是柯西于 1825 年发表的，是柯西积分定理最原始的形式．黎曼于 1851 年给出了上述定理的证明．古萨于 1900 年指出，定理 3.2 中的假设“$f'(z)$ 在 D 内连续”这一条件是多余的．于是就得到了下述的柯西—古萨基本定理．

定理 3.3　（柯西—古萨基本定理）如果函数 $f(z)$ 在单连通区域 D 内解析，则 $f(z)$ 沿 D 内任意一条封闭曲线 C 的积分为零，即

$$\oint_C f(z)\mathrm{d}z=0.$$

定理 3.3 又称为柯西积分定理．它的证明比较复杂，我们就不证明了．

柯西—古萨基本定理的条件之一是 $f(z)$ 在 C 上解析，事实上定理 3.3 的条件可以用较弱的条件来代替，即：

定理 3.4　如果曲线 C 是单连通区域 D 的边界，函数 $f(z)$ 在 D 内与 C 上解析，那么

$$\oint_C f(z)\mathrm{d}z=0.$$

定理 3.5　如果曲线 C 是单连通区域 D 的边界，函数 $f(z)$ 在 D 内解析，在闭区域 $\bar{D}$ 上连续，那么

$$\oint_C f(z)\mathrm{d}z=0.$$

【例 3-6】　计算 $\oint\limits_{|z|=1}\sin z\mathrm{d}z$．

解　因为 $\sin z$ 在整个复平面上都解析，$|z|=1$ 是复平面上的一条简单闭曲线，所以由柯西—古萨基本定理

$$\oint\limits_{|z|=1}\sin z\mathrm{d}z=0.$$

【例 3-7】　计算 $\oint\limits_{|z|=1}\dfrac{1}{z-3i}\mathrm{d}z$.

解 因为 $\dfrac{1}{z-3i}$ 在曲线 $|z|=1$ 的内部及曲线上都解析（$\dfrac{1}{z-3i}$ 的奇点 $z=3i$ 在曲线 $|z|=1$ 的外部），所以由柯西—古萨基本定理

$$\oint_{|z|=1}\frac{1}{z-3i}\mathrm{d}z=0.$$

2. 基本定理的推广——复合闭路定理

下面我们把柯西—古萨基本定理推广到多连通域的情形，我们有下面的定理．

定理 3.6（复合闭路定理） 设 C 为多连通域 D 内的一条简单闭曲线，$C_1,C_2,\cdots,C_n$ 是在 C 内部的简单闭曲线，它们互不包含也互不相交，并且以 $C,C_1,C_2,\cdots,C_n$ 为边界的区域全含于 D（见图 3.6）．如果 $f(z)$ 在 D 内解析，那么

(1) $\oint_C f(z)\mathrm{d}z=\sum\limits_{k=1}^{n}\oint_{C_k}f(z)\mathrm{d}z$，其中 C 及 C_k 均取正方向；

(2) $\oint_\Gamma f(z)\mathrm{d}z=0$. 其中 Γ 为由 C 及 $C_k(k=1,2,\cdots,n)$ 所组成的复合闭路（其方向是：C 按逆时针进行，C_k 按顺时针进行）．

证 先证较简单的情形．假设 C 及 C_1 为 D 内的任意两条简单闭曲线，C_1 在 C 的内部，且以 C 及 C_1 为边界的区域 D_1 全含于 D．

如图 3.7 所示，作弧段 $\widehat{AA'}$ 及 $\widehat{BB'}$，$\widehat{AA'}$ 连接 C 上某一点 A 与 C_1 上某一点 A'，$\widehat{BB'}$ 连接 C 上某一点 B 与 C_1 上某一点 B'，两弧段不相交，且除去端点外全含于 D_1．因此，$AEBB'E'A'A$ 及 $AA'F'B'BFA$ 为两条全在 D 内的简单闭曲线，它们的内部全含于 D．由柯西—古萨基本定理

$$\oint_{AEBB'E'A'A}f(z)\mathrm{d}z=0 \tag{3-3}$$

$$\oint_{AA'F'B'BFA}f(z)\mathrm{d}z=0 \tag{3-4}$$

将式（3-3）与式（3-4）相加，得

$$\oint_C f(z)\mathrm{d}z+\oint_{C_1^-}f(z)\mathrm{d}z=0 \tag{3-5}$$

或

$$\oint_C f(z)\mathrm{d}z=\oint_{C_1}f(z)\mathrm{d}z. \tag{3-6}$$

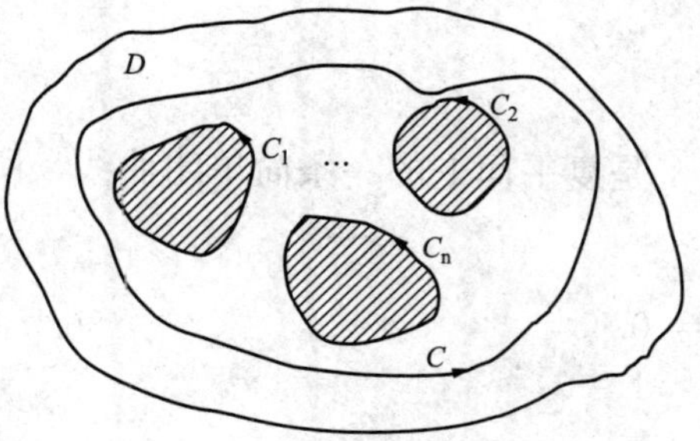

图 3.6

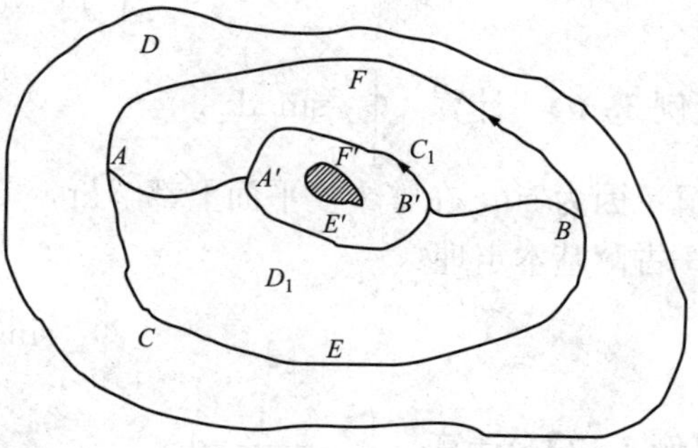

图 3.7

用同样的方法，可证明复合闭路定理其他情形．

式（3-6）中曲线 C_1 可以看成曲线 C 经过连续变形（不离开区域 D）而得到的．我们也由此得到解析函数积分的一个重要性质．

定理 3.7（闭路变形原理） 在区域 D 内的一个解析函数 $f(z)$ 沿闭曲线的积分，不因闭曲线在区域内作连续变形而改变它的值，只要在变形过程中曲线不经过函数 $f(z)$ 不解析的点．

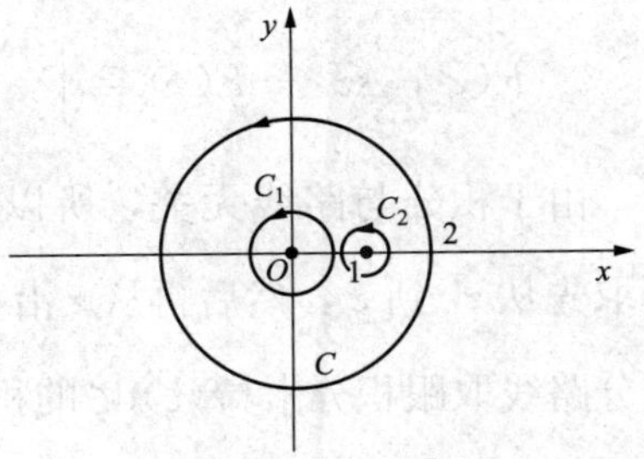

图 3.8

【例 3-8】 计算 $\oint_C \frac{z+1}{2(z^2-z)}\mathrm{d}z$，其中 $C: |z|=2$．

解 显然，函数 $f(z)=\frac{z+1}{2(z^2-z)}$ 在复平面内除 $z=0$，$z=1$ 两个奇点外是处处解析的．如图 3.8 所示，在 C 内作两个互不包含也不相交的正向圆周 C_1，C_2，C_1 只包含奇点 $z=0$，C_2 只包含奇点 $z=1$．

根据复合闭路定理，得

$$\begin{aligned}\oint_C \frac{z+1}{2(z^2-z)}\mathrm{d}z &= \oint_{C_1} \frac{z+1}{2(z^2-z)}\mathrm{d}z + \oint_{C_2} \frac{z+1}{2(z^2-z)}\mathrm{d}z \\ &= \oint_{C_1}\left(\frac{1}{z-1}-\frac{1}{2z}\right)\mathrm{d}z + \oint_{C_2}\left(\frac{1}{z-1}-\frac{1}{2z}\right)\mathrm{d}z \\ &= \oint_{C_1}\frac{1}{z-1}\mathrm{d}z - \frac{1}{2}\oint_{C_1}\frac{1}{z}\mathrm{d}z + \oint_{C_2}\frac{1}{z-1}\mathrm{d}z - \frac{1}{2}\oint_{C_2}\frac{1}{z}\mathrm{d}z \\ &= 0-\frac{1}{2}\cdot 2\pi i + 2\pi i - 0 = \pi i.\end{aligned}$$

在计算较复杂的函数的积分的时候，常常可以利用复合闭路定理，将积分化为比较简单的函数的积分来计算，这是复积分计算常用的一种方法．

§3.3 原函数与不定积分

根据柯西—古萨基本定理，如果函数 $f(z)$ 在单连通区域 D 内解析，那么积分 $\int_C f(z)\mathrm{d}z$ 只与曲线 C 的起点和终点有关，而与连接起点与终点的路线 C 无关．因此，如果固定起点 z_0，而让终点 z 在区域 D 内变动，那么积分 $\int_C f(z)\mathrm{d}z$ 就在 D 内确定了一个单值函数 $F(z)$，即

$$F(z)=\int_C f(z)\mathrm{d}z=\int_{z_0}^{z} f(\zeta)\mathrm{d}\zeta.$$

关于函数 $F(z)$，我们有如下定理．

定理 3.8 设函数 $f(z)$ 是单连通区域 D 内的解析函数，则

$$F(z)=\int_{z_0}^{z} f(\zeta)\mathrm{d}\zeta$$

也是 D 内的解析函数，且

$$F'(z)=f(z).$$

证 设 z 为 D 内任意一点，作以 z 为中心含于 D 内的小圆 K . 取 $|\Delta z|$ 充分小使 $z+\Delta z$ 在 K 内（见图 3.9）.

由 $F(z)=\int_{z_0}^{z} f(\zeta)\mathrm{d}\zeta$，得

$$F(z+\Delta z)-F(z)=\int_{z_0}^{z+\Delta z} f(\zeta)\mathrm{d}\zeta-\int_{z_0}^{z} f(\zeta)\mathrm{d}\zeta.$$

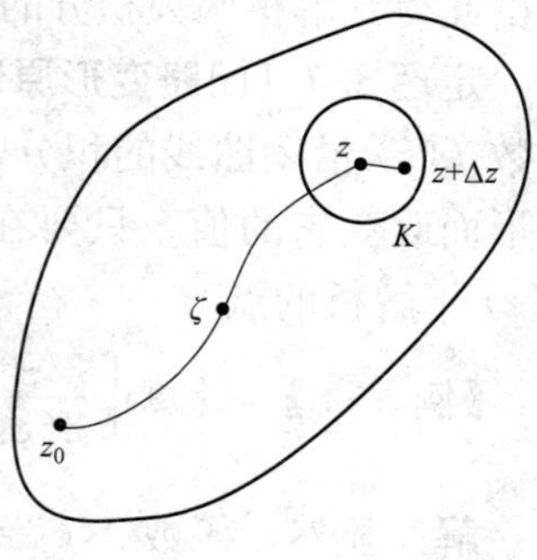

图 3.9

由于积分与路线无关，所以积分 $\int_{z_0}^{z+\Delta z} f(\zeta)\mathrm{d}\zeta$ 的积分路线可取先从 z_0 到 z，然后再从 z 沿直线段到 $z+\Delta z$. 从 z_0 到 z 的积分路线取跟积分 $\int_{z_0}^{z} f(\zeta)\mathrm{d}\zeta$ 的积分路线相同，于是有

$$F(z+\Delta z)-F(z)=\int_{z}^{z+\Delta z} f(\zeta)\mathrm{d}\zeta$$

进一步有

$$\begin{aligned}\frac{F(z+\Delta z)-F(z)}{\Delta z}-f(z)&=\frac{F(z+\Delta z)-F(z)-f(z)\Delta z}{\Delta z}\\&=\frac{\int_{z}^{z+\Delta z} f(\zeta)\mathrm{d}\zeta-f(z)\int_{z}^{z+\Delta z}\mathrm{d}\zeta}{\Delta z}\\&=\frac{\int_{z}^{z+\Delta z} f(\zeta)\mathrm{d}\zeta-\int_{z}^{z+\Delta z} f(z)\mathrm{d}\zeta}{\Delta z}\\&=\frac{1}{\Delta z}\int_{z}^{z+\Delta z}[f(\zeta)-f(z)]\mathrm{d}\zeta\end{aligned}$$

因为 $f(z)$ 在 D 内解析，所以 $f(z)$ 在 D 内连续 .

由 $f(z)$ 的连续性知，对于任意给定的 $\varepsilon>0$，存在 $\delta>0$，使得当 $|\zeta-z|<\delta$ 时，有

$$|f(\zeta)-f(z)|<\varepsilon$$

因此当 $|\Delta z|<\delta$ 时，由积分的估值性质，有

$$\begin{aligned}\left|\frac{F(z+\Delta z)-F(z)}{\Delta z}-f(z)\right|&=\frac{1}{|\Delta z|}\left|\int_{z}^{z+\Delta z}[f(\zeta)-f(z)]\mathrm{d}\zeta\right|\\&\leqslant\frac{1}{|\Delta z|}\int_{z}^{z+\Delta z}|f(\zeta)-f(z)||\mathrm{d}\zeta|\\&\leqslant\frac{1}{|\Delta z|}\cdot\varepsilon\cdot|\Delta z|=\varepsilon.\end{aligned}$$

这就证明了

$$F'(z)=f(z).$$

定理 3.8 与高等数学中的对变上限积分的求导定理类似，由此，我们也可以得出类似于高等数学中的积分的基本定理和牛顿—莱布尼兹公式 . 我们先来引入原函数和不定积分的定义 .

定义 3.2 如果函数 $\varphi(z)$ 在区域 D 内的导数等于 $f(z)$，即

$$\varphi'(z)=f(z), z\in D$$

则称 $\varphi(z)$ 为 $f(z)$ 在区域 D 内的原函数 .

设 $\varphi(z)$ 和 $\psi(z)$ 是 $f(z)$ 的任何两个原函数，则有

$$[\varphi(z)-\psi(z)]'=\varphi'(z)-\psi'(z)=f(z)-f(z)=0$$

于是有

$$\varphi(z)-\psi(z)=C\,(C\text{为任意常数}).$$

这也就证明了：$f(z)$ 的任何两个原函数之间仅相差一个常数．也就是说，如果函数 $f(z)$ 在区域 D 内有一个原函数 $\varphi(z)$，那么 $\varphi(z)+C$（C 为任意常数）也是 $f(z)$ 在区域 D 内的原函数．因此，$f(z)$ 就有无穷多个原函数，$\varphi(z)+C$（C 为任意常数）称为 $f(z)$ 的原函数的一般表达式．

定义 3.3 如果 $\varphi(z)$ 是 $f(z)$ 的一个原函数，则称

$$\varphi(z)+C\,(C\text{为任意常数})$$

为 $f(z)$ 的不定积分，记作

$$\int f(z)\,\mathrm{d}z=\varphi(z)+C.$$

与高等数学中的牛顿—莱布尼兹公式类似，我们有如下定理：

定理 3.9 如果 $f(z)$ 在单连通区域 D 内解析，$\varphi(z)$ 为 $f(z)$ 的一个原函数，那么

$$\int_{z_0}^{z_1} f(z)\,\mathrm{d}z=\varphi(z_1)-\varphi(z_0)$$

其中 z_0，z_1 为 D 内任意两点．

证 因为 $F(z)=\int_{z_0}^{z} f(\zeta)\,\mathrm{d}\zeta$ 也是 $f(z)$ 的原函数，所以

$$F(z)=\varphi(z)+C$$

即

$$\int_{z_0}^{z} f(\zeta)\,\mathrm{d}\zeta=\varphi(z)+C.$$

当 $z=z_0$ 时，根据柯西—古萨基本定理，有

$$\int_{z_0}^{z_0} f(\zeta)\,\mathrm{d}\zeta=0$$

于是

$$\varphi(z_0)+C=0$$

即

$$C=-\varphi(z_0).$$

因此

$$\int_{z_0}^{z} f(\zeta)\,\mathrm{d}\zeta=\varphi(z)-\varphi(z_0).$$

令 $z=z_1$，得

$$\int_{z_0}^{z_1} f(\zeta)\,\mathrm{d}\zeta=\varphi(z_1)-\varphi(z_0).$$

【例 3-9】 计算积分 $\int_0^{1+i} z\,\mathrm{d}z$.

解 函数 $f(z)=z$ 在整个复平面内解析，它的一个原函数为 $\frac{1}{2}z^2$，所以

$$\int_0^{1+i} z\,\mathrm{d}z=\frac{1}{2}z^2\Big|_0^{1+i}=\frac{1}{2}(1+i)^2=i.$$

【例 3-10】 试沿区域 $\mathrm{Re}(z)\geqslant 0,\mathrm{Im}(z)\geqslant 0$ 内的圆弧 $|z|=1$，计算积分 $\int_1^i \frac{\ln(z+1)}{z+1}\mathrm{d}z$.

解 函数 $f(z)=\dfrac{\ln(z+1)}{z+1}$ 的奇点在所设区域的外部，所以在所设区域内 $f(z)$ 解析，它的一个原函数为 $\dfrac{1}{2}\ln^2(z+1)$，所以

$$\int_1^i \frac{\ln(z+1)}{z+1}dz=\frac{1}{2}\ln^2(z+1)\Big|_1^i=\frac{1}{2}[\ln^2(1+i)-\ln^2 2]$$

$$=\frac{1}{2}\left[\left(\frac{1}{2}\ln 2+\frac{\pi}{4}i\right)^2-\ln^2 2\right]=-\frac{\pi^2}{32}-\frac{3}{8}\ln^2 2+\frac{\pi\ln 2}{8}i.$$

【例 3 - 11】 计算积分 $\int_{-\pi i}^{\pi i}\sin^2 z dz$.

解 函数 $f(z)=\sin^2 z$ 在整个复平面内解析，所以

$$\int_{-\pi i}^{\pi i}\sin^2 z dz=\int_{-\pi i}^{\pi i}\frac{1-\cos 2z}{2}dz=\frac{1}{2}\left(z-\frac{1}{2}\sin 2z\right)\Big|_{-\pi i}^{\pi i}$$

$$=\pi i-\frac{1}{2}\sin 2\pi i=\left(\pi-\frac{e^{2\pi}-e^{-2\pi}}{4}\right)i.$$

§3.4 柯 西 积 分 公 式

柯西—古萨基本定理是解析函数的基本定理，柯西积分公式则是对这个定理的应用的具体体现.

设函数 $f(z)$ 在单连通区域 D 内解析，C 为 D 内的任何一条正向简单闭曲线，显然，由柯西—古萨基本定理，$\oint_C f(z)dz=0$. 如果 z_0 为 C 内的一点，那么积分 $\oint_C \dfrac{f(z)}{z-z_0}dz$ 一般不为零.

根据闭路变形原理，积分 $\oint_C \dfrac{f(z)}{z-z_0}dz$ 的值沿任何一条围绕 z_0 的简单闭曲线都是相同的. 因此，选取以 z_0 为中心，半径为 R 的很小的正向圆周 C_R，于是有

$$\oint_C \frac{f(z)}{z-z_0}dz=\oint_{C_R}\frac{f(z)}{z-z_0}dz.$$

由于 $f(z)$ 的连续性，在 C_R 上 $f(z)$ 的值将随着 R 的缩小而逐渐接近于它在圆心 z_0 的值，因此我们猜想积分 $\oint_{C_R}\dfrac{f(z)}{z-z_0}dz$ 的值将随着 R 的缩小而接近于

$$\oint_{C_R}\frac{f(z_0)}{z-z_0}dz=f(z_0)\oint_{C_R}\frac{1}{z-z_0}dz=2\pi i f(z_0)$$

事实上，两者是相等的.

定理 3.10（柯西积分公式） 如果 $f(z)$ 在区域 D 内处处解析，C 为 D 内的任何一条正向简单闭曲线，它的内部完全含于 D，z_0 为 C 内的任一点，则

$$f(z_0)=\frac{1}{2\pi i}\oint_C \frac{f(z)}{z-z_0}dz. \tag{3-7}$$

证 由于 $f(z)$ 在 D 内处处解析，z_0 在 D 的内部，所以 $f(z)$ 在 z_0 解析. 又由函数的解析性和连续性的关系可知，$f(z)$ 在 z_0 连续，于是，由连续的定义，对于 $\forall\varepsilon>0$，$\exists\delta(\varepsilon)>0$，当 $|z-z_0|<\delta$ 时，$|f(z)-f(z_0)|<\varepsilon$. 设以 z_0 为中心，R 为半径的圆周 C_R：$|z-z_0|=$

R 全部在 C 的内部，且 $R<\delta$（见图 3.10）.

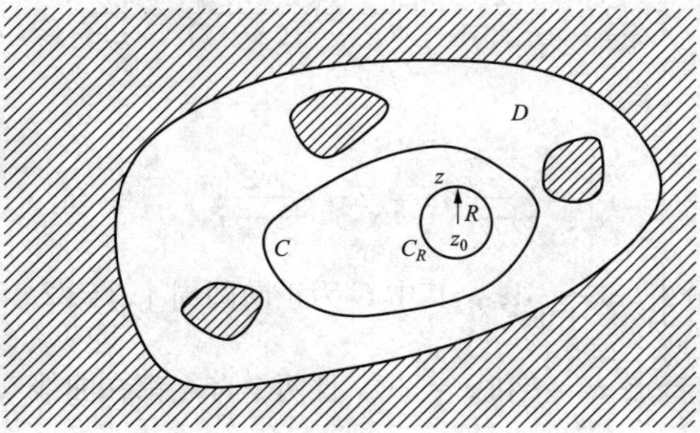

图 3.10

由复合闭路定理，得

$$\oint_C \frac{f(z)}{z-z_0}\mathrm{d}z=\oint_{C_R}\frac{f(z)}{z-z_0}\mathrm{d}z=\oint_{C_R}\frac{f(z_0)}{z-z_0}\mathrm{d}z+\oint_{C_R}\frac{f(z)-f(z_0)}{z-z_0}\mathrm{d}z$$

$$=2\pi i f(z_0)+\oint_{C_R}\frac{f(z)-f(z_0)}{z-z_0}\mathrm{d}z.$$

下面只要证明 $\oint_{C_R}\frac{f(z)-f(z_0)}{z-z_0}\mathrm{d}z=0$．事实上

$$\left|\oint_{C_R}\frac{f(z)-f(z_0)}{z-z_0}\mathrm{d}z\right|\leqslant\oint_{C_R}\frac{|f(z)-f(z_0)|}{|z-z_0|}\mathrm{d}s<\frac{\varepsilon}{R}\oint_{C_R}\mathrm{d}s=2\pi\varepsilon.$$

这表明不等式左端积分的模可以任意小，而只有当积分值为零时才有可能，故

$$\oint_{C_R}\frac{f(z)-f(z_0)}{z-z_0}\mathrm{d}z=0$$

因此，式（3-7）成立．

式（3-7）称为柯西积分公式．这个公式不但为计算某些复变函数沿闭曲线的积分提供了简便方法，而且解析函数的这个积分表达式也成为研究解析函数的有力工具．

柯西积分公式常写成

$$\oint_C \frac{f(z)}{z-z_0}\mathrm{d}z=2\pi i f(z_0).$$

我们常常利用这个公式来计算积分．

【例 3-12】 求积分 $\oint\limits_{|z|=2}\frac{\sin z}{z}\mathrm{d}z$（沿圆周正向）的值．

解 因为 $\sin z$ 在 $|z|=2$ 内解析，$z=0$ 在 $|z|=2$ 的内部，所以由柯西积分公式得

$$\oint\limits_{|z|=2}\frac{\sin z}{z}\mathrm{d}z=2\pi i\sin z|_{z=0}=2\pi i\sin 0=0.$$

【例 3-13】 求积分 $\oint\limits_{|z+i|=1}\frac{z}{z^2+1}\mathrm{d}z$（沿圆周正向）的值．

解 函数 $g(z)=\frac{z}{z^2+1}$ 有奇点 $z=i$ 和 $z=-i$，其中 $z=-i$ 在 $|z+i|=1$ 的内部，$z=i$ 在 $|z+i|=1$ 的外部，于是有

$$g(z)=\frac{z}{z^2+1}=\frac{z}{(z+i)(z-i)}=\frac{\frac{z}{z-i}}{z+i}.$$

由柯西积分公式得

$$\oint_{|z+i|=1}\frac{z}{z^2+1}dz=\oint_{|z+i|=1}\frac{\frac{z}{z-i}}{z+i}dz=2\pi i\cdot\frac{z}{z-i}\Big|_{z=-i}=2\pi i\cdot\frac{-i}{-i-i}=\pi i.$$

【例 3-14】 求积分$\oint_C\frac{e^z}{z^2+1}dz$，其中 C 为正向圆周 $|z|=2$.

解 函数 $\frac{e^z}{z^2+1}$ 有奇点 $z=i$ 和 $z=-i$，且两个奇点都在曲线 C 的内部，如图 3.11 所示，在 C 的内部分别围绕 $z=i$ 和 $z=-i$ 作正向简单闭曲线 C_1 和 C_2，它们互不包含，也不相交，于是有

$$\begin{aligned}\oint_C\frac{e^z}{z^2+1}dz&=\oint_{C_1}\frac{e^z}{z^2+1}dz+\oint_{C_2}\frac{e^z}{z^2+1}dz\\&=\oint_{C_1}\frac{\frac{e^z}{z+i}}{z-i}dz+\oint_{C_2}\frac{\frac{e^z}{z-i}}{z+i}dz\\&=2\pi i\cdot\frac{e^z}{z+i}\Big|_{z=i}+2\pi i\cdot\frac{e^z}{z-i}\Big|_{z=-i}\\&=2\pi i\cdot\frac{e^i}{i+i}+2\pi i\cdot\frac{e^{-i}}{-i-i}\\&=2\pi i\cdot\frac{e^i-e^{-i}}{2i}=2\pi i\sin 1.\end{aligned}$$

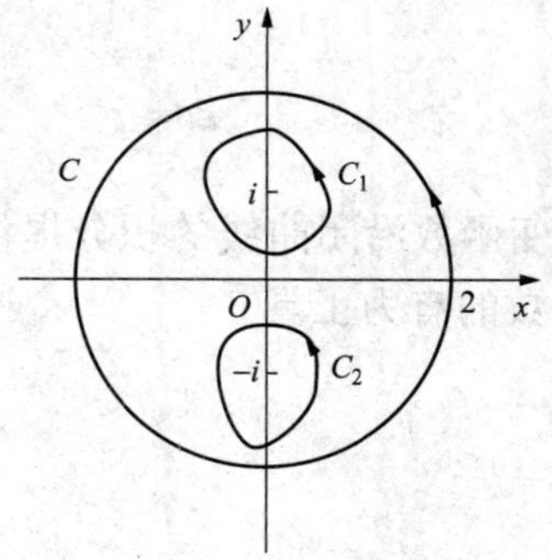

图 3.11

柯西积分公式告诉我们，只要知道解析函数 $f(z)$ 在边界 C 上的值，那么由柯西积分公式右端的积分，就可以得到 $f(z)$ 在 C 内任何一点的值 .

推论（平均值公式） 设函数 $f(z)$ 在圆域 $|z-z_0|<R$ 内解析，在圆周 $|z-z_0|=R$ 上连续，则

$$f(z_0)=\frac{1}{2\pi}\int_0^{2\pi}f(z_0+Re^{i\theta})d\theta.$$

也就是说，一个解析函数在圆心处的值等于它在圆周上的平均值.

§3.5 解析函数的高阶导数

解析函数的各阶导数都存在，并且导数值也可以由函数在边界上的值通过积分来求得 . 这一点与实变函数完全不同 .

关于解析函数的高阶导数有下面定理 .

定理 3.11 解析函数 $f(z)$ 的导数仍为解析函数，它的 n 阶导数为

$$f^{(n)}(z_0)=\frac{n!}{2\pi i}\oint_C\frac{f(z)}{(z-z_0)^{n+1}}dz(n=1,2,\cdots)\tag{3-8}$$

其中，C 为在函数 $f(z)$ 的解析区域 D 内围绕 z_0 的任何一条正向简单闭曲线，其内部完全含于 D.

证 设 z_0 为 D 内任意一点，先证一阶导数，即

$$f'(z_0)=\frac{1}{2\pi i}\oint_C\frac{f(z)}{(z-z_0)^2}\mathrm{d}z$$

根据导数定义

$$f'(z_0)=\lim_{\Delta z\to 0}\frac{f(z_0+\Delta z)-f(z_0)}{\Delta z}$$

由柯西积分公式有

$$f(z_0)=\frac{1}{2\pi i}\oint_C\frac{f(z)}{z-z_0}\mathrm{d}z$$

$$f(z_0+\Delta z)=\frac{1}{2\pi i}\oint_C\frac{f(z)}{z-z_0-\Delta z}\mathrm{d}z$$

于是有

$$\begin{aligned}\frac{f(z_0+\Delta z)-f(z_0)}{\Delta z}&=\frac{1}{2\pi i\Delta z}\left[\oint_C\frac{f(z)}{z-z_0-\Delta z}\mathrm{d}z-\oint_C\frac{f(z)}{z-z_0}\mathrm{d}z\right]\\&=\frac{1}{2\pi i}\oint_C\frac{f(z)}{(z-z_0)(z-z_0-\Delta z)}\mathrm{d}z\\&=\frac{1}{2\pi i}\oint_C\frac{f(z)}{(z-z_0)^2}\mathrm{d}z+\frac{1}{2\pi i}\oint_C\frac{\Delta z f(z)}{(z-z_0)^2(z-z_0-\Delta z)}\mathrm{d}z.\end{aligned}$$

记

$$I=\frac{1}{2\pi i}\oint_C\frac{\Delta z f(z)}{(z-z_0)^2(z-z_0-\Delta z)}\mathrm{d}z$$

则

$$\begin{aligned}|I|&=\frac{1}{2\pi}\left|\oint_C\frac{\Delta z f(z)}{(z-z_0)^2(z-z_0-\Delta z)}\mathrm{d}z\right|\\&\leqslant\frac{1}{2\pi}\oint_C\frac{|\Delta z||f(z)|}{|z-z_0|^2|z-z_0-\Delta z|}\mathrm{d}s.\end{aligned}$$

因为 $f(z)$ 在 C 上解析，所以 $f(z)$ 在 C 上连续，进一步可知，$f(z)$ 在 C 上有界．即 $\exists M>0$，使得在 C 上有 $|f(z)|\leqslant M$. 设 d 为从 z_0 到 C 上各点的最短距离，则有 $d>0$，取 $|\Delta z|$ 足够小，使其满足 $|\Delta z|<\frac{1}{2}d$，于是就有

$$|z-z_0|\geqslant d,\qquad \frac{1}{|z-z_0|}\leqslant\frac{1}{d}.$$

$$|z-z_0-\Delta z|\geqslant|z-z_0|-|\Delta z|>\frac{d}{2},\qquad \frac{1}{|z-z_0-\Delta z|}<\frac{2}{d}.$$

所以

$$|I|\leqslant\frac{1}{2\pi}\oint_C\frac{|\Delta z||f(z)|}{|z-z_0|^2|z-z_0-\Delta z|}\mathrm{d}s<|\Delta z|\frac{ML}{\pi d^3}$$

这里 L 为 C 的长度．当 $\Delta z\to 0$ 时，$I\to 0$，于是有

$$f'(z_0)=\lim_{\Delta z\to 0}\frac{f(z_0+\Delta z)-f(z_0)}{\Delta z}=\frac{1}{2\pi i}\oint_C\frac{f(z)}{(z-z_0)^2}\mathrm{d}z.$$

同理可证

$$f''(z_0)=\lim_{\Delta z\to 0}\frac{f'(z_0+\Delta z)-f'(z_0)}{\Delta z}=\frac{2!}{2\pi i}\oint_C\frac{f(z)}{(z-z_0)^3}\mathrm{d}z.$$

这就证明了一个解析函数的导数仍然是解析函数.

依次类推，用数学归纳法可以证明

$$f^{(n)}(z_0)=\frac{n!}{2\pi i}\oint_C\frac{f(z)}{(z-z_0)^{n+1}}\mathrm{d}z.$$

由高阶导数公式有

$$\oint_C\frac{f(z)}{(z-z_0)^{n+1}}\mathrm{d}z=\frac{2\pi i}{n!}f^{(n)}(z_0).\tag{3-9}$$

高阶导数公式的作用，不在于通过积分来求导数，而在于通过求导数来求积分.

【例 3-15】 计算积分$\oint_C\frac{\sin z}{(z-i)^5}\mathrm{d}z$，其中 C 为正向圆周 $|z|=3$.

解 函数 $\sin z$ 在 C 内处处解析，奇点 $z=i$ 在 C 的内部，由式（3-9），有

$$\oint_C\frac{\sin z}{(z-i)^5}\mathrm{d}z=\frac{2\pi i}{4!}(\sin z)^{(4)}\Big|_{z=i}=\frac{\pi i}{12}\sin i=-\frac{\pi}{12}\sinh 1.$$

【例 3-16】 计算积分：$\oint_C\frac{\mathrm{e}^z}{z^3(z+1)}\mathrm{d}z$，其中 C 为正向圆周：$|z|=r,r\neq 1$.

解 函数 e^z 在 C 内处处解析，被积函数有奇点 $z=0,z=-1$.

当 $0<r<1$ 时［见图 3.12（a）］，奇点 $z=0$ 在 C 的内部，$z=-1$ 在 C 的外部，由式（3-9），有

$$\oint_C\frac{\mathrm{e}^z}{z^3(z+1)}\mathrm{d}z=\oint_C\frac{\frac{\mathrm{e}^z}{z+1}}{z^3}\mathrm{d}z=\frac{2\pi i}{2!}\left(\frac{\mathrm{e}^z}{z+1}\right)''\Big|_{z=0}=\pi i.$$

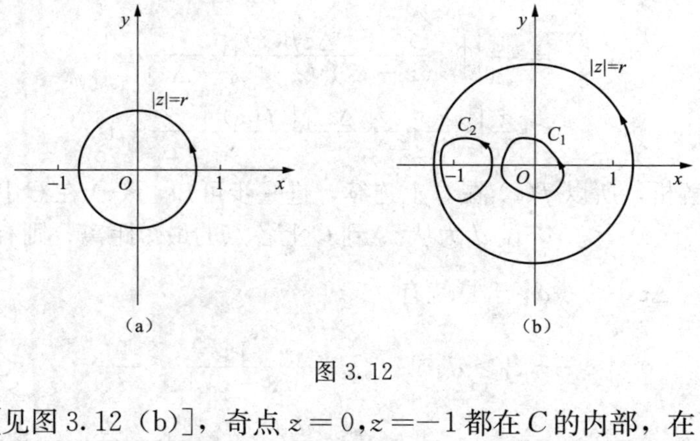

图 3.12

当 $r>1$ 时［见图 3.12（b）］，奇点 $z=0,z=-1$ 都在 C 的内部，在 C 的内部分别围绕 $z=0$ 和 $z=-1$ 作正向简单闭曲线 C_1,C_2，它们互不包含，也不相交．由复合闭路定理，有

$$\oint_C\frac{\mathrm{e}^z}{z^3(z+1)}\mathrm{d}z=\oint_{C_1}\frac{\mathrm{e}^z}{z^3(z+1)}\mathrm{d}z+\oint_{C_2}\frac{\mathrm{e}^z}{z^3(z+1)}\mathrm{d}z$$

再由式（3-9），有

$$\oint_C\frac{\mathrm{e}^z}{z^3(z+1)}\mathrm{d}z=\oint_{C_1}\frac{\frac{\mathrm{e}^z}{z+1}}{z^3}\mathrm{d}z+\oint_{C_2}\frac{\frac{\mathrm{e}^z}{z^3}}{z+1}\mathrm{d}z$$

$$= \frac{2\pi i}{2!}\left(\frac{e^z}{z+1}\right)''\Big|_{z=0} + 2\pi i\left(\frac{e^z}{z^3}\right)\Big|_{z=-1}$$

$$= \pi i - 2\pi i e^{-1} = (1-2e^{-1})\pi i.$$

定理 3.12［摩拉（Morera）定理］ 如果函数 $f(z)$ 在单连通区域 D 内连续，且对 D 内任意简单闭曲线 C 都有 $\oint_C f(z)\mathrm{d}z = 0$，则 $f(z)$ 在区域 D 内解析 .

证 由题设知 $f(z)$ 沿区域 D 内曲线积分与路径无关 . 固定 $z_0 \in D$，令

$$F(z) = \int_{z_0}^{z} f(\zeta)\mathrm{d}\zeta, z \in D.$$

可以用类似于定理 3.8 的证明方法，证明

$$F'(z) = f(z), z \in D.$$

再由解析函数的导数仍为解析函数知 $f(z)$ 在 D 内解析 .

§3.6 解析函数与调和函数的关系

由定理 3.11，我们已经证明了解析函数的导数仍然是解析函数，本节我们将利用这一结论来讨论解析函数与调和函数的关系 .

定义 3.4 如果二元实变函数 $\varphi(x,y)$ 在区域 D 内具有二阶连续偏导数并且满足拉普拉斯（Laplace）方程

$$\frac{\partial^2\varphi}{\partial x^2} + \frac{\partial^2\varphi}{\partial y^2} = 0$$

那么称 $\varphi(x,y)$ 为区域 D 内的调和函数 .

定理 3.13 任何在区域 D 内解析的函数，它的实部和虚部都是 D 内的调和函数 .

证 设 $f(z) = u + iv$ 为区域 D 内的一个解析函数，那么

$$\frac{\partial u}{\partial x} = \frac{\partial v}{\partial y}, \frac{\partial u}{\partial y} = -\frac{\partial v}{\partial x}$$

于是有

$$\frac{\partial^2 u}{\partial x^2} = \frac{\partial^2 v}{\partial y \partial x}, \frac{\partial^2 u}{\partial y^2} = -\frac{\partial^2 v}{\partial x \partial y}.$$

由解析函数的高阶导数定理知，$f(z)$ 的各阶导数仍然是解析函数 . 进一步可知，u 和 v 具有任意阶连续偏导数 . 所以

$$\frac{\partial^2 v}{\partial y \partial x} = \frac{\partial^2 v}{\partial x \partial y}$$

于是有

$$\frac{\partial^2 u}{\partial x^2} + \frac{\partial^2 u}{\partial y^2} = 0.$$

同理

$$\frac{\partial^2 v}{\partial x^2} + \frac{\partial^2 v}{\partial y^2} = 0$$

所以 u 和 v 都是调和函数 .

定义 3.5 设 $u(x,y), v(x,y)$ 是区域 D 内的调和函数，且 $u + iv$ 为 D 内的解析函数，

则称函数 v 是 u 的共轭调和函数．

由定义 3.5 可知：区域 D 内的解析函数的虚部为实部的共轭调和函数．

解析函数与调和函数的上述关系使得有关调和函数的求解问题，可借助于解析函数的理论加以解决．

【例 3-17】 验证 $u(x,y)=2(x-1)y$ 为调和函数，并求其共轭调和函数 $v(x,y)$ 和由它们所构成的解析函数 $f(z)=u(x,y)+iv(x,y)$.

解 (1) 显然 $u(x,y)=2(x-1)y$ 具有二阶连续偏导数．

又因为

$$\frac{\partial u}{\partial x}=2y,\qquad \frac{\partial^2 u}{\partial x^2}=0,\qquad \frac{\partial u}{\partial y}=2x-2,\qquad \frac{\partial^2 u}{\partial y^2}=0$$

所以

$$\frac{\partial^2 u}{\partial x^2}+\frac{\partial^2 u}{\partial y^2}=0$$

这就证明了 $u(x,y)=2(x-1)y$ 为调和函数．

(2) 求 $v(x,y)$.

解法 1（偏积分法）由 $f(z)=u(x,y)+iv(x,y)$ 解析可知 u,v 可微，并且满足柯西—黎曼方程：$\frac{\partial u}{\partial x}=\frac{\partial v}{\partial y},\frac{\partial u}{\partial y}=-\frac{\partial v}{\partial x}$.

由 $\frac{\partial v}{\partial y}=\frac{\partial u}{\partial x}=2y$，得

$$v=\int 2y\mathrm{d}y=y^2+g(x)$$

$$\frac{\partial v}{\partial x}=g'(x)$$

又因为

$$\frac{\partial v}{\partial x}=-\frac{\partial u}{\partial y}=2-2x$$

所以

$$g'(x)=2-2x$$

于是

$$g(x)=\int(2-2x)\mathrm{d}x=2x-x^2+C$$

因此

$$v(x,y)=y^2+2x-x^2+C.$$

由 u,v 所构成的解析函数为

$$f(z)=u+iv=2(x-1)y+i(y^2+2x-x^2+C).$$

该函数还可化为

$$f(z)=i(-z^2+2z+C).$$

解法 2（不定积分法）由导数公式

$$f'(z)=\frac{\partial u}{\partial x}+i\frac{\partial v}{\partial x}=\frac{\partial u}{\partial x}-i\frac{\partial u}{\partial y}=2y-i(2x-2)=-2i(z-1)$$

故

$$f(z)=\int f'(z)\mathrm{d}z=\int[-2i(z-1)]\mathrm{d}z=i(-z^2+2z+C)$$

将 $z=x+iy$ 代入上式有

$$\begin{aligned}f(z)&=i[-(x+iy)^2+2(x+iy)+C]\\&=2(x-1)y+i(y^2+2x-x^2+C)\end{aligned}$$

因此有

$$v(x,y)=y^2+2x-x^2+C.$$

【例 3-18】 验证 $u(x,y)=\mathrm{e}^x(x\cos y-y\sin y)$ 为调和函数，并求解析函数 $f(z)=u(x,y)+iv(x,y)$，使得 $f(0)=0$.

解 (1) 显然 $u(x,y)$ 具有二阶连续偏导数.

又因为

$$\frac{\partial u}{\partial x}=\mathrm{e}^x(x\cos y-y\sin y)+\mathrm{e}^x\cos y=\mathrm{e}^x(x\cos y+\cos y-y\sin y)$$

$$\frac{\partial^2 u}{\partial x^2}=\mathrm{e}^x(x\cos y+\cos y-y\sin y)+\mathrm{e}^x\cos y=\mathrm{e}^x(x\cos y+2\cos y-y\sin y)$$

$$\frac{\partial u}{\partial y}=\mathrm{e}^x(-x\sin y-\sin y-y\cos y)$$

$$\frac{\partial^2 u}{\partial y^2}=\mathrm{e}^x(-x\cos y-\cos y-\cos y+y\sin y)=\mathrm{e}^x(-x\cos y-2\cos y+y\sin y)$$

所以

$$\frac{\partial^2 u}{\partial x^2}+\frac{\partial^2 u}{\partial y^2}=0$$

这就证明了 $u(x,y)=\mathrm{e}^x(x\cos y-y\sin y)$ 为调和函数.

(2) 求解析函数 $f(z)=u+iv$.

(偏积分法) 由 $f(z)=u+iv$ 解析可知 u,v 可微，且满足柯西—黎曼方程:

$$\frac{\partial u}{\partial x}=\frac{\partial v}{\partial y},\ \frac{\partial u}{\partial y}=-\frac{\partial v}{\partial x}.$$

由 $\dfrac{\partial v}{\partial y}=\dfrac{\partial u}{\partial x}=\mathrm{e}^x(x\cos y+\cos y-y\sin y)$，得

$$v=\int[\mathrm{e}^x(x\cos y+\cos y-y\sin y)]\mathrm{d}y=\mathrm{e}^x(x\sin y+y\cos y)+g(x)$$

$$\frac{\partial v}{\partial x}=\mathrm{e}^x(x\sin y+y\cos y+\sin y)+g'(x)$$

又因为

$$\frac{\partial v}{\partial x}=-\frac{\partial u}{\partial y}=\mathrm{e}^x(x\sin y+\sin y+y\cos y)$$

所以

$$g'(x)=0$$

于是

$$g(x)=C$$

因此

$$v(x,y)=e^x(x\sin y+y\cos y)+C.$$

由 u,v 所构成的解析函数为

$$f(z)=u+iv=e^x(x\cos y-y\sin y)+i[e^x(x\sin y+y\cos y)+C]=ze^z+iC.$$

将 $f(0)=0$ 代入上式，得 $C=0$. 所以

$$f(z)=ze^z.$$

如果已知调和函数 $v(x,y)$，同样可用偏积分法或不定积分法求解析函数 $f(z)=u(x,y)+iv(x,y)$.

本章小结

复变函数的积分是定积分在复数域的自然推广，它们的定义形式是相似的.

设光滑曲线 C 的参数方程为

$$z=z(t)=x(t)+iy(t),(\alpha\leqslant t\leqslant\beta)$$

参数 α,β 分别对应曲线的起点和终点，正方向为参数增加的方向，且 $z'(t)\neq 0(\alpha<t<\beta)$，则

$$\int_C f(z)\mathrm{d}z=\int_\alpha^\beta f[z(t)]z'(t)\mathrm{d}t.$$

1. 复变函数积分的基本定理

柯西—古萨基本定理：如果函数 $f(z)$ 在单连通区域 D 内解析，则 $f(z)$ 沿 D 内任意一条封闭曲线 C 的积分为零，即

$$\oint_C f(z)\mathrm{d}z=0.$$

复合闭路定理：设 C 为多连通域 D 内的一条简单闭曲线，$C_1,C_2,\cdots,C_n$ 是在 C 内部的简单闭曲线，它们互不包含也互不相交，并且以 $C,C_1,C_2,\cdots,C_n$ 为边界的区域全含于 D. 如果 $f(z)$ 在 D 内解析，那么

(1) $\oint_C f(z)\mathrm{d}z=\sum_{k=1}^{n}\oint_{C_k} f(z)\mathrm{d}z$，其中 C 及 C_k 均取正方向；

(2) $\oint_\Gamma f(z)\mathrm{d}z=0$. 其中 Γ 为由 C 及 $C_k(k=1,2,\cdots,n)$ 所组成的复合闭路（其方向是：C 按逆时针进行，C_k 按顺时针进行).

闭路变形原理：在区域 D 内的一个解析函数 $f(z)$ 沿闭曲线的积分，不因闭曲线在区域内作连续变形而改变它的值，只要在变形过程中曲线不经过函数 $f(z)$ 不解析的点.

2. 复变函数积分的基本公式

如果 $f(z)$ 在单连通区域 D 内解析，$\varphi(z)$ 为 $f(z)$ 的一个原函数，那么

$$\int_{z_0}^{z_1} f(z)\mathrm{d}z=\varphi(z_1)-\varphi(z_0)$$

其中 z_0，z_1 为 D 内任意两点.

柯西积分公式：如果 $f(z)$ 在区域 D 内处处解析，C 为 D 内的任何一条正向简单闭曲线，它的内部完全含于 D，z_0 为 C 内的任一点，则

$$f(z_0)=\frac{1}{2\pi i}\oint_C\frac{f(z)}{z-z_0}\mathrm{d}z.$$

高阶导数公式：解析函数 $f(z)$ 的导数仍为解析函数，它的 n 阶导数为

$$f^{(n)}(z_0)=\frac{n!}{2\pi i}\oint_C\frac{f(z)}{(z-z_0)^{n+1}}\mathrm{d}z(n=1,2,\cdots)$$

其中，C 为在函数 $f(z)$ 的解析区域 D 内围绕 z_0 的任何一条正向简单闭曲线，其内部完全含于 D.

3. 解析函数与调和函数的关系

如果二元实变函数 $\varphi(x,y)$ 在区域 D 内具有二阶连续偏导数并且满足拉普拉斯方程 $\frac{\partial^2\varphi}{\partial x^2}+\frac{\partial^2\varphi}{\partial y^2}=0$，那么称 $\varphi(x,y)$ 为区域 D 内的调和函数.

任何在区域 D 内解析的函数，它的实部和虚部都是 D 内的调和函数.

设 $u(x,y),v(x,y)$ 是区域 D 内的调和函数，且 $u+iv$ 为 D 内的解析函数，则称函数 v 是 u 的共轭调和函数.

已知解析函数的实部或虚部求解析函数时，主要利用偏积分法或不定积分法.

习题 3

一、填空题

1. 若 $f(z)$ 与 $g(z)$ 沿曲线 C 可积，则 $\int_C[f(z)+g(z)]\mathrm{d}z=$ ________.

2. 设 L 为曲线 C 的长度，若 $f(z)$ 沿 C 可积，且在 C 上满足 $|f(z)|\leqslant M$，则 $\left|\int_C f(z)\mathrm{d}z\right|\leqslant$ ________.

3. $\int_i^1 7z\mathrm{d}z=$ ________.

4. $2i\int_0^i \cos z\mathrm{d}z=$ ________.

5. 设 C 为正向圆周 $\left|z-\frac{\pi}{4}i\right|=1$，则积分 $\oint_C\frac{1}{\cos z}\mathrm{d}z=$ ________.

6. 设 C_1 为正向圆周 $|z-2|=1$，C_2 为正向圆周 $|z|=1$，则积分 $\frac{1}{2\pi i}\oint_{C_1}\frac{z^3+1}{z-2}\mathrm{d}z+\frac{1}{2\pi i}\oint_{C_2}\frac{\cos z}{z-2}\mathrm{d}z=$ ________.

7. 沿指定曲线正向的积分 $\oint\limits_{|z|=1}\frac{\mathrm{e}^z}{z^2+4}\mathrm{d}z=$ ________.

8. 设 C 为正向圆周 $|\xi|=2$，$f(z)=\oint_C\frac{\sin\frac{\pi\xi}{3}}{\xi-z}\mathrm{d}\xi(|z|<2)$，则 $f'(1)=$ ________.

二、单项选择题

1. 设曲线 C 为从原点沿 $y^2=x$ 至 $1+i$ 的弧段，则 $\int_C(x+iy^2)\mathrm{d}z=$（　　）.

(A) $\frac{1}{6}-\frac{5}{6}i$；　(B) $-\frac{1}{6}+\frac{5}{6}i$；　(C) $-\frac{1}{6}-\frac{5}{6}i$；　(D) $\frac{1}{6}+\frac{5}{6}i$.

2. 设曲线 C 为从原点至 $1+i$ 的直线段，则 $\int_C 2\mathrm{d}z=($　　$)$.

(A) 0；　(B) 1；　(C) $2i$；　(D) $2(1+i)$.

3. $\oint\limits_{|z|=5}\frac{5}{z}\mathrm{d}z=($　　$)$.

(A) i；　(B) $10\pi i$；　(C) $10i$；　(D) 0.

4. 下列积分中，积分值不为零的是（　　）.

(A) $\oint_C(z^3+2z+2)\mathrm{d}z$，其中 C 为正向圆周 $|z-1|=2$；

(B) $\oint_C e^z\mathrm{d}z$，其中 C 为正向圆周 $|z|=5$；

(C) $\oint_C\frac{\sin z}{z}\mathrm{d}z$，其中 C 为正向圆周 $|z|=1$；

(D) $\oint_C\frac{\cos z}{z-1}\mathrm{d}z$，其中 C 为正向圆周 $|z|=2$.

5. 若 $f(z)$ 在单连通区域 D 内解析，$F(z)$ 为 $f(z)$ 的一个原函数，则（　　）.

(A) $f'(z)=F(z)$；　(B) $f''(z)=F(z)$；

(C) $F'(z)=f(z)$；　(D) $F''(z)=f(z)$.

6. 设 C 为正向圆周 $|z|=1$，则积分 $\oint_C\frac{z+1}{z^2}\mathrm{d}z=($　　$)$.

(A) $2+\pi i$；　(B) $2\pi i$；　(C) 2π；　(D) -2π.

7. 设 C 为正向圆周 $|z|=1$，则积分 $\oint_C\frac{1}{(z-1+i)^2}\mathrm{d}z=($　　$)$.

(A) 0；　(B) $\frac{1}{2\pi i}$；　(C) $2\pi i$；　(D) πi.

8. 设 $f(z)$ 在单连通区域 D 内处处解析且不为零，C 为 D 内任何一条正向简单闭曲线，则积分 $\oint_C\frac{f''(z)+2f'(z)+f(z)}{f(z)}\mathrm{d}z=($　　$)$.

(A) $2\pi i$；　(B) $-2\pi i$；　(C) 0；　(D) 不能确定.

9. $\oint\limits_{|z|=3}\frac{2\sin z}{\left(z-\frac{3}{2}\right)^2}\mathrm{d}z=($　　$)$.

(A) $4\pi i\cos\frac{3}{2}$；　(B) $4\pi i$；　(C) $2\pi i$；　(D) $-2\pi i$.

10. 下列说法正确的是（　　）.

(A) $f(z)=u+iv$ 在区域 D 内解析，则 u,v 都是调和函数；

(B) 如果 u,v 都是区域 D 内的调和函数，那么 $u+iv$ 是 D 内的解析函数；

(C) 如果 u,v 满足 $C-R$ 方程，则 u,v 都是调和函数；

(D) $u+iv$ 是解析函数的充要条件是 u,v 都是调和函数.

三、判断题

1. 若 C 为 $f(z)$ 的解析性区域 D 内的任意一条简单闭曲线，则 $\oint_C f(z)\mathrm{d}z=0$；

2. 若在区域 D 内有 $f'(z)=g(z)$，则在 D 内 $g'(z)$ 必存在且解析；

3. 若 $f(z)=u+iv$ 在区域 D 内解析，则 $\dfrac{\partial u}{\partial y}$ 必为 D 内的调和函数；

4. 积分 $\oint\limits_{|z-a|=r}\dfrac{1}{(z-a)^n}dz$ 的值与半径 $r(r>0)$ 的大小无关，但与 n 的取值有关；

5. 设 $f(z)=\oint\limits_{|\xi|=r}\dfrac{\sin\frac{\pi}{2}\xi}{\xi-z}d\xi$，其中 $|z|\neq r$，则 $f'(z)$ 必存在且其值与半径 r 无关.

四、计算题

1. 沿下列路径计算积分 $\int_0^{2+i}(z^2+1)dz$.

(1) 自原点至 $2+i$ 的直线段；

(2) 自原点沿虚轴至 i，再由 i 沿水平方向向右至 $2+i$；

(3) 自原点沿实轴至 2，再由 2 沿竖直方向向上至 $2+i$.

2. 沿下列路径计算积分 $\int_0^{2+i}\text{Im}z\,dz$.

(1) 自原点至 $2+i$ 的直线段；

(2) 自原点沿实轴至 2，再由 2 沿竖直方向向上至 $2+i$.

3. 计算积分 $\oint_C\dfrac{\bar{z}}{|z|}dz$ 的值，其中 C 为正向圆周：

(1) $|z|=2$；　　(2) $|z|=4$.

4. 试用观察法得出下列积分的值，并说明观察时所依据的是什么？其中 C 是正向圆周 $|z|=1$.

(1) $\oint_C\dfrac{1}{z-3}dz$；　　(2) $\oint_C\dfrac{1}{z^2+2z+4}dz$；

(3) $\oint_C z\sin z\,dz$；　　(4) $\oint_C\dfrac{1}{\cos z}dz$；

(5) $\oint_C\dfrac{1}{z-\frac{1}{5}}dz$；　　(6) $\oint_C\dfrac{1}{z(z+3)}dz$.

5. 沿指定曲线的正向计算下列各积分：

(1) $\oint_C\dfrac{z^3e^z}{z-\frac{1}{2}}dz$，$C$：$\left|z-\dfrac{1}{2}\right|=1$；　　(2) $\oint_C\dfrac{dz}{z^2-a^2}$，$C$：$|z-a|=a$；

(3) $\oint_C\dfrac{\sin z}{z^2+1}dz$，$C$：$|z-2i|=2$；　　(4) $\oint_C\dfrac{z}{z-5}dz$，C：$|z|=2$；

(5) $\oint_C e^z\sin z\,dz$，C：$|z-i|=3$；　　(6) $\oint_C\dfrac{1}{(z^3-1)(z^4+1)}dz$，$C$：$|z|=\dfrac{1}{4}$；

(7) $\oint_C\dfrac{1}{(z^2+1)(z^2+9)}dz$，$C$：$|z|=\dfrac{5}{2}$；　　(8) $\oint_C\dfrac{\sin z}{z}dz$，$C$：$|z|=\dfrac{1}{2}$；

(9) $\oint_C\dfrac{\sin z}{\left(z-\frac{\pi}{6}\right)^2}dz$，$C$：$|z|=1$；　　(10) $\oint_C\dfrac{e^z}{z^5}dz$，$C$：$|z|=1$.

6. 计算下列各积分：

(1) $\int_{-\pi i}^{3\pi i} e^{2z} dz$；　(2) $\int_{\frac{\pi}{6}i}^{0} \cosh 3z dz$；　(3) $\int_{-\pi i}^{\pi i} \sin^2 z dz$；　(4) $\int_0^1 z\sin z dz$.

7. 计算积分 $\oint_{C=C_1+C_2} \frac{\cos z}{z^3} dz$，其中 $C_1:|z|=2$ 为正向，$C_2:|z|=3$ 为负向.

8. 设 C 为不经过 α 与 $-\alpha$ 的正向简单闭曲线，α 为不等于零的任何复数，试就 α 与 $-\alpha$ 跟 C 的各种不同位置，计算积分 $\oint_C \frac{z}{z^2-\alpha^2} dz$ 的值.

9. 设 $f(z)$ 在单连通域 B 内处处解析，且不为零，C 为 B 内任何一条简单闭曲线. 问积分 $\oint_C \frac{f'(z)}{f(z)} dz$ 是否等于零？为什么？

10. 函数 $v=x+y$ 是 $u=x+y$ 的共轭调和函数吗？为什么？

11. 设 $v=e^{px}\sin y$，求 p 的值使 v 为调和函数，并求出解析函数 $f(z)=u+iv$.

五、证明题

1. 证明：当 C 为任何不通过原点的简单闭曲线时，$\oint_C \frac{1}{z^2} dz=0$.

2. 计算积分 $\oint_{|z|=1} \frac{1}{z+2} dz$，并由此证明 $\int_0^\pi \frac{1+2\cos\theta}{5+4\cos\theta} d\theta=0$.

3. 设 C_1 与 C_2 为相交于 M、N 两点的简单闭曲线，它们所围的区域分别为 B_1 与 B_2. B_1 与 B_2 的公共部分为 B. 如果 $f(z)$ 在 B_1-B 与 B_2-B 内解析，在 C_1、C_2 上也解析，证明：$\oint_{C_1} f(z) dz=\oint_{C_2} f(z) dz$.

4. 设 $f(z)$ 在单连通区域 B 内解析，且满足 $|1-f(z)|<1 (z\in B)$，试证：对于 B 内任意一条闭曲线 C，都有 $\oint_C \frac{f''(z)}{f(z)} dz=0$.

5. 证明：一对共轭调和函数的乘积仍为调和函数.

6. 如果 $f(z)=u+iv$ 是一解析函数，试证：

(1) $\overline{i f(z)}$ 也是解析函数；

(2) $-u$ 是 v 的共轭调和函数；

(3) $\frac{\partial^2 |f(z)|^2}{\partial x^2}+\frac{\partial^2 |f(z)|^2}{\partial y^2}=4(u_x^2+v_x^2)=4|f'(z)|^2$.

第 4 章　解析函数的级数理论

我们在学习高等数学时已经知道，级数是其中重要的组成部分，也是一种有力工具．在复数范围把解析函数表为级数不但在理论上有意义，而且也有实际应用的意义．例如利用级数计算函数、积分的近似值，在解微分方程时也要用到级数．

本章着重介绍复变函数项级数中的幂级数、泰勒级数和洛朗级数．它们都是研究解析函数的重要工具，也是学习下一章的必要基础．在学习本章内容时，可以结合高等数学中级数部分的内容学习，大家会发现关于复数项级数和复变函数项级数的某些概念和定理都是实数范围内的相应内容在复数范围内的直接推广，在学习过程中大家既要善于对比，更要注意它们的区别所在．

§4.1　复数项级数

1. 复数序列的极限

给一个复数序列 $\{\alpha_n\}$: $\alpha_1=a_1+ib_1, \alpha_2=a_2+ib_2, \cdots, \alpha_n=a_n+ib_n, \cdots$. 按照 $\{|\alpha_n|\}$ 是有界或无界序列，称 $\{\alpha_n\}$ 为有界或无界序列．

定义 4.1　设 $\{\alpha_n=a_n+ib_n\}$ $(n=1,2,\cdots)$ 为一复数列，$\alpha_0=a+ib$ 是一个确定的复常数．如果对于任意给定的 $\varepsilon>0$，总可以找到一个正数 N，使得当 $n>N$ 时

$$|\alpha_n-\alpha_0|<\varepsilon$$

即

$$\sqrt{(a_n-a)^2+(b_n-b)^2}<\varepsilon$$

那么我们就称 $\{\alpha_n\}$ 收敛或 $\{\alpha_n\}$ 有极限为 α_0，把 $\{\alpha_n\}$ 称作收敛序列，并且收敛于 α_0，记作

$$\lim_{n\to\infty}\alpha_n=\alpha_0 \text{ 或 } \alpha_n\to\alpha_0 \quad (n\to\infty).$$

如果序列 $\{\alpha_n\}$ 不收敛，则称 $\{\alpha_n\}$ 发散，或者说它是发散序列．

注 1：要想利用定义证明复数序列的收敛性，就需要通过不等式 $|\alpha_n-\alpha_0|<\varepsilon$ 来解 N，最终会发现 N 是依赖于 ε 存在的，因此也往往将 N 记做 $N(\varepsilon)$，这与高等数学里极限的证明方法是相似的，但在复变函数里，我们一般不做这样的证明．

由复数列 $\{\alpha_n\}$ 收敛的定义容易得出下面的结论：

定理 4.1　$\lim\limits_{n\to\infty}\alpha_n=\alpha_0 \Leftrightarrow \lim\limits_{n\to\infty}|\alpha_n-\alpha_0|=0$.

由不等式

$$|a_n-a|\leqslant|\alpha_n-\alpha_0|\leqslant|a_n-a|+|b_n-b|$$
$$|b_n-b|\leqslant|\alpha_n-\alpha_0|\leqslant|a_n-a|+|b_n-b|$$

容易看出，$\lim\limits_{n\to\infty}\alpha_n=\alpha_0$ 等价于下列两极限式

$$\lim_{n\to\infty}a_n=a, \lim_{n\to\infty}b_n=b.$$

因此，有下面的定理：

定理 4.2　复数列 $\{\alpha_n\}$ 收敛（于 α_0）的充分必要条件是：实数列 $\{a_n\}$ 收敛（于 a）以

及序列 $\{b_n\}$ 收敛（于 b）．即

$$\lim_{n\to\infty}\alpha_n=\alpha_0 \Leftrightarrow \lim_{n\to\infty}a_n=a\,,\ \lim_{n\to\infty}b_n=b\,. \tag{4-1}$$

证 必要性 若复数列 $\{\alpha_n\}$ 收敛于 α_0，即 $\lim\limits_{n\to\infty}\alpha_n=\alpha_0$，由定义，对于任意给定的 $\varepsilon>0$，$\exists N$，当 $n>N$ 时，$|\alpha_n-\alpha_0|<\varepsilon$，即 $\sqrt{(a_n-a)^2+(b_n-b)^2}<\varepsilon$，于是

$$|a_n-a|\leqslant\sqrt{(a_n-a)^2+(b_n-b)^2}<\varepsilon$$

$$|b_n-b|\leqslant\sqrt{(a_n-a)^2+(b_n-b)^2}<\varepsilon$$

根据实数序列收敛的定义

$$\lim_{n\to\infty}a_n=a\,,\ \lim_{n\to\infty}b_n=b.$$

充分性 如果 $\lim\limits_{n\to\infty}a_n=a$，$\lim\limits_{n\to\infty}b_n=b$，则对于任意给定的 $\varepsilon>0$，$\exists N_1$、N_2，当 $n>N_1$ 时，有 $|a_n-a|<\dfrac{\varepsilon}{2}$；当 $n>N_2$ 时，有 $|b_n-b|<\dfrac{\varepsilon}{2}$，取 $N=\max\{N_1,N_2\}$，则当 $n>N$ 时，就有

$$|\alpha_n-\alpha_0|=\sqrt{(a_n-a)^2+(b_n-b)^2}<\frac{\varepsilon}{2}+\frac{\varepsilon}{2}=\varepsilon.$$

所以，当 $n>N$ 时，$|\alpha_n-\alpha_0|<\varepsilon$ 成立，由定义 4.1，得 $\lim\limits_{n\to\infty}\alpha_n=\alpha_0$.

利用两个实数序列的相应的结果，我们可以证明，两个收敛复数序列的和、差、积、商仍收敛，并且其极限是相应极限的和、差、积、商．

【例 4-1】 判别下列复数列是否收敛？若收敛，求出极限．

(1) $\alpha_n=\dfrac{\cos n}{(1+i)^n}$； (2) $\alpha_n=(-1)^n+\dfrac{n}{1+n}i$； (3) $\alpha_n=\dfrac{1+ni}{1-ni}$；

(4) $\alpha_n=\cos(in)$； (5) $\alpha_n=\left(\dfrac{1+i}{2}\right)^n$.

解 (1) 因 $\lim\limits_{n\to\infty}|\alpha_n|=\lim\limits_{n\to\infty}\dfrac{|\cos n|}{\sqrt{2}^n}=0$．由定理 4.1 知复数列 $\alpha_n=\dfrac{\cos n}{(1+i)^n}$ 收敛，且有 $\lim\limits_{n\to\infty}\alpha_n=0$.

(2) 因 $\alpha_n=(-1)^n+\dfrac{n}{1+n}i$，所以 $a_n=(-1)^n$，$b_n=\dfrac{n}{1+n}$．$\lim\limits_{n\to\infty}a_n$ 不存在，$\lim\limits_{n\to\infty}b_n=1$，由定理 4.2 可知复数列 $\alpha_n=(-1)^n+\dfrac{n}{1+n}i$ 发散．

(3) 因 $\alpha_n=\dfrac{1+ni}{1-ni}=\dfrac{1-n^2}{1+n^2}+\dfrac{2n}{1+n^2}i$，所以 $a_n=\dfrac{1-n^2}{1+n^2}$，$b_n=\dfrac{2n}{1+n^2}$．由于 $\lim\limits_{n\to\infty}a_n=-1$，$\lim\limits_{n\to\infty}b_n=0$，由定理 4.2 可知复数列 $\alpha_n=\dfrac{1+ni}{1-ni}$ 收敛，且有 $\lim\limits_{n\to\infty}\alpha_n=-1$.

(4) 因为 $\alpha_n=\cos(in)=chn=\dfrac{e^n+e^{-n}}{2}$，于是有 $\lim\limits_{n\to\infty}\alpha_n=\lim\limits_{n\to\infty}\dfrac{e^n+e^{-n}}{2}=\infty$，故复数列 $\alpha_n=\cos(in)$ 发散．

(5) $\alpha_n=\left(\dfrac{1+i}{2}\right)^n=\left[\dfrac{\sqrt{2}}{2}\left(\cos\dfrac{\pi}{4}+i\sin\dfrac{\pi}{4}\right)\right]^n=\dfrac{1}{2^{\frac{n}{2}}}\left(\cos\dfrac{n\pi}{4}+i\sin\dfrac{n\pi}{4}\right)$.

因为 $\lim\limits_{n\to\infty}\dfrac{1}{2^{\frac{n}{2}}}\cos\dfrac{n\pi}{4}=0$，$\lim\limits_{n\to\infty}\dfrac{1}{2^{\frac{n}{2}}}\sin\dfrac{n\pi}{4}=0$，所以 $\alpha_n=\left(\dfrac{1+i}{2}\right)^n$ 收敛于零．

2. 复数项级数的收敛性及其判别法

定义 4.2　设 $\{\alpha_n = a_n + ib_n\}(n = 1,2,\cdots)$ 为一复数列，表达式

$$\sum_{n=1}^{\infty}\alpha_n = \alpha_1 + \alpha_2 + \cdots + \alpha_n + \cdots$$

称为复数项级数，也可记为 $\sum \alpha_n$.

定义其前 n 项和序列为

$$s_n = \alpha_1 + \alpha_2 + \cdots + \alpha_n$$

如果序列 $\{s_n\}$ 收敛，即 $\lim\limits_{n\to\infty} s_n$ 存在，我们说级数 $\sum \alpha_n$ 收敛；如果序列 $\{s_n\}$ 发散，即 $\lim\limits_{n\to\infty} s_n$ 不存在，我们说级数 $\sum \alpha_n$ 发散．若 $\lim\limits_{n\to\infty} s_n = s$，那么说 $\sum \alpha_n$ 的和是 s，或者说 $\sum \alpha_n$ 收敛于 s，记作

$$\sum_{n=1}^{\infty}\alpha_n = s.$$

注 2：如果级数 $\sum \alpha_n$ 收敛，那么 $\lim\limits_{n\to\infty}\alpha_n = \lim\limits_{n\to\infty}(s_n - s_{n-1}) = 0$.

由于 $s_n = \sum\limits_{k=1}^{n} a_k + i\sum\limits_{k=1}^{n} b_k$，若级数 $\sum \alpha_n$ 收敛（于 s），则有

$$\lim_{n\to\infty} s_n = \lim_{n\to\infty}\sum_{k=1}^{n} a_k + i\lim_{n\to\infty}\sum_{k=1}^{n} b_k = s = a + ib$$

因此，级数 $\sum\alpha_n$ 收敛（于 s）的必要与充分条件是：级数 $\sum a_n$ 收敛（于 a）以及级数 $\sum b_n$ 收敛（于 b）．这说明，复数项级数的收敛与发散问题可以转化为实数项级数的收敛与发散问题，于是有如下定理：

定理 4.3　级数 $\sum\limits_{n=1}^{\infty}\alpha_n$ 收敛的充要条件是级数 $\sum\limits_{n=1}^{\infty} a_n$ 和 $\sum\limits_{n=1}^{\infty} b_n$ 都收敛．

证　略．

定理 4.4　复数项级数 $\sum\limits_{n=1}^{\infty}\alpha_n$ 收敛的必要条件是 $\lim\limits_{n\to\infty}\alpha_n = 0$.

证　因复数项级数 $\sum\limits_{n=1}^{\infty}\alpha_n$ 收敛，由定理 4.3 实数项级数 $\sum\limits_{n=1}^{\infty} a_n$ 和 $\sum\limits_{n=1}^{\infty} b_n$ 均收敛，再由实数项级数收敛的必要条件有 $\lim\limits_{n\to\infty} a_n = 0$ 和 $\lim\limits_{n\to\infty} b_n = 0$，从而推出 $\lim\limits_{n\to\infty}\alpha_n = 0$.

【例 4-2】　判别下列级数的敛散性：

(1) $\sum\limits_{n=1}^{\infty}\left(\dfrac{1}{n} + \dfrac{i}{n^2}\right)$；　　(2) $\sum\limits_{n=0}^{\infty}\dfrac{\mathrm{ch}n}{2^n}$.

解　(1) $\sum\limits_{n=1}^{\infty}\left(\dfrac{1}{n} + \dfrac{i}{n^2}\right) = \sum\limits_{n=1}^{\infty}\dfrac{1}{n} + i\sum\limits_{n=1}^{\infty}\dfrac{1}{n^2}$，由调和级数 $\sum\limits_{n=1}^{\infty}\dfrac{1}{n}$ 发散，可知此级数发散．

(2) 由双曲余弦的定义式，有

$$\frac{\mathrm{ch}n}{2^n} = \frac{\mathrm{e}^n + \mathrm{e}^{-n}}{2^{n+1}} = \frac{1}{2}\left[\left(\frac{\mathrm{e}}{2}\right)^n + \left(\frac{1}{2\mathrm{e}}\right)^n\right] > \frac{1}{2}\left(\frac{\mathrm{e}}{2}\right)^n > \frac{1}{2}$$

从而有 $\lim\limits_{n\to\infty}\dfrac{\mathrm{ch}n}{2^n} \neq 0$，由定理 4.4 知此级数发散．

3. 复数项级数的绝对收敛与条件收敛

与实数项级数相类似，复数项级数也存在着绝对收敛与条件收敛．

定理 4.5 如果 $\sum\limits_{n=1}^{\infty}|\alpha_n|$ 收敛，那么 $\sum\limits_{n=1}^{\infty}\alpha_n$ 也收敛，且不等式 $\left|\sum\limits_{n=1}^{\infty}\alpha_n\right|\leqslant\sum\limits_{n=1}^{\infty}|\alpha_n|$ 成立.

证 由于 $\sum\limits_{n=1}^{\infty}|\alpha_n|=\sum\limits_{n=1}^{\infty}\sqrt{a_n^2+b_n^2}$，而

$$|a_n|\leqslant\sqrt{a_n^2+b_n^2},\ |b_n|\leqslant\sqrt{a_n^2+b_n^2}.$$

根据实数项级数的比较准则，由 $\sum\limits_{n=1}^{\infty}|\alpha_n|$ 收敛可知级数 $\sum\limits_{n=1}^{\infty}|a_n|$ 及 $\sum\limits_{n=1}^{\infty}|b_n|$ 都收敛，因而 $\sum\limits_{n=1}^{\infty}a_n$ 和 $\sum\limits_{n=1}^{\infty}b_n$ 也都收敛，则 $\sum\limits_{n=1}^{\infty}\alpha_n$ 是收敛的.

对于级数 $\sum\limits_{n=1}^{\infty}\alpha_n$ 和 $\sum\limits_{n=1}^{\infty}|\alpha_n|$ 的部分和成立不等式 $\left|\sum\limits_{k=1}^{n}\alpha_k\right|\leqslant\sum\limits_{k=1}^{n}|\alpha_k|$. 可以得出

$$\lim_{n\to\infty}\left|\sum_{k=1}^{n}\alpha_k\right|\leqslant\lim_{n\to\infty}\sum_{k=1}^{n}|\alpha_k| \text{ 或 } \left|\sum_{k=1}^{\infty}\alpha_k\right|\leqslant\sum_{k=1}^{\infty}|\alpha_k|.$$

如果 $\sum\limits_{n=1}^{\infty}|\alpha_n|$ 收敛，称级数 $\sum\limits_{n=1}^{\infty}\alpha_n$ 绝对收敛.

由于 $\sqrt{a_n^2+b_n^2}\leqslant|a_n|+|b_n|$，因此

$$\sum_{n=1}^{\infty}\sqrt{a_n^2+b_n^2}\leqslant\sum_{n=1}^{\infty}|a_n|+\sum_{n=1}^{\infty}|b_n|.$$

所以当 $\sum\limits_{n=1}^{\infty}a_n$ 与 $\sum\limits_{n=1}^{\infty}b_n$ 绝对收敛时，$\sum\limits_{n=1}^{\infty}\alpha_n$ 也绝对收敛. 结合定理 4.3，可得 $\sum\limits_{n=1}^{\infty}\alpha_n$ 绝对收敛的充分必要条件是级数 $\sum\limits_{n=1}^{\infty}a_n$ 与 $\sum\limits_{n=1}^{\infty}b_n$ 都绝对收敛.

绝对收敛的级数必收敛，收敛的级数却未必绝对收敛. 如果 $\sum\limits_{n=1}^{\infty}\alpha_n$ 收敛，而 $\sum\limits_{n=1}^{\infty}|\alpha_n|$ 不收敛，则称级数 $\sum\limits_{n=1}^{\infty}\alpha_n$ 是条件收敛的.

另外，因为 $\sum\limits_{n=1}^{\infty}|\alpha_n|$ 的各项都是非负的实数，所以它的收敛性可用正项级数的判定法来判定.

【例 4-3】 判断下列级数是否收敛？若收敛，是否为绝对收敛？

(1) $\sum\limits_{n=1}^{\infty}\dfrac{(3+5i)^n}{n!}$；　(2) $\sum\limits_{n=1}^{\infty}\dfrac{i^n}{n}$.

解 (1) 因为级数 $\sum\limits_{n=1}^{\infty}\left|\dfrac{(3+5i)^n}{n!}\right|=\sum\limits_{n=1}^{\infty}\dfrac{34^{\frac{n}{2}}}{n!}$. 由正项级数的比值判别法知 $\sum\limits_{n=1}^{\infty}\dfrac{34^{\frac{n}{2}}}{n!}$ 收敛，所以原级数 $\sum\limits_{n=1}^{\infty}\dfrac{(3+5i)^n}{n!}$ 绝对收敛.

(2) 因级数 $\sum\limits_{n=1}^{\infty}\left|\dfrac{i^n}{n}\right|=\sum\limits_{n=1}^{\infty}\left|\dfrac{1}{n}\right|$ 发散，故级数 $\sum\limits_{n=1}^{\infty}\dfrac{i^n}{n}$ 非绝对收敛. 又 $\dfrac{i^n}{n}=\dfrac{1}{n}\left(\cos\dfrac{n}{2}\pi+i\sin\dfrac{n}{2}\pi\right)=\dfrac{(-1)^n}{2n}+i\dfrac{(-1)^{n-1}}{2n-1}$，所以 $\sum\limits_{n=1}^{\infty}\dfrac{i^n}{n}=\sum\limits_{n=1}^{\infty}\dfrac{(-1)^n}{2n}+i\sum\limits_{n=1}^{\infty}\dfrac{(-1)^{n-1}}{2n-1}$. 由

莱布尼茨判别法知 $\sum_{n=1}^{\infty}\frac{(-1)^n}{2n}$ 和 $\sum_{n=1}^{\infty}\frac{(-1)^{n-1}}{2n-1}$ 这两个交错级数都收敛，所以级数 $\sum_{n=1}^{\infty}\frac{i^n}{n}$ 收敛.

综上，级数 $\sum_{n=1}^{\infty}\frac{i^n}{n}$ 条件收敛.

§4.2 幂 级 数

1. 复变函数项级数

设 $\{f_n(z)\}(n=1,2,\cdots)$ 为区域 E 内的复变函数序列，表达式

$$\sum_{n=1}^{\infty}f_n(z)=f_1(z)+f_2(z)+\cdots+f_n(z)+\cdots$$

称为区域 E 内的复变函数项级数，记作 $\sum_{n=1}^{\infty}f_n(z)$. 该级数前 n 项和

$$s_n(z)=f_1(z)+f_2(z)+\cdots+f_n(z)$$

称为级数的部分和.

如果对于 E 内的某一点 z_0，极限 $\lim_{n\to\infty}s_n(z_0)=s(z_0)$ 存在，那么我们称复变函数项级数 $\sum_{n=1}^{\infty}f_n(z)$ 在 z_0 收敛，z_0 点称为收敛点，而 $s(z_0)$ 称为它的和. 反之 $\sum_{n=1}^{\infty}f_n(z)$ 在 z_0 发散. 复变函数项级数 $\sum_{n=1}^{\infty}f_n(z)$ 可能在区域 E 内某些点处收敛，某些点处发散，将它收敛点的全体记为收敛域 D，则级数在 D 内处处收敛，那么它的和一定成为 z 的一个函数 $s(z)$：

$$s(z)=f_1(z)+f_2(z)+\cdots+f_n(z)+\cdots.$$

$s(z)$ 称为级数 $\sum_{n=1}^{\infty}f_n(z)$ 的和函数.

常见的函数项级数有幂级数、三角级数和洛朗级数等，下面先讨论最简单的复变函数项级数—幂级数.

2. 幂级数的概念

形如

$$\sum_{n=0}^{\infty}c_n(z-z_0)^n=c_0+c_1(z-z_0)+c_2(z-z_0)^2+\cdots+c_n(z-z_0)^n+\cdots \tag{4-2}$$

或

$$\sum_{n=0}^{\infty}c_nz^n=c_0+c_1z+c_2z^2+\cdots+c_nz^n+\cdots \tag{4-3}$$

的复函数项级数称为幂级数. 其中 $c_n(n=0,1,2,\cdots)$ 及 z_0 均为复常数.

若令 $z-z_0=\zeta$，则式（4-2）成为 $\sum_{n=0}^{\infty}c_n\zeta^n$，这就是式（4-3）的形式. 今后式（4-2）形式的幂级数问题可转化为式（4-3）形式的幂级数来讨论.

首先研究幂级数的收敛域. 显然，当 $z=0$ 时幂级数式（4-3）一定收敛. 而该幂级数在其他点处的敛散性同实变量幂级数一样，有如下定理：

定理 4.6［阿贝尔（Abel）定理］ 如果级数 $\sum_{n=0}^{\infty} c_n z^n$ 在 $z=z_0(z_0\neq 0)$ 处收敛，那么对满足 $|z|<|z_0|$ 的 z，级数必绝对收敛；如果在 $z=z_0$ 处级数发散，那么对满足 $|z|>|z_0|$ 的 z，级数必发散.

证 由于级数 $\sum_{n=0}^{\infty} c_n z^n$ 收敛，根据收敛的必要条件，有 $\lim\limits_{n\to\infty} c_n z_0^n=0$，因而存在正数 M，使对于所有的 n，有 $|c_0 z_0^n|<M$. 如果 $|z|<|z_0|$，那么 $|z|/|z_0|=q<1$，而

$$|c_n z^n|=|c_0 z_0^n|\cdot\left|\frac{z}{z_0}\right|^n<Mq^n$$

由于 $\sum_{n=0}^{\infty} Mq^n$ 为公比小于 1 的等比数列，是收敛的，根据正项级数的比较审敛法知 $\sum_{n=0}^{\infty}|c_n z^n|$ 收敛，从而级数 $\sum_{n=0}^{\infty} c_n z^n$ 是绝对收敛的.

另一部分用反证法来证明.

反证 设 $\exists z_1$，当 $|z_1|>|z_0|$ 时，有 $\sum_{n=0}^{\infty} c_n z_1{}^n$ 收敛. 由上述证得 $\sum_{n=0}^{\infty} c_n z_0{}^n$ 也收敛，与已知矛盾，故假设不成立.

注 1：从定理 4.6 可以看出，实变量幂级数的阿贝尔定理与复变量幂级数的阿贝尔定理主要区别在于幂级数的收敛范围不同. 实变量幂级数 $\sum_{n=0}^{\infty} a_n x^n$ 的收敛范围是 x 轴上关于原点对称的区间，而复变量幂级数 $\sum_{n=0}^{\infty} c_n z^n$ 的收敛范围则是复平面内以原点为中心的圆域. 注意到这一点，利用定理 4.6 就可以进一步讨论复变量幂级数的收敛域.

3. 幂级数的收敛圆与收敛半径

对于一个形如式（4-2）的幂级数，$z=z_0$ 这一点总是收敛的，$z\neq z_0$ 时，可能有下述三种情况.

第一种：对任意的 z，级数 $\sum_{n=0}^{\infty} c_n(z-z_0)^n$ 均发散.

【例 4-4】 级数 $1+z+2^2z^2+\cdots+n^nz^n+\cdots$. 当 $z\neq 0$ 时，通项不趋于零，故发散.

第二种：对任意的 z，级数 $\sum_{n=0}^{\infty} c_n(z-z_0)^n$ 均收敛.

【例 4-5】 级数 $1+z+\frac{z^2}{2^2}+\cdots\frac{z^n}{n^n}+\cdots$ 对任意固定的 z，从某个 n 开始，以后总有 $\frac{|z|}{n}<\frac{1}{2}$，于是从此以后有 $\left|\frac{z^n}{n^n}\right|<\left(\frac{1}{2}\right)^n$，故所给级数对任意的 z 均收敛.

第三种： 存在一点 $z_1\neq z_0$，使 $\sum_{n=0}^{\infty} c_n(z_1-z_0)^n$ 收敛（此时，根据定理 4.6 的第一部分知，它必在圆周 $|z-z_0|=|z_1-z_0|=R_1$ 内部绝对收敛），另外又存在一点 z_2，使 $\sum_{n=0}^{\infty} c_n(z_2-z_0)^n$ 发散. 它必在圆周 $|z-z_0|\geqslant|z_2-z_0|=R_2$ 外部发散. 显然，$R_1<R_2$. 否则，级数将在 z_1 处发散. 而对于 $|z_1-z_0|<|z-z_0|<|z_2-z_0|$ 中的任意点 z，若为收

敛点，则 R_1 增大；若为发散点，则 R_2 减小，直到存在一个有限正数 R，使得 $\sum_{n=0}^{\infty} c_n (z-z_0)^n$ 在圆周 $|z-z_0|=R$ 内部绝对收敛，在圆周 $|z-z_0|=R$ 的外部发散．把这个分界圆周 $|z-z_0|=R$ 记为 C_R 称为幂级数的收敛圆，R 称为此幂级数的收敛半径．

在第一种情形，约定 $R=0$．在第二种情形，约定 $R=+\infty$，并也称它们为收敛半径．通过以上的分析可以得出，对于幂级数式（4-2）来说，它的收敛范围是以 $z=z_0$ 为中心的圆域．幂级数式（4-3）的收敛范围是以原点为中心的圆域．

【例 4-6】 求幂级数 $\sum_{n=0}^{\infty} z^n = 1+z+z^2+\cdots+z^n+\cdots$ 的收敛范围与和函数．

解　级数的部分和为

$$s_n = 1+z+z^2+\cdots+z^{n-1} = \frac{1-z^n}{1-z},(z\neq 1)$$

当 $|z|<1$ 时，由于 $\lim_{n\to\infty} z^n = 0$，从而有 $\lim_{n\to\infty} s_n = \frac{1}{1-z}$，即 $|z|<1$ 时，级数 $\sum_{n=0}^{\infty} z^n$ 收敛，和函数为 $\frac{1}{1-z}$；当 $|z|>1$ 时，由于 $n\to\infty$ 时，级数的一般项 z^n 不趋于零，故级数发散．由阿贝尔定理知级数的收敛范围为一单位圆 $|z|<1$．在此圆域内，级数不仅收敛，而且绝对收敛．收敛半径为 1，并有 $\frac{1}{1-z}=1+z+z^2+\cdots+z^n+\cdots$.

注 2：一个幂级数在其收敛圆周上的敛散性不确定，一般来说有以下三种可能：

（1）处处收敛；

（2）处处发散；

（3）既有收敛点又有发散点．

我们要具体问题具体分析．

关于幂级数给出收敛半径的求法：

定理 4.7（比值法）：若

$$\lim_{n\to\infty}\left|\frac{c_{n+1}}{c_n}\right| = \lambda \tag{4-4}$$

则幂级数 $\sum_{n=0}^{\infty} c_n (z-z_0)^n$ 或幂级数 $\sum_{n=0}^{\infty} c_n z^n$ 的收敛半径 $R=\frac{1}{\lambda}(0<\lambda<\infty)$．特别约定，当 $\lambda=0$ 时 $R=\infty$，当 $\lambda=\infty$ 时 $R=0$．

证　就幂级数为 $\sum_{n=0}^{\infty} c_n (z-z_0)^n$ 的情形做出证明．由于

$$\lim_{n\to\infty}\frac{|c_{n+1}(z-z_0)^{n+1}|}{|c_n(z-z_0)^n|} = \lim_{n\to\infty}\frac{|c_{n+1}||(z-z_0)^{n+1}|}{|c_n||(z-z_0)^n|} = \lim_{n\to\infty}\frac{|c_{n+1}|}{|c_n|}|z-z_0| = \lambda|z-z_0|$$

由正项级数的比值判别法可知，当 $|z-z_0|<\frac{1}{\lambda}$ 时，$\sum_{n=0}^{\infty}|c_n||z-z_0|^n$ 收敛．根据定理 4.5，级数 $\sum_{n=0}^{\infty} c_n (z-z_0)^n$ 在圆 $|z-z_0|=\frac{1}{\lambda}$ 内收敛．

再证当 $|z-z_0|>\frac{1}{\lambda}$ 时，级数 $\sum_{n=0}^{\infty} c_n (z-z_0)^n$ 发散．假设在 $|z-z_0|=\frac{1}{\lambda}$ 外有一点 z_1，

使得级数 $\sum_{n=0}^{\infty} c_n (z-z_0)^n$ 收敛．在圆外再取一点 z_2，使得 $|z_2|<|z_1|$，根据阿贝尔定理，级数 $\sum_{n=0}^{\infty} |c_n||z_2-z_0|^n$ 必收敛．然而 $|z_2-z_0|>\dfrac{1}{\lambda}$，所以

$$\lim_{n\to\infty}\frac{|c_{n+1}||(z_2-z_0)^{n+1}|}{|c_n||(z_2-z_0)^n|}=\lambda|z_2-z_0|>1$$

这跟 $\sum_{n=0}^{\infty} |c_n||z_2-z_0|^n$ 收敛相矛盾，即在圆周 $|z-z_0|=\dfrac{1}{\lambda}$ 外有一点 z_1，使得级数 $\sum_{n=0}^{\infty} c_n (z-z_0)^n$ 收敛的假设不能成立．因而 $\sum_{n=0}^{\infty} c_n (z-z_0)^n$ 在圆 $|z-z_0|=\dfrac{1}{\lambda}$ 外发散．以上的结果表明了收敛圆周半径 $R=\dfrac{1}{\lambda}$.

定理 4.8（根值法） 若

$$\lim_{n\to\infty}\sqrt[n]{|c_n|}=\lambda \tag{4-5}$$

则幂级数 $\sum_{n=0}^{\infty} c_n (z-z_0)^n$ 或幂级数 $\sum_{n=0}^{\infty} c_n z^n$ 的收敛半径 $R=\dfrac{1}{\lambda}(0<\lambda<\infty)$．特别约定，当 $\lambda=0$ 时 $R=\infty$，当 $\lambda=\infty$ 时 $R=0$.

【例 4-7】 试求下列幂级数的收敛半径 R.

(1) $\sum_{n=0}^{\infty}\dfrac{z^n}{n^2}$； (2) $\sum_{n=0}^{\infty}\dfrac{z^n}{n!}$； (3) $\sum_{n=0}^{\infty} z^n n!$； (4) $\sum_{n=0}^{\infty}(n+a^n)z^n$.

解 (1) 因 $\lim_{n\to\infty}\left|\dfrac{c_{n+1}}{c_n}\right|=\lim_{n\to\infty}\left|\dfrac{n^2}{(n+1)^2}\right|=1$，所以 $R=1$.

(2) 因 $\lim_{n\to\infty}\left|\dfrac{c_{n+1}}{c_n}\right|=\lim_{n\to\infty}\left|\dfrac{n!}{(n+1)!}\right|=0$，所以 $R=\infty$.

(3) 因 $\lim_{n\to\infty}\left|\dfrac{c_{n+1}}{c_n}\right|=\lim_{n\to\infty}\left|\dfrac{(n+1)!}{n!}\right|=\infty$，所以 $R=0$.

由于 $R=\dfrac{1}{\lambda}$，也可以这样求解收敛半径：$R=\lim_{n\to\infty}\left|\dfrac{c_n}{c_{n+1}}\right|$.

(4) 因为 $c_n=n+a^n$，所以 $R=\lim_{n\to\infty}\left|\dfrac{c_n}{c_{n+1}}\right|=\lim_{n\to\infty}\left|\dfrac{n+a^n}{(n+1)+a^{n+1}}\right|$，而 a 是不确定的，需要讨论 a 取不同值时 R 的情况：

i) 当 $|a|\leqslant 1$ 时，$\lim_{n\to\infty}\dfrac{a^n}{n}=0$，$\lim_{n\to\infty}\dfrac{a^{n+1}}{n}=0$，故 $R=1$；

ii) 当 $|a|>1$ 时，$R=\lim_{n\to\infty}\left|\dfrac{1+\dfrac{n}{a^n}}{\dfrac{n}{a^n}+\dfrac{1}{a^n}+a}\right|=\left|\dfrac{1}{a}\right|$.

【例 4-8】 试求幂级数 $\sum_{n=0}^{\infty}\dfrac{(z-1)^n}{n}$ 的收敛半径，并讨论 $z=0$ 和 $z=2$ 时级数的收敛性.

解 因 $\lim_{n\to\infty}\left|\dfrac{c_{n+1}}{c_n}\right|=\lim_{n\to\infty}\dfrac{n}{n+1}=1$，故 $R=1$.

在收敛圆周 $|z-1|=1$ 上，当 $z=0$ 时，原级数为 $\sum\limits_{n=0}^{\infty}\dfrac{(-1)^n}{n}$，级数收敛；当 $z=2$ 时，原级数为 $\sum\limits_{n=0}^{\infty}\dfrac{1}{n}$，级数发散．

这个例子表明，对比于实变量级数在区间端点的收敛性判断，复变量级数在收敛圆周上的情况比较复杂，有可能收敛，也有可能发散，要根据级数的情况进行具体分析．

【例 4 - 9】 求幂级数 $\sum\limits_{k=1}^{\infty}z^{k^2}$ 的收敛半径．

解　因为级数是缺项级数，即 $c_n=\begin{cases}0, n\neq k^2\\1, n=k^2\end{cases}$，故 $\dfrac{1}{R}=\lim\limits_{n\to\infty}\sqrt[n]{|c_n|}=1$，$R=1$．

注 3：对于缺项幂级数的收敛半径的求解过程可仿照定理 4.7 的证明过程获得．

4. 幂级数的运算和性质

和实变幂级数一样，复变幂级数也能进行有理运算．

若

$$f(z)=\sum_{n=0}^{\infty}a_nz^n, |z|<r_1, g(z)=\sum_{n=0}^{\infty}b_nz^n, |z|<r_2$$

则在 $|z|<R=\min\{r_1,r_2\}$ 内，这两个幂级数可以进行加、减、乘运算．即

$$f(z)+g(z)=\sum_{n=0}^{\infty}a_nz^n\pm\sum_{n=0}^{\infty}b_nz^n$$

$$\begin{aligned}f(z)g(z)&=\Big(\sum_{n=0}^{\infty}a_nz^n\Big)\Big(\sum_{n=0}^{\infty}b_nz^n\Big)\\&=\sum_{n=0}^{\infty}(a_nb_0+a_{n-1}b_1+a_{n-2}b_2+\cdots+a_0b_n)z^n, |z|<R.\end{aligned}$$

【例 4 - 10】 设有幂级数 $\sum\limits_{n=0}^{\infty}z^n$ 与 $\sum\limits_{n=0}^{\infty}\dfrac{1}{1+a^n}z^n(0<a<1)$，求 $\sum\limits_{n=0}^{\infty}z^n-\sum\limits_{n=0}^{\infty}\dfrac{1}{1+a^n}z^n=\sum\limits_{n=0}^{\infty}\dfrac{a^n}{1+a^n}z^n$ 的收敛半径．

解　经过计算可得 $\sum\limits_{n=0}^{\infty}z^n$ 与 $\sum\limits_{n=0}^{\infty}\dfrac{1}{1+a^n}z^n$ 的收敛半径都为 1．对于幂级数 $\sum\limits_{n=0}^{\infty}\dfrac{a^n}{1+a^n}z^n$ 的收敛半径，有

$$R=\lim_{n\to\infty}\left|\frac{a^n}{1+a^n}\Big/\frac{a^{n+1}}{1+a^{n+1}}\right|=\lim_{n\to\infty}\frac{1+a^{n+1}}{a(1+a^n)}=\frac{1}{a}>1.$$

可以看出，$\sum\limits_{n=0}^{\infty}\dfrac{a^n}{1+a^n}z^n$ 自身的收敛圆域大于 $\sum\limits_{n=0}^{\infty}z^n$ 与 $\sum\limits_{n=0}^{\infty}\dfrac{1}{1+a^n}z^n$ 的公共收敛圆域 $|z|<1$．但应注意，使等式

$$\sum_{n=0}^{\infty}z^n-\sum_{n=0}^{\infty}\frac{1}{1+a^n}z^n=\sum_{n=0}^{\infty}\frac{a^n}{1+a^n}z^n$$

成立的收敛圆域仍应为 $|z|<1$，不能扩大．

对幂级数来说，更重要的一种运算是代换运算，就是当 $|z|<r$ 时，$f(z)=\sum\limits_{n=0}^{\infty}a_nz^n$，

又设在 $|z|<R$ 内 $g(z)$ 解析且满足 $|g(z)|<r$，那么当 $|z|<R$ 时，$f[g(z)]=\sum_{n=0}^{\infty}a_n[g(z)]^n$．这个代换运算在把函数展开成幂级数时有着广泛的应用．例如，由

$$\frac{1}{1-z}=1+z+z^2+\cdots+z^n+\cdots |z|<1$$

可以得出

$$\frac{1}{1+z}=1-z+z^2-\cdots+(-1)^n z^n+\cdots |z|<1.$$

一般地，我们利用已知函数的幂级数展开式，经过恒等变形和幂级数的四则运算，也可以间接的求此函数的幂级数展开式．

【例 4 - 11】 将函数 $\frac{1}{z-2}$ 表示成形如 $\sum_{n=0}^{\infty}c_n(z-1)^n$ 的幂级数．

解 将函数 $\frac{1}{z-2}$ 改写成如下形式：

$$\frac{1}{z-2}=\frac{1}{(z-1)-1}=-\frac{1}{1-(z-1)}.$$

由［例 4 - 6］知，当 $|z-1|<1$ 时，有

$$\frac{1}{1-(z-1)}=1+(z-1)+(z-1)^2+\cdots+(z-1)^n+\cdots$$

从而得到

$$\frac{1}{z-2}=-1-(z-1)-(z-1)^2-\cdots-(z-1)^n-\cdots.$$

通过观察本题的解题步骤，可以看出：若想将函数 $\frac{1}{z-b}$ 表示成形如 $\sum_{n=0}^{\infty}c_n(z-a)^n$ 的幂级数，首先要把函数作代数变形，将复变量 z 化为 $z-a$．再将 $\frac{1}{z-b}$ 变形为 $\frac{1}{1-g(z)}$，其中 $g(z)=\frac{z-a}{b-a}$．利用 $\frac{1}{1-z}$ 的展开式，将其中的复变量 z 换成 $g(z)$，便得到所求的幂级数．必须注意，只有 $|g(z)|<1$ 时才能使用 $\frac{1}{1-z}$ 的展开式．

这种展开方法对在今后将函数展开成幂级数时常用到，和实变量函数中将函数间接展开成幂级数的方法相一致．

复变量幂级数的和函数也同实变量幂级数的和函数一样，在其收敛圆内有如下性质：

定理 4.9 设幂级数 $\sum_{n=0}^{\infty}c_n(z-z_0)^n$ 的收敛半径为 R，则

（1）它的和函数 $f(z)=\sum_{n=0}^{\infty}c_n(z-z_0)^n$ 是收敛圆 $|z-z_0|<R$ 内的解析函数；

（2）$f(z)$ 在收敛圆内的导数可通过将其幂级数逐项求导得到，即

$$f'(z)=\sum_{n=1}^{\infty}nc_n(z-z_0)^{n-1}; \tag{4-6}$$

（3）$f(z)$ 在收敛圆内可以逐项积分，即

$$\int_C f(z)\mathrm{d}z=\sum_{n=0}^{\infty}c_n\int_C(z-z_0)^n\mathrm{d}z \tag{4-7}$$

或
$$\int_{z_0}^{z} f(\zeta)\mathrm{d}\zeta = \sum_{n=0}^{\infty} \frac{c_n}{n+1}(z-z_0)^{n+1}$$

其中 C 为区域 $|z-z_0|<R$ 内的一条曲线.

【例 4-12】 将函数 $f(z)=-\dfrac{1}{(1+z)^2}$ 表示为形如 $\sum\limits_{n=0}^{\infty} c_n z^n$ 的幂级数.

解 由求导公式及定理 4.9，得

$$\begin{aligned}-\frac{1}{(1+z)^2} &= \left(\frac{1}{1+z}\right)' = [1-z+z^2-\cdots+(-1)^n z^n+\cdots]' \\ &= \left[\sum_{n=0}^{\infty}(-1)^n z^n\right]' = \sum_{n=0}^{\infty}[(-1)^n z^n]' \\ &= \sum_{n=0}^{\infty}(-1)^{n+1}(n+1)z^n, |z|<1\end{aligned}$$

也可以写作 $\sum\limits_{n=1}^{\infty}(-1)^n n z^{n-1}, |z|<1$. 这里要注意 n 的初始值的选择对结论的影响.

【例 4-13】 将函数 $f(z)=-\ln(1-z)$ 表示为形如 $\sum\limits_{n=0}^{\infty} c_n z^n$ 的幂级数.

解 设 C 为区域 $|z|<1$ 内的任一光滑曲线. 由定理 4.9，得

$$\begin{aligned}-\ln(1-z) &= \int_C \frac{1}{1-z}\mathrm{d}z = \int_C (1+z+z^2+\cdots+z^n+\cdots)\mathrm{d}z \\ &= \int_C \sum_{n=0}^{\infty} z^n \mathrm{d}z = \sum_{n=0}^{\infty}\int_C z^n \mathrm{d}z = \sum_{n=0}^{\infty}\frac{z^{n+1}}{n+1}, |z|<1.\end{aligned}$$

§4.3 泰 勒 级 数

在上一节中，我们已经知道一个幂级数的和函数在它的收敛圆内部是一个解析函数. 与此相对应的问题是：任何一个解析函数是否能用幂级数来表达？这个问题不但具有理论意义，而且很有实用价值.

通过讨论，我们可以得到下面的定理（泰勒展开定理）.

定理 4.10（泰勒展式） 设 $f(z)$ 在区域 D 内解析，$z_0 \in D$，对于任意圆周 C：$|z-z_0|=r$，只要其内部 $|z-z_0|<r$ 含于 D，则 $f(z)$ 在 C 内能展开成幂级数

$$f(z) = \sum_{n=0}^{\infty} c_n (z-z_0)^n \tag{4-8}$$

其中系数
$$c_n = \frac{1}{2\pi i}\oint_K \frac{f(\zeta)}{(\zeta-z_0)^{n+1}}d\zeta = \frac{f^{(n)}(z_0)}{n!} \tag{4-9}$$
$$(K: |\zeta-z_0|=r, n=0,1,2,\cdots)$$

且展开式是唯一的.

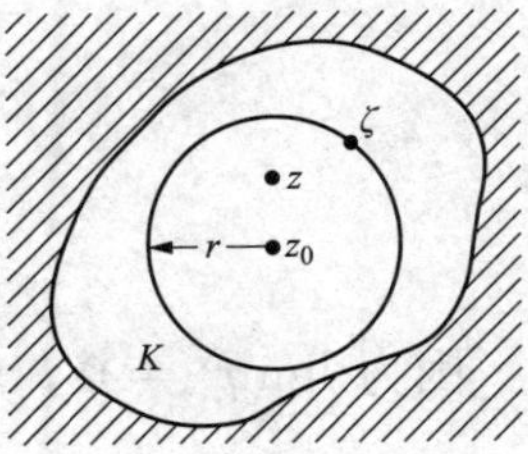

图 4.1

证 证明的关键是利用柯西积分公式及如下熟知的公式

$$\frac{1}{1-z} = \sum_{n=0}^{\infty} z^n (|z|<1).$$

设 z 为 C 内任一取定的点（见图 4.1），总有一个正向圆周 K：

$|\zeta-z_0|=r$，使点 z 含在 K 的内部，由柯西积分公式得 $f(z)=\frac{1}{2\pi i}\oint_K \frac{f(\zeta)}{\zeta-z}d\zeta$. 我们设法将被积式 $\frac{f(\zeta)}{\zeta-z}$ 表为含有 $z-z_0$ 的幂级数. 通过恒等变形有

$$\frac{f(\zeta)}{\zeta-z}=\frac{f(\zeta)}{\zeta-z_0-(z-z_0)}=\frac{f(\zeta)}{\zeta-z_0}\frac{1}{1-\frac{z-z_0}{\zeta-z_0}}$$

由于变量 ζ 取在圆周 K 上，点 z 在 C 的内部，所以有 $\left|\frac{z-z_0}{\zeta-z_0}\right|=\frac{|z-z_0|}{r}=q<1$，$q$ 是与积分变量 ζ 无关的量，并且 $0\leqslant q<1$. 应用熟知公式，我们有 $\frac{1}{1-\frac{z-z_0}{\zeta-z_0}}=\sum_{n=0}^{\infty}\left(\frac{z-z_0}{\zeta-z_0}\right)^n$.

右端的级数在 K 上（关于 ζ）是收敛的，与 K 上的有界函数 $\frac{f(\zeta)}{\zeta-z_0}$ 相乘，仍然得到 K 上的收敛级数. 于是

$$\frac{f(\zeta)}{\zeta-z}=\sum_{n=0}^{\infty}(z-z_0)^n\cdot\frac{f(\zeta)}{(\zeta-z_0)^{n+1}}$$

表示为 K 上的收敛级数. 将上式沿 K 积分，并以 $\frac{1}{2\pi i}$ 乘所得结果. 根据逐项积分定理，即得

$$\begin{aligned}f(z)&=\frac{1}{2\pi i}\oint_K\frac{f(\zeta)}{\zeta-z}d\zeta=\sum_{n=0}^{\infty}\left[\frac{1}{2\pi i}\oint_K\frac{f(\zeta)}{(\zeta-z_0)^{n+1}}d\zeta\right](z-z_0)^n\\&=\sum_{n=0}^{N-1}\left[\frac{1}{2\pi i}\oint_K\frac{f(\zeta)}{(\zeta-z_0)^{n+1}}d\zeta\right](z-z_0)^n+\frac{1}{2\pi i}\oint_K\left[\sum_{n=N}^{\infty}\frac{f(\zeta)}{(\zeta-z_0)^{n+1}}(z-z_0)^n\right]d\zeta\end{aligned}$$

由解析函数的高阶导公式

$$\sum_{n=0}^{N-1}\left[\frac{1}{2\pi i}\oint_K\frac{f(\zeta)}{(\zeta-z_0)^{n+1}}d\zeta\right](z-z_0)^n=\sum_{n=0}^{N-1}\frac{f^n(z_0)}{n!}(z-z_0)^n$$

设
$$R_N(z)=\frac{1}{2\pi i}\oint_K\left[\sum_{n=N}^{\infty}\frac{f(\zeta)}{(\zeta-z_0)^{n+1}}(z-z_0)^n\right]d\zeta$$

由于 K 含于 D 内，而 $f(z)$ 在 D 内解析，从而在 K 上连续，因此，$f(\zeta)$ 在 K 上有界，即存在一个正常数 M，在 K 上 $|f(\zeta)|\leqslant M$. 因此有

$$\begin{aligned}|R_N(z)|&\leqslant\frac{1}{2\pi}\oint_K\left|\sum_{n=N}^{\infty}\frac{f(\zeta)}{(\zeta-z_0)^{n+1}}(z-z_0)^n\right|ds\\&\leqslant\frac{1}{2\pi}\oint_K\left[\sum_{n=N}^{\infty}\frac{|f(\zeta)|}{|\zeta-z_0|}\left|\frac{z-z_0}{\zeta-z_0}\right|^n\right]ds\\&\leqslant\frac{1}{2\pi}\cdot\sum_{n=N}^{\infty}\frac{M}{r}q^n\cdot 2\pi r=\frac{Mq^N}{1-q}.\end{aligned}$$

因为 $\lim_{N\to\infty}q^N=0$，所以 $\lim_{N\to\infty}R_N(z)=0$ 在 K 内成立. 所以有

$$f(z)=\sum_{n=0}^{\infty}c_n(z-z_0)^n,\ c_n=\frac{1}{2\pi i}\oint_K\frac{f(\zeta)}{(\zeta-z_0)^{n+1}}d\zeta=\frac{f^{(n)}(z_0)}{n!}.$$

这个公式称为 $f(z)$ 在 z_0 的泰勒展开式，它右端的级数称为 $f(z)$ 在 z_0 的泰勒级数，与

实变函数的情形完全一样．

上面的证明对任意 $z \in C$ 均成立，故定理的前半部分得证．下面证明展式是唯一的．

设 $f(z)$ 在 z_0 已用另外的方法展成幂级数

$$f(z) = a_0 + a_1(z-z_0) + \cdots + a_n(z-z_0)^n + \cdots$$

那么

$$f(z_0) = a_0.$$

由定理 4.9

$$f'(z) = a_1 + 2a_2(z-z_0) + \cdots + na_n(z-z_0)^{n-1} + \cdots$$

于是

$$f'(z_0) = a_1$$

依次类推

$$f^{(n)}(z_0) = n!a_n,\ \cdots$$

即得

$$a_n = \frac{1}{n!}f^{(n)}(z_0)(n = 0,1,2,\cdots).$$

由此可见，任何解析函数展开成幂级数的结果就是泰勒级数，而且是唯一的．

从定理证明过程中可以得出，如果 $f(z)$ 在 z_0 解析，那么使 $f(z)$ 在 z_0 的泰勒展开式成立的圆域的半径 R 就等于从 z_0 到离 z_0 最近的 $f(z)$ 的奇点 α 之间的距离，即 $R = |\alpha - z_0|$．这是因为 $f(z)$ 在收敛圆内解析，因此奇点 α 不可能在收敛圆内，而同时奇点 α 又不可能在收敛圆外，否则收敛半径还可以扩大，因此奇点 α 只能在收敛圆周上．

推论 1　幂级数是它的和函数 $f(z)$ 在收敛圆内的泰勒展式，即

$$c_0 = f(z_0), c_n = \frac{f^n(z_0)}{n!} \quad (n = 1,2,\cdots).$$

推论 2　函数 $f(z)$ 在一点 z_0 解析 $\Leftrightarrow f(z)$ 在 z_0 的某一邻域内有泰勒展式．

由上面的讨论我们知道，若函数 $f(z)$ 在 z_0 解析，那么 $f(z)$ 在以 z_0 为圆心的解析圆内可以展开成泰勒级数，并且可以利用所给函数 $f(z)$ 的奇点得到泰勒展开式的收敛半径．又由于展开式的唯一性，不论用什么办法，只要运算合理，得到 $f(z)$ 的幂级数展开式一定都是泰勒展开式．下面介绍一下将解析函数展开为泰勒级数的方法．

1. 泰勒展开式定理

利用泰勒展开式求解析函数 $f(z)$ 在 z_0 点附近的幂级数展开式，其本质问题是计算级数的系数 $c_n = \dfrac{f^n(z_0)}{n!}, n = 0,1,2,\cdots$，即计算函数 $f(z)$ 在 z_0 点的各阶的导数值．这是一个最基本也最直接的方法，因此也称为直接展开法．

【例 4-14】　求 e^z，$\cos z$ 及 $\sin z$ 在 $z = 0$ 处的泰勒展开式．

解　e^z 在整个复平面上处处解析．由于 $(e^z)^{(n)}|_{z=0} = e^z|_{z=0} = 1$，$n = 0,1,2,\cdots$，故

$$e^z = 1 + z + \frac{z^2}{2!} + \cdots + \frac{z^n}{n!} + \cdots \quad |z| < \infty. \tag{4-10}$$

由于

$$(\sin z)' = \cos z = \sin\left(z + \frac{\pi}{2}\right)$$

$$(\sin z)'' = \cos\left(z + \frac{\pi}{2}\right) = \sin\left(z + 2\cdot\frac{\pi}{2}\right),\cdots$$

$$(\sin z)^{(n)} = \sin\left(z + n\cdot\frac{\pi}{2}\right),\cdots$$

从而

$$(\sin z)^{(n)}|_{z=0} = \begin{cases} 0, & n = 2m \\ (-1)^m, & n = 2m+1 \end{cases}.$$

于是

$$\sin z = z - \frac{z^3}{3!} + \cdots + (-1)^n \frac{z^{2n+1}}{(2n+1)!} + \cdots \quad |z| < \infty . \tag{4-11}$$

同理可得

$$\cos z = 1 - \frac{z^2}{2!} + \frac{z^4}{4!} - \cdots + (-1)^n \frac{z^{2n}}{(2n)!} + \cdots \quad |z| < \infty \tag{4-12}$$

这三个级数都在整个复平面上收敛．

之前已知的结论还有

$$\frac{1}{1-z} = 1 + z + z^2 + z^3 + \cdots + z^n + \cdots \quad |z| < 1 \tag{4-13}$$

$$\frac{1}{1+z} = 1 - z + z^2 - z^3 + \cdots + (-1)^n z^n + \cdots \quad |z| < 1 . \tag{4-14}$$

对于一般的函数 $f(z)$．求其 n 阶导数的通式是比较困难的．因此用直接展开法求函数的幂级数展开式是比较复杂的，我们往往采用所谓间接展开法，即根据函数的幂级数展开式的唯一性，利用一些已知函数的幂级数展开式，再通过对幂级数进行变量代换、四则运算和分析运算（逐项积分，逐项求导）等方法求出所给函数的幂级数展开式．为此必须掌握一些基本函数（如 $\frac{1}{1-z}, \frac{1}{1+z}, e^z, \sin z, \cos z$ 等）的幂级数展开式．

2. 变量代换法

举例如下

【例 4-15】 将 $\frac{1}{1+z^2}$ 展开成 z 的幂级数．

解 利用 $\frac{1}{1+z} = 1 - z + z^2 - \cdots + (-1)^n z^n + \cdots |z| < 1$，变量代换后，有

$$\frac{1}{1+z^2} = 1 - z^2 + z^4 - \cdots + (-1)^n z^{2n} + \cdots |z| < 1.$$

3. 运算性质法

运算性质法也可以称为级数带入法．

【例 4-16】 将函数 $f(z) = \cos z$ 在 $z = 0$ 处展开成泰勒级数．

解 本题之前直接使用泰勒展开定理求解，现在我们利用幂级数的运算性质来求解．由于

$$f(z) = \cos z = \frac{e^{iz} + e^{-iz}}{2} = \frac{1}{2}\left[\sum_{n=0}^{\infty} \frac{1}{n!}(iz)^n + \sum_{n=0}^{\infty} \frac{1}{n!}(-iz)^n\right] = \sum_{n=0}^{\infty} \frac{(-1)^n}{(2n!)} z^{2n}$$

因此有

$$\cos z = \sum_{n=0}^{\infty} \frac{(-1)^n}{(2n!)} z^{2n} = 1 - \frac{z^2}{2!} + \frac{z^4}{4!} - \cdots + (-1)^n \frac{z^{2n}}{(2n)!} + \cdots \quad |z| < \infty.$$

【例 4-17】 求函数 $f(z) = e^{\frac{z}{z-1}}$ 在点 $z = 0$ 处的泰勒展开式．

解 由

$$\frac{z}{z-1} = -z \cdot \frac{1}{1-z} = -z(1 + z + z^2 + z^3 + \cdots) = -\sum_{n=0}^{\infty} z^{n+1} \quad |z| < 1$$

有 $e^{\frac{z}{z-1}} = e^{-(z+z^2+z^3+\cdots)}$

$$= 1 - (z + z^2 + z^3 + \cdots) - \frac{1}{2!}(z + z^2 + z^3 + \cdots)^2 - \frac{1}{3!}(z + z^2 + z^3 + \cdots)^3 - \cdots$$

$$= 1 - z - \frac{1}{2}z^2 - \frac{1}{6}z^3 - \cdots \quad |z| < 1.$$

4. 分析性质法

【例 4 - 18】 求对数函数的主值 $\ln(1+z)$ 在 $z=0$ 处的泰勒展开式.

解 因为 $\ln(1+z)$ 从 -1 向左沿负实轴剪开的平面内是解析的，而距离 $z=0$ 最近的奇点是 -1，其收敛半径为 $R=|-1-0|=1$，所以 $\ln(1+z)$ 在 $|z|<1$ 内可展成 z 的幂级数. 并且有

$$[\ln(1+z)]' = \frac{1}{1+z} = \sum_{n=0}^{\infty}(-1)^n z^n \quad |z| < 1$$

在 $|z|<1$ 内任取一条从 0 到 z 的积分路线 C，将上式两端沿 C 逐项积分，得

$$\int_0^z \frac{1}{1+z}\mathrm{d}z = \sum_{n=0}^{\infty}\int_0^z (-1)^n z^n \mathrm{d}z$$

故有 $\ln(1+z) = \sum_{n=0}^{\infty}(-1)^n \frac{z^{n+1}}{n+1} = z - \frac{z^2}{2} + \cdots + (-1)^n \frac{z^{n+1}}{n+1} + \cdots \quad (|z| < 1).$

[例 4 - 16] 中将函数 $f(z)=\cos z$ 在 $z=0$ 处展开成泰勒级数也可以使用此方法求解. 由

$$\sin z = z - \frac{z^3}{3!} + \cdots + (-1)^n \frac{z^{2n+1}}{(2n+1)!} + \cdots \quad (|z| < \infty)$$

逐项求导，一样会得到

$$\cos z = (\sin z)' = 1 - \frac{z^2}{2!} + \frac{z^4}{4!} - \cdots + (-1)^n \frac{z^{2n}}{(2n)!} + \cdots \quad (|z| < \infty).$$

5. 待定系数法：利用幂级数展开的唯一性，对比同类项系数，得到幂级数展开式

【例 4 - 19】 求函数 $f(z)=\tan z$ 在点 $z=0$ 处的泰勒展开式.

解 由 $\tan z = \frac{\sin z}{\cos z}$，推得 $\sin z = \tan z \cdot \cos z$. 设

$$\tan z = a_0 + a_1 z + a_2 z^2 + \cdots + a_n z^n + \cdots$$

注意 $\tan z$ 在 $z=\pm\frac{\pi}{2}$ 处有奇点，因此 $\tan z$ 在 $|z|<\frac{\pi}{2}$ 内解析. 由 $\sin z$ 和 $\cos z$ 在点 $z=0$ 处的泰勒展开式，有

$$z - \frac{z^3}{3!} + \frac{z^5}{5!} - \cdots = (a_0 + a_1 z + a_2 z^2 + a_3 z^3 + a_4 z^4 + \cdots)\cdot\left(1 - \frac{z^2}{2!} + \frac{z^4}{4!} - \cdots\right)$$

$$= a_0 + a_1 z + \left(a_2 - \frac{a_0}{2!}\right)z^2 + \left(a_3 - \frac{a_1}{2!}\right)z^3$$

$$+ \left(a_4 - \frac{a_2}{2!} + \frac{a_0}{4!}\right)z^4 + \left(a_5 - \frac{a_3}{2!} + \frac{a_1}{4!}\right)z^5 + \cdots.$$

对比同类项系数，得

$$a_0 = 0,\ a_1 = 1,\ a_2 = 0,\ a_3 = -\frac{1}{3!} + \frac{a_1}{2!} = \frac{1}{3},\ a_4 = 0,\ a_5 = \frac{2}{15},\cdots$$

因此

$$\tan z = z + \frac{1}{3}z^3 + \frac{2}{15}z^5 + \cdots \quad |z| < \frac{\pi}{2}.$$

【例 4-20】 把幂级数 $(1+z)^{\alpha}$（α 为复常数）的主值支

$$f(z)=\mathrm{e}^{\alpha\ln(1+z)},\qquad f(0)=1$$

展成 z 的幂级数．

解 由于 $f(z)$ 在从 -1 起向左沿负实轴剪开的复平面内解析，因此必能在 $|z|<1$ 内展开成 z 的幂级数．令

$$\varphi(z)=\ln(1+z),\ 1+z=\mathrm{e}^{\varphi(z)}$$

则 $f(z)=\mathrm{e}^{\alpha\varphi(z)}$，求导有

$$f'(z)=\mathrm{e}^{\alpha\varphi(z)}\cdot\alpha\varphi'(z)=\alpha\mathrm{e}^{(\alpha-1)\varphi(z)}$$
$$f''(z)=\alpha(\alpha-1)\mathrm{e}^{(\alpha-2)\varphi(z)}$$
$$\cdots$$
$$f^{(n)}(z)=\alpha(\alpha-1)\cdots(\alpha-n+1)\mathrm{e}^{(\alpha-n)\varphi(z)}$$
$$\cdots$$

令 $z=0$，得

$$(1+z)^{\alpha}=1+\alpha z+\frac{\alpha(\alpha-1)}{2!}z^{2}+\frac{\alpha(\alpha-1)(\alpha-2)}{3!}z^{3}+\cdots$$
$$+\frac{\alpha(\alpha-1)\cdots(\alpha-n+1)}{n!}z^{n}+\cdots\quad |z|<1. \tag{4-15}$$

在今后的运算中，式（4-10）至式（4-15）可直接作为结论应用．

注 1：以下三种说法等价：

(1) 将函数 $f(z)$ 在 $z=0$ 处展开为幂级数；

(2) 将函数 $f(z)$ 展开为 z 的幂级数；

(3) 求函数 $f(z)$ 在 $z=0$ 处的泰勒展开式．

展开的通项为 $f(z)=\sum\limits_{n=0}^{\infty}a_{n}z^{n}$ 型，收敛范围为 $|z|<R$.

注 2：以下三种说法等价：

(1) 将函数 $f(z)$ 在 $z=z_0$ 处展开为幂级数；

(2) 将函数 $f(z)$ 展开为 $z-z_0$ 的幂级数；

(3) 求函数 $f(z)$ 在 $z=z_0$ 处的泰勒展开式．

展开的通项为 $f(z)=\sum\limits_{n=0}^{\infty}a_{n}(z-z_0)^{n}$ 型，收敛范围为 $|z-z_0|<R$.

§4.4 解析函数的洛朗（Laurent）展式

泰勒展开定理告诉我们，一个在以 z_0 为中心的圆域内解析的函数 $f(z)$，可以在该圆域内展开成 $z-z_0$ 的幂级数．而如果函数 $f(z)$ 在 z_0 处不解析，还能不能够展开成 $z-z_0$ 的幂级数呢？如果能够展开，是在什么样的区域上展开的呢？展开的方式和方法是什么？展开后的形式与泰勒级数有什么区别和联系？收敛问题又是如何解决的呢？本节将对以上问题进行讨论，得出对于在 z_0 处不解析的函数 $f(z)$，存在以 z_0 为圆心的解析圆环，使函数能够展开为洛朗级数的方法．

考虑级数

$$\beta_0+\beta_{-1}(z-z_0)^{-1}+\beta_{-2}(z-z_0)^{-2}+\cdots+\beta_{-n}(z-z_0)^{-n}+\cdots \tag{4-16}$$

的敛散性．其中 $z_0,\beta_0,\beta_{-1},\cdots,\beta_{-n},\cdots$ 是复常数．设 $\frac{1}{z-z_0}=\zeta$，则级数变为

$$\sum_{n=0}^{\infty}\beta_{-n}(z-z_0)^{-n}=\sum_{n=0}^{\infty}\beta_{-n}\zeta^n.$$

这是一个通常的幂级数，设这幂级数的收敛半径是 R_1，那么当 $|\zeta|<R_1$ 时，级数收敛；当 $|\zeta|>R_1$ 时，级数发散．而对于级数式（4-16）就会有，$\left|\frac{1}{z-z_0}\right|<R_1$ 时，级数收敛；当 $\left|\frac{1}{z-z_0}\right|>R_1$ 时，级数发散．若设 $R=\frac{1}{R_1}$，则会有级数式（4-16）当 $|z-z_0|>R$ 时，级数收敛；当 $|z-z_0|<R$ 时，级数发散．

更一般地，考虑级数

$$\sum_{n=-\infty}^{+\infty}\beta_n(z-z_0)^n=\sum_{n=0}^{+\infty}\beta_n(z-z_0)^n+\sum_{n=-1}^{-\infty}\beta_n(z-z_0)^n \tag{4-17}$$

这里 $z_0,\beta_n(n=0,\pm1,\pm2,\cdots)$ 是复常数．由于没有首项，正幂项与负幂项分别在常数项 c_0 的两边，没有尽头，因此它的敛散性不能使用前 n 项和的极限来定义．对于这种具有正、负幂项的级数称为双边幂级数，敛散性作如下规定：当级数 $\sum_{n=0}^{+\infty}\beta_n(z-z_0)^n$ 及 $\sum_{n=-1}^{-\infty}\beta_n(z-z_0)^n$ 都收敛时，我们说原级数 $\sum_{n=-\infty}^{+\infty}\beta_n(z-z_0)^n$ 收敛，并且它的和等于上式中两个级数的和函数相加．设上式中第一个级数在 $|z-z_0|<R_2$ 内绝对收敛，第二个级数在 $|z-z_0|>R_1$ 内绝对收敛．于是两级数的和函数分别 $|z-z_0|<R_2$ 及 $|z-z_0|>R_1$ 在内解析．特别注意的是必须保证 $R_1<R_2$，这两个级数都在圆环域 $D:R_1<|z-z_0|<R_2$ 内绝对收敛，于是我们说级数 $\sum_{n=-\infty}^{+\infty}\beta_n(z-z_0)^n$ 在这个圆环内绝对收敛．否则，若 $R_1>R_2$，这两个级数就没有公共的收敛范围了．而在收敛圆环内，双边幂级数的和函数是一个解析函数．在圆环的边界 $|z-z_0|=R_1$ 及 $|z-z_0|=R_2$ 上可能有收敛点和发散点，如图 4.2 和图 4.3 所示．在特殊的情形下，圆环域的内半径 R_1 可能等于零，外半径 R_2 可能是无穷大．我们称级数 $\sum_{n=-\infty}^{+\infty}\beta_n(z-z_0)^n$ 为洛朗级数，它的和函数是圆环域 D 内的解析函数．依据幂级数在收敛圆内的性质，可以逐项求导和逐项积分．

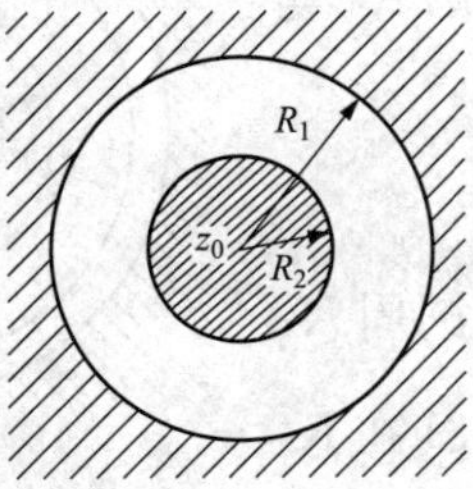

图 4.2

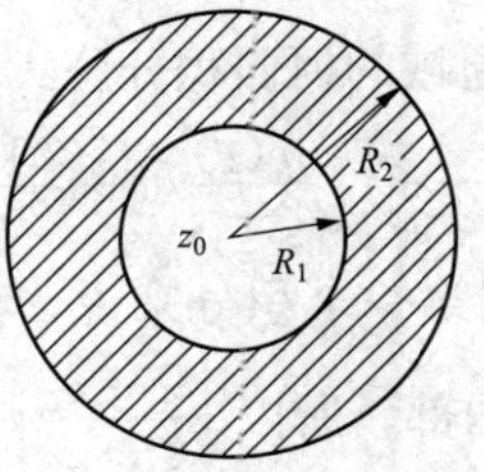

图 4.3

无论是泰勒级数还是洛朗级数在其收敛范围上都存在一个解析的和函数．我们通过泰勒

展开定理已经解决了在圆域内解析的函数展开为幂级数的问题，现在的问题是：在圆环内解析的函数是否能展开成幂级数的问题．举例看一下．

函数 $f(z)=\dfrac{1}{z(1+z)}$ 在 $z=0$ 及 $z=-1$ 处都不解析，但在圆环域 $0<|z|<1$ 及 $0<|z+1|<1$ 内是解析的．

先研究在圆环域 $0<|z|<1$ 内的情形：

$$
\begin{aligned}
f(z)&=\frac{1}{z(1+z)}=\frac{1}{z}-\frac{1}{1+z}\\
&=\frac{1}{z}-1+z-z^2+\cdots+(-1)^{n+1}z^n+\cdots
\end{aligned}
$$

说明 $f(z)$ 在圆环域 $0<|z|<1$ 是可以展开为 z 的幂级数的，只不过含有负幂项罢了．

再考虑在圆环域 $0<|z+1|<1$ 内的情形：

$$
\begin{aligned}
f(z)&=\frac{1}{z(1+z)}=-\frac{1}{z+1}\cdot\frac{1}{1-(z+1)}\\
&=-\frac{1}{z+1}[1+(z+1)+(z+1)^2+\cdots+(z+1)^n+\cdots]\\
&=-\frac{1}{z+1}-1-(z+1)-(z+1)^2-\cdots-(z+1)^{n-1}-\cdots
\end{aligned}
$$

可以看出，$f(z)$ 在圆环域 $0<|z+1|<1$ 内是可以展开为 $z+1$ 的幂级数的，同样里面含有负幂项．

从以上讨论可以得出，在圆环域 $R_1<|z-z_0|<R_2$ 内处处解析的函数 $f(z)$，可能展开成形如（4-17）的级数，事实上确是如此的，我们有

定理 4.11（洛朗展式） 设函数 $f(z)$ 在圆环域 $D:R_1<|z-z_0|<R_2\,(0\leqslant R_1<R_2\leqslant+\infty)$ 内解析，那么在 D 内

$$
f(z)=\sum_{n=-\infty}^{+\infty}c_n(z-z_0)^n \tag{4-18}
$$

其中

$$
c_n=\frac{1}{2\pi i}\oint_C\frac{f(\zeta)}{(\zeta-z_0)^{n+1}}\mathrm{d}\zeta.\ (n=0,\pm1,\pm2,\cdots). \tag{4-19}
$$

这里 C 为在圆环域内绕 z_0 的任何一条正向简单闭曲线．

证明 如图 4.4 所示，设 z 为圆环域 $R_1<|z-z_0|<R_2$ 内的任一点，在圆环域内作以 z_0 为圆心的正向圆周 $K_1:|z-z_0|=r$ 和 $K_2:|z-z_0|=R\,(r<R)$，且使 z 在圆 K_1 与 K_2 之间．由多连通域的柯西积分公式，有

$$
f(z)=\frac{1}{2\pi i}\oint_{K_2}\frac{f(\zeta)}{\zeta-z}\mathrm{d}\zeta-\frac{1}{2\pi i}\oint_{K_1}\frac{f(\zeta)}{\zeta-z}\mathrm{d}\zeta.
$$

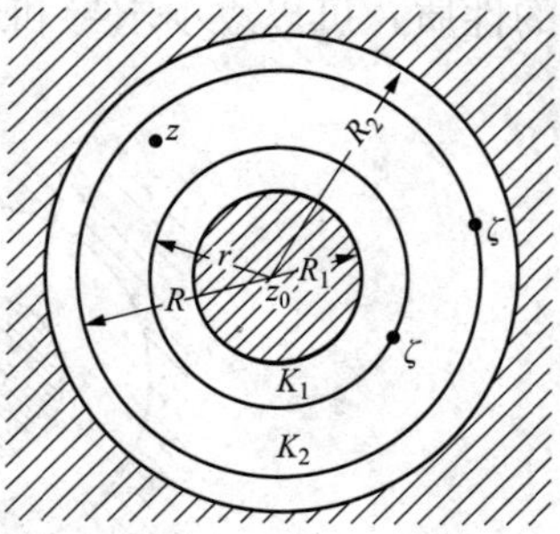

图 4.4

对于上式右端第一个积分来说，积分变量 ζ 取在圆周 K_2 上，点 z 在 K_2 的内部，所以 $\left|\dfrac{z-z_0}{\zeta-z_0}\right|<1$．又由于 $f(\zeta)$ 在 K_2 上连续，因此存在一个常数 M，使得 $|f(\zeta)|\leqslant M$．与泰勒定理的证明类似，可得

$$\frac{1}{2\pi i}\oint_{K_2}\frac{f(\zeta)}{\zeta-z}d\zeta=\sum_{n=0}^{\infty}c_n(z-z_0)^n$$

其中

$$c_n=\frac{1}{2\pi i}\oint_{K_2}\frac{f(\zeta)}{(\zeta-z_0)^{n+1}}d\zeta.\ (n=0,1,2,\cdots).$$

这里不能对 $\frac{1}{2\pi i}\oint_{K_2}\frac{f(\zeta)}{(\zeta-z_0)^{n+1}}d\zeta$ 应用高阶导公式，它并不等于 $\frac{f^{(n)}(z_0)}{n!}$. 因为 $f(z)$ 在 K_2 的内部不一定处处解析.

再看第二个积分 $-\frac{1}{2\pi i}\oint_{K_1}\frac{f(\zeta)}{\zeta-z}d\zeta$. 由于积分变量 ζ 取在圆周 K_1 上，而点 z 在 K_1 的外部，所以 $\left|\frac{\zeta-z_0}{z-z_0}\right|<1$，从而有展开式

$$\frac{1}{\zeta-z}=\frac{1}{\zeta-z_0-(z-z_0)}=-\frac{1}{z-z_0}\cdot\frac{1}{1-\frac{\zeta-z_0}{z-z_0}}$$

$$=-\sum_{n=1}^{+\infty}\frac{(\zeta-z_0)^{n-1}}{(z-z_0)^n}=-\sum_{n=1}^{+\infty}\frac{1}{(\zeta-z_0)^{-n+1}}(z-z_0)^{-n}.$$

将上式带入第二个积分，整理有

$$-\frac{1}{2\pi i}\oint_{K_1}\frac{f(\zeta)}{\zeta-z}d\zeta=\sum_{n=1}^{N-1}\frac{1}{2\pi i}\oint_{K_1}\frac{f(\zeta)}{(\zeta-z_0)^{-n+1}}d\zeta(z-z_0)^{-n}+R_N(z)$$

其中

$$R_N(z)=\frac{1}{2\pi i}\oint_{K_1}\left[\sum_{n=N}^{\infty}\frac{(\zeta-z_0)^{n-1}f(\zeta)}{(z-z_0)^n}\right]d\zeta.$$

现在我们要证明 $\lim_{N\to\infty}R_N(z)=0$ 在 K_1 外部成立. 令 $q=\left|\frac{\zeta-z_0}{z-z_0}\right|=\frac{r}{|z-z_0|}$，显然 q 是与积分变量 ζ 无关的量. 又因为 z 在 K_1 的外部，所以有 $0<q<1$. 由于 $|f(\zeta)|$ 在 K_1 上连续，因此存在一个正常数 M_1，使得 $|f(\zeta)|\leqslant M_1$. 于是有

$$|R_N(z)|\leqslant\frac{1}{2\pi}\oint_{K_1}\left[\sum_{n=N}^{\infty}\frac{|f(\zeta)|}{|\zeta-z_0|}\left|\frac{\zeta-z_0}{z-z_0}\right|^n\right]ds$$

$$\leqslant\frac{1}{2\pi}\cdot\sum_{n=N}^{\infty}\frac{M_1}{r}q^n\cdot 2\pi r=\frac{M_1q^N}{1-q}.$$

因为 $\lim_{N\to\infty}q^N=0$，所以 $\lim_{N\to\infty}R_N(z)=0$ 在 K_1 的外部成立. 从而有

$$\frac{1}{2\pi i}\oint_{K_1}\frac{f(\zeta)}{\zeta-z}d\zeta=\sum_{n=1}^{\infty}c_{-n}(z-z_0)^{-n}$$

其中

$$c_{-n}=\frac{1}{2\pi i}\oint_{K_1}\frac{f(\zeta)}{(\zeta-z_0)^{-n+1}}d\zeta.\ (n=1,2,\cdots).$$

综上所述，我们有

$$f(z)=\sum_{n=0}^{\infty}c_n(z-z_0)^n+\sum_{n=1}^{\infty}c_{-n}(z-z_0)^{-n}.$$

如果在圆环域内取绕 z_0 的任何一条正向简单闭曲线 C，那么根据闭路变形原理，有

$$f(z)=\sum_{n=-\infty}^{+\infty}c_n(z-z_0)^n$$

其中

$$c_n=\frac{1}{2\pi i}\oint_C\frac{f(\zeta)}{(\zeta-z_0)^{n+1}}d\zeta,(n=0,\pm1,\pm2,\cdots).$$

式（4-18）称为函数 $f(z)$ 在以 z_0 为中心的圆环域：$R_1<|z-z_0|<R_2$ 内的洛朗展开式，它右端的级数称为 $f(z)$ 在此圆环域内的洛朗级数．我们称正幂项部分 $\sum\limits_{n=0}^{+\infty}c_n(z-z_0)^n$ 为 $f(z)$ 的解析部分，而称负幂项部分 $\sum\limits_{n=-1}^{-\infty}c_n(z-z_0)^n$ 为其主要部分．

注：将在 z_0 不解析，但在 z_0 的去心邻域内解析的函数 $f(z)$ 展开成幂级数，就是将其展开为洛朗级数．

另外，一个在某圆环域内解析的函数展开为含有正，负幂项的级数是唯一的，这个级数就是 $f(z)$ 的洛朗级数．

事实上，不管使用什么方法，假定 $f(z)$ 在圆环域 $R_1<|z-z_0|<R_2$ 内已展开成了正、负幂项组成的级数

$$f(z)=\sum_{n=-\infty}^{+\infty}c_n(z-z_0)^n.$$

设 C 为圆环域内绕 z_0 的任何一条正向简单闭曲线，ζ 为 C 上任一点．那么

$$f(\zeta)=\sum_{n=-\infty}^{+\infty}c_n(\zeta-z_0)^n.$$

用 $(\zeta-z_0)^{-p-1}$ 去乘上式两边，这里 p 为任一整数，并沿 C 积分，得

$$\oint_C\frac{f(\zeta)}{(\zeta-z_0)^{p+1}}d\zeta=\sum_{n=-\infty}^{+\infty}c_n\oint_C(\zeta-z_0)^{n-p-1}d\zeta=2\pi ic_p,$$

其中，利用柯西—古萨定理、柯西积分公式和高阶导公式，有

$$\oint_C(\zeta-z_0)^{n-p-1}d\zeta=\begin{cases}0, & n-p-1\geqslant0\\2\pi i, & n-p-1=-1\\0, & n-p-1\leqslant-1\end{cases}$$

从而

$$c_p=\frac{1}{2\pi i}\oint_C\frac{f(\zeta)}{(\zeta-z_0)^{p+1}}d\zeta,\quad(p=0,\pm1,\pm2,\cdots).$$

这正是洛朗展开式中的系数．

上面的定理给出了将一个在圆环域内解析的函数展开成洛朗级数的一般方法．但缺点是系数 c_n 的计算往往很麻烦．如果我们根据由正、负整次幂项组成的级数的唯一性，可以用别的方法进行求解，类似于泰勒级数的间接展开法，如变量代换，逐项求导和逐项积分等方法就会简便得多．我们通过例题去感受一下如何在解析圆环上将函数展开为洛朗级数．

【例 4-21】 分别在以 $z=1$ 和 $z=2$ 为圆心形成的解析圆环内将函数 $f(z)=\dfrac{1}{(z-1)(z-2)}$ 展开成洛朗级数．

解 (1) 对于 $z=1$，存在两个解析圆环，分别为：(i) $0<|z-1|<1$；(ii) $|z-1|>1$.

$f(z)$ 在 $z=1$ 的解析圆环里展开的幂级数通式应为 $\sum\limits_{n=-\infty}^{+\infty}c_n(z-1)^n$．由于 $f(z)$ 的表达式中含

有 $z-1$ 项，根据幂级数的运算性质，只需对 $z-2$ 进行处理即可．

(i) 在 $0<|z-1|<1$ 内，

$$f(z)=\frac{1}{z-1}\cdot\frac{1}{z-2}=-\frac{1}{z-1}\cdot\frac{1}{1-(z-1)}$$
$$=-\frac{1}{z-1}[1+(z-1)+(z-1)^2+(z-1)^3+\cdots]$$
$$=-\frac{1}{z-1}-1-(z-1)-(z-1)^2-\cdots$$

这个洛朗展开式里含有有限多的负幂项和无穷多的正幂项．

(ii) 在 $|z-1|>1$ 内，有 $\left|\frac{1}{z-1}\right|<1$，因此有

$$f(z)=\frac{1}{z-1}\cdot\frac{1}{(z-1)-1}=\frac{1}{(z-1)^2}\cdot\frac{1}{1-\frac{1}{z-1}}$$
$$=\frac{1}{(z-1)^2}\left[1+\frac{1}{z-1}+\frac{1}{(z-1)^2}+\cdots\right]$$
$$=\frac{1}{(z-1)^2}+\frac{1}{(z-1)^3}+\frac{1}{(z-1)^4}+\cdots$$

这个幂级数是由无穷多的负幂项构成的．

(2) 对于 $z=2$，也存在两个解析圆环，分别为：(iii) $0<|z-2|<1$；(iv) $|z-2|>1$.

$f(z)$ 在 $z=2$ 的解析圆环里展开的幂级数通式应为 $\sum\limits_{n=-\infty}^{+\infty}c_n(z-2)^n$. 由于 $f(z)$ 的表达式中含有 $z-2$ 项，根据幂级数的运算性质，只需对 $z-1$ 进行处理即可．

(iii) 在 $0<|z-2|<1$ 内，

$$f(z)=\frac{1}{z-2}\cdot\frac{1}{z-1}=\frac{1}{z-2}\cdot\frac{1}{1+(z-2)}$$
$$=\frac{1}{z-2}[1-(z-2)+(z-2)^2-(z-2)^3+\cdots]$$
$$=\frac{1}{z-2}-1+(z-2)-(z-2)^2+\cdots$$

这个洛朗展开式里也是含有有限多的负幂项和无穷多的正幂项．

(iv) 在 $|z-2|>1$ 内，有 $\left|\frac{1}{z-2}\right|<1$，因此有

$$f(z)=\frac{1}{z-2}\cdot\frac{1}{(z-2)+1}=\frac{1}{(z-2)^2}\cdot\frac{1}{1+\frac{1}{z-2}}$$
$$=\frac{1}{(z-2)^2}\left[1-\frac{1}{z-2}+\frac{1}{(z-2)^2}-\cdots\right]$$
$$=\frac{1}{(z-2)^2}-\frac{1}{(z-1)^3}+\frac{1}{(z-1)^4}-\cdots$$

这个幂级数是由无穷多的负幂项构成的．

此例子说明：同一函数在不同的圆环内的洛朗展式可能不同．

读者可试着在以 $z=0$ 为圆心形成的解析圆环内将函数展开成洛朗级数，并观察解析圆

环及幂级数的特点．

将函数 $f(z)$ 在解析圆环上展开为洛朗级数需要注意以下几点：

(1) 确定解析圆环的圆心 $z=z_0$．这里 $z=z_0$ 对函数 $f(z)$ 来说可能是解析点，也可能是它的奇点．

(2) 确定函数 $f(z)$ 所有的奇点，按照与 z_0 距离的远近分别记为 $z_1,z_2,\cdots,z_n$．设 $R_k=|z_k-z_0|$ $(k=0,1,2,\cdots,n)$．则 $R_k<|z-z_0|<R_{k+1}$ $(k=0,1,2,\cdots,n)$ 构成 $f(z)$ 的解析圆环，其中 R_k 和 R_{k+1} 为 $f(z)$ 相邻的奇点 z_k 与 z_{k+1} 同 z_0 的距离．这些解析圆环为同心圆环，互不相交，互不包含，半径由小及大，逐渐增大到 $+\infty$．

(3) 确定展开的通式为 $f(z)=\sum\limits_{n=-\infty}^{+\infty}c_n(z-z_0)^n$．对于 $f(z)$ 中已有的 $z-z_0$ 项予以保留，需要将其他项中所含变量 z 处理为 $z-z_0$．再利用已知展开式在收敛范围内使用适当的方法展开为洛朗级数．

注：解析圆环的圆心未必为奇点．但奇点一定在解析圆环的圆周上．

【例 4-22】 将 $f(z)=\dfrac{e^z}{(z-i)^8}$ 在圆环域 $0<|z-i|<+\infty$ 内展开为洛朗级数．

解 因为 $f(z)$ 的洛朗级数的项应是 $z-i$ 的幂函数，所以 $f(z)$ 应先化为以下的形式

$$f(z)=\frac{e^z}{(z-i)^8}=\frac{e^{i+(z-i)}}{(z-i)^8}=\frac{e^i e^{z-i}}{(z-i)^8}$$

利用

$$e^{z-i}=1+(z-i)+\frac{(z-i)^2}{2!}+\frac{(z-i)^3}{3!}+\cdots\quad(|z-i|<+\infty)$$

得

$$\begin{aligned}f(z)&=\frac{e^i}{(z-i)^8}\cdot\left[1+(z-i)+\frac{(z-i)^2}{2!}+\frac{(z-i)^3}{3!}+\cdots\right]\\&=e^i\left[\frac{1}{(z-i)^8}+\frac{1}{(z-i)^7}+\frac{1}{2!(z-i)^6}+\cdots\right]\\&=e^i\sum_{n=0}^{\infty}\frac{(z-i)^{n-8}}{n!}\quad 0<|z-i|<+\infty.\end{aligned}$$

洛朗级数与泰勒级数的关系：

当已给函数 $f(z)$ 在点 z_0 处解析时，取 z_0 为圆心，半径由 z_0 到函数 $f(z)$ 的最近奇点的距离构成，这个圆可以看成圆环域的特殊情形，在其中也可作出洛朗级数展开式．根据柯西积分定理，可以看出这个展式的所有系数 $c_{-n}(n=1,2,\cdots)$ 都等于零，在此情形下，计算洛朗级数的系数公式与泰勒级数的系数公式（积分形式）无异，所以洛朗级数就转化为泰勒级数，因此，泰勒级数是洛朗级数的特殊情形．

洛朗级数在计算沿封闭路线积分中也有着重要应用．在公式（4-19）中，令 $n=-1$，得

$$c_{-1}=\frac{1}{2\pi i}\oint_C f(z)\mathrm{d}z\quad 或\quad \oint_C f(z)\mathrm{d}z=2\pi i c_{-1}\tag{4-20}$$

其中 C 为圆环域 $R_1<|z-z_0|<R_2$ 内的任何一条绕 z_0 的正向简单闭曲线，$f(z)$ 在此圆环域内解析．从式（4-20）可以看出，计算积分可以转化为求被积函数的洛朗展开式中的 $z-z_0$ 的负一次幂的系数 c_{-1}．通过例题体会一下．

【例 4 - 23】　求积分 $\oint_{|z|=3}\frac{1}{z(z+1)(z+4)}\mathrm{d}z$ 的值．

解　在第 3 章中我们给出了积分的求解方法，这里使用洛朗级数进行求解．

对于被积函数 $f(z)=\frac{1}{z(z+1)(z+4)}$，$z=0$、$z=-1$ 和 $z=-4$ 是它的奇点，对应存在九个解析圆环．观察到闭曲线 $|z|=3$ 是以 $z=0$ 为圆心的，并存在于解析圆环 $1<|z|<4$ 内的闭曲线，因此将函数 $f(z)$ 在此圆环上展开为洛朗级数．

$$f(z)=\frac{1}{4z}-\frac{1}{3(z+1)}+\frac{1}{12(z+4)}=\frac{1}{4z}-\frac{1}{3z\left(1+\frac{1}{z}\right)}+\frac{1}{48\left(1+\frac{z}{4}\right)}$$

$$=\frac{1}{4z}-\frac{1}{3z}+\frac{1}{3z^2}-\cdots+\frac{1}{48}\left(1-\frac{z}{4}+\frac{z^2}{16}-\cdots\right).$$

可以看出 $c_{-1}=\frac{1}{4}-\frac{1}{3}=-\frac{1}{12}$，从而

$$\oint_{|z|=3}\frac{1}{z(z+1)(z+4)}\mathrm{d}z=2\pi i\left(-\frac{1}{12}\right)=-\frac{\pi i}{6}.$$

利用函数 $f(z)$ 在解析圆环上展开为洛朗级数来计算闭曲线 C：$|z-z_0|=R$ 上积分的步骤：

（1）确定闭曲线 C：$|z-z_0|=R$ 的圆心 $z=z_0$．这里 $z=z_0$ 对被积函数 $f(z)$ 来说可能是解析点，也可能是它的奇点．

（2）确定被积函数 $f(z)$ 所有以 $z=z_0$ 为圆心的解析圆环 $R_k<|z-z_0|<R_{k+1}$．

（3）确定闭曲线 C：$|z-z_0|=R$ 所在的解析圆环 $R_k<|z-z_0|<R_{k+1}$．

（4）确定解析圆环展开的通式为 $f(z)=\sum_{n=-\infty}^{+\infty}c_n(z-z_0)^n$．在 $R_k<|z-z_0|<R_{k+1}$ 内使用适当的方法将 $f(z)$ 展开为洛朗级数．

（5）取洛朗展开式中 $z-z_0$ 的负一次幂的系数 c_{-1} 乘以 $2\pi i$，即为所求积分的值．

本章小结

本章将实变函数中的级数运算推广到复变函数中的级数的求解，研究了复变函数的幂级数和洛朗级数，表述了幂级数与解析函数的密切关系：幂级数在一定区域内收敛于一个解析函数；反之，一个解析函数在其解析点的邻域内能展开成幂级数．洛朗级数是幂级数的推广，幂级数是洛朗级数的特殊情况．洛朗级数是由一个幂级数和一个只含有负幂项的级数相加而成．因此，洛朗级数的性质可由幂级数的性质导出．洛朗级数的和函数为圆环域内的解析函数，而圆环域内的解析函数展开成洛朗级数与幂级数方法相似．

一、知识要点

1．复数列

通过实数列讨论了复数列收敛的定义及收敛的判别法.

2．复数项级数

利用实数项级数敛散性的判别法给出了复数项级数的敛散性判别法.

3. 幂级数

Abel 定理给出了幂级数收敛范围及收敛半径的求解方法.

(1) 比值法 若 $\lim\limits_{n\to\infty}\left|\frac{c_{n+1}}{c_n}\right|=\lambda$，则幂级数 $\sum\limits_{n=0}^{\infty}c_n(z-z_0)^n$ 或幂级数 $\sum\limits_{n=0}^{\infty}c_nz^n$ 的收敛半径 $R=\frac{1}{\lambda}$，或 $R=\lim\limits_{n\to\infty}\left|\frac{c_n}{c_{n+1}}\right|$.

(2) 根值法 若 $\lim\limits_{n\to\infty}\sqrt[n]{|c_n|}=\lambda$，则幂级数 $\sum\limits_{n=0}^{\infty}c_n(z-z_0)^n$ 或幂级数 $\sum\limits_{n=0}^{\infty}c_nz^n$ 的收敛半径 $R=\frac{1}{\lambda}$.

复变量级数在收敛圆周上的情况比较复杂，有可能收敛，也有可能发散，要根据级数的情况进行具体分析. 像实变幂级数一样，复变幂级数也能进行有理运算. 它的和函数 $f(z)=\sum\limits_{n=0}^{\infty}c_n(z-z_0)^n$ 是收敛圆 $|z-z_0|<R$ 内的解析函数，在收敛圆内可逐项求导、逐项积分.

4. 泰勒级数

设 $f(z)$ 在区域 D 内解析，$z_0\in D$，对于任意圆周 C：$|z-z_0|=R$，只要其内部 $|z-z_0|<R$ 含于 D，则 $f(z)$ 在 C 内能展开成幂级数

$$f(z)=\sum_{n=0}^{\infty}c_n(z-a)^n$$

其中系数
$$c_n=\frac{1}{2\pi i}\oint_K\frac{f(\zeta)}{(\zeta-z_0)^{n+1}}\mathrm{d}\zeta=\frac{f^{(n)}(z_0)}{n!}$$
$$(K:|\zeta-z_0|=r,n=0,1,2,\cdots)$$

且展开式是唯一的.

解析函数展开为幂级数的方法如下.

(1) 直接展开法：计算级数的系数 $c_n=\frac{f^n(z_0)}{n!},n=0,1,2,\cdots$，即计算函数 $f(z)$ 在 z_0 点的各阶的导数值. 这是一个最基本也最直接的方法.

(2) 间接展开法：根据函数的幂级数展开式的唯一性，利用一些已知的函数的幂级数展开式，再通过对幂级数进行变量代换、四则运算和分析运算（逐项求导，逐项积分）等方法求出所给函数的幂级数展开式. 为此必须掌握一些基本函数（如 $\frac{1}{1-z},\frac{1}{1+z},e^z,\sin z,\cos z$ 等）的幂级数展开式. 间接展开法包括变量代换法、运算性质法、分析性质法、待定系数法等.

5. 洛朗级数

设函数 $f(z)$ 在圆环域 $D:R_1<|z-z_0|<R_2(0\leqslant R_1<R_2\leqslant+\infty)$ 内解析，那么在 D 内

$$f(z)=\sum_{n=-\infty}^{+\infty}c_n(z-z_0)^n$$

其中
$$c_n=\frac{1}{2\pi i}\oint_C\frac{f(\zeta)}{(\zeta-z_0)^{n+1}}\mathrm{d}\zeta.\ (n=0,\pm1,\pm2,\cdots).$$

这里 C 为在圆环域内绕 z_0 的任何一条正向简单闭曲线.

类似于泰勒级数的间接展开法，如变量代换，逐项求导和逐项积分等方法在解析圆环上将函数展开为洛朗级数.

洛朗级数在积分计算中的应用：

$$\oint_C f(z)\mathrm{d}z = 2\pi i c_{-1}$$

其中 C 为圆环域 $R_1 < |z - z_0| < R_2$ 内的任何一条绕 z_0 的正向简单闭曲线，$f(z)$ 在此圆环域内解析. c_{-1} 为 $f(z)$ 在此圆环域内洛朗展式中 $(z-z_0)^{-1}$ 的系数.

二、基本要求和重点、难点分析

1. 复数列

了解复数列的极限概念，掌握复数列收敛的充要条件，会求复数列的极限.

2. 复数项级数

理解复数项级数收敛、发散、绝对收敛与条件收敛的概念与性质，掌握复数项级数收敛与绝对收敛的充要条件，会判别复数项级数的敛散性.

3. 幂级数

熟悉幂级数的概念，理解阿贝尔定理，掌握幂级数收敛半径与收敛圆的求法，对个别幂级数会判别收敛圆周上特殊点处的敛散性，掌握幂级数的运算与性质.

4. 泰勒级数

理解泰勒展开定理，熟练掌握 $\dfrac{1}{1-z}, \dfrac{1}{1+z}, \mathrm{e}^z, \sin z, \cos z, \ln(1+z), (1+z)^\alpha$ 的泰勒展开式，掌握函数展开成泰勒级数的方法，能比较熟练地把一些解析函数在解析圆内展开成泰勒级数.

5. 洛朗级数

熟悉双边幂级数的概念与性质，理解洛朗展开定理，会求解析圆环域，掌握函数展开成洛朗级数的方法，能熟练地把一些解析函数在解析圆环上展开为洛朗级数. 了解用洛朗级数计算积分的方法.

本章的重点：理解级数收敛、发散与绝对收敛的概念，了解幂级数的收敛范围及其收敛圆内的性质、相关运算，会求简单的解析函数的幂级数展开式.

本章的难点：确定解析圆环，将函数展开为洛朗级数，用洛朗级数计算积分.

习题 4

一、填空题

1. 级数 $1 + z + \dfrac{z^2}{2!} + \cdots + \dfrac{z^n}{n!} + \cdots$ 的收敛圆为________.

2. 级数 $\sum\limits_{n=1}^{\infty}(-3)^n z^n$ 的收敛半径 $R =$ ________.

3. 设幂级数 $\sum\limits_{n=0}^{\infty} c_n z^n$ 与 $\sum\limits_{n=0}^{\infty}[\mathrm{Re}(c_n)]z^n$ 的收敛半径分别为 R_1 和 R_2，那么 R_1 和 R_2 的关系为________.

4. 函数 $f(z) = \dfrac{z^2+1}{z(z-1)}$ 在奇点 $z=0$ 附近的洛朗级数的收敛圆环域为________.

5. 设 $\sum_{n=-\infty}^{+\infty} c_n (z-a)^n$ 为函数 $f(z)$ 在点 a 的洛朗级数，称________为该级数的主要部分.

6. 洛朗级数 $\sum_{n=1}^{\infty} \frac{1}{(2z)^n} + \sum_{n=0}^{\infty} z^{2n}$ 的收敛域是________.

二、单项选择题

1. 设 $a_n = \frac{(-1)^n + ni}{n+4} (n=1,2,\cdots)$，则 $\lim\limits_{n\to\infty} a_n$（　　）.

(A) 等于 0；　(B) 等于 1；　(C) 等于 i；　(D) 不存在.

2. 下列级数中，条件收敛的级数为（　　）.

(A) $\sum_{n=1}^{\infty} \left(\frac{1+3i}{2}\right)^n$；　(B) $\sum_{n=1}^{\infty} \frac{(3+4i)^n}{n!}$；　(C) $\sum_{n=1}^{\infty} \frac{i^n}{n}$；　(D) $\sum_{n=1}^{\infty} \frac{(-1)^n + i}{\sqrt{n+1}}$.

3. 若幂级数 $\sum_{n=0}^{\infty} c_n z^n$ 在 $z=1+2i$ 处收敛，那么该级数在 $z=2$ 处的敛散性为（　　）.

(A) 绝对收敛；　(B) 条件收敛；　(C) 发散；　(D) 不能确定.

4. 设幂级数 $\sum_{n=0}^{\infty} c_n z^n$，$\sum_{n=0}^{\infty} nc_n z^{n-1}$ 和 $\sum_{n=0}^{\infty} \frac{c_n}{n+1} z^{n+1}$ 的收敛半径分别为 R_1，R_2，R_3，则 R_1，R_2，R_3 之间的关系是（　　）.

(A) $R_1 < R_2 < R_3$；　(B) $R_1 > R_2 > R_3$；

(C) $R_1 = R_2 < R_3$；　(D) $R_1 = R_2 = R_3$.

5. 幂级数 $\sum_{n=0}^{\infty} \frac{(-1)^n}{n+1} z^{n+1}$ 在 $|z|<1$ 内的和函数为（　　）.

(A) $\ln(1+z)$；　(B) $\ln(1-z)$；　(C) $\ln \frac{1}{1+z}$；　(D) $\ln \frac{1}{1-z}$.

6. 函数 $\frac{1}{z^2}$ 在 $z=-1$ 处的泰勒展开式为（　　）.

(A) $\sum_{n=1}^{\infty} (-1)^n n (z+1)^{n-1}$ $(|z+1|<1)$；　(B) $\sum_{n=1}^{\infty} (-1)^{n-1} n (z+1)^{n-1}$ $(|z+1|<1)$；

(C) $-\sum_{n=1}^{\infty} n (z+1)^{n-1}$ $(|z+1|<1)$；　(D) $\sum_{n=1}^{\infty} n (z+1)^{n-1}$ $(|z+1|<1)$.

7. 对于复数项级数 $\sum_{n=0}^{\infty} \frac{(3+4i)^n}{6^n}$，以下命题正确的是（　　）.

(A) 级数是条件收敛的；　(B) 级数是绝对收敛的；

(C) 级数的和为∞；　(D) 级数的和不存在，也不为∞.

8. 级数 $\sum_{n=0}^{\infty} (-i)^n$ 的和为（　　）.

(A) 0；　(B) 不存在；　(C) i；　(D) $-i$.

9. 幂级数 $\sum_{n=0}^{\infty} z^n$ 的收敛半径等于（　　）.

(A) 0；　(B) 1；　(C) 2；　(D) 3.

10. 设 C 为正向圆周 $x^2+y^2-2x=0$，则 $\oint_C \frac{\sin\left(\frac{\pi}{4}z\right)}{z^2-1} dz =$（　　）.

(A) $\frac{\sqrt{2}}{2}\pi i$；　(B) $\sqrt{2}\pi i$；　(C) 0；　(D) $-\frac{\sqrt{2}}{2}\pi i$.

三、判断题

1. 由 $\lim\limits_{n\to\infty}\alpha_n=0$，可推出复数项级数 $\sum\limits_{n=1}^{\infty}\alpha_n$ 收敛.（　）

2. 如果级数 $\sum\limits_{n=1}^{\infty}|\alpha_n|$，则 $\sum\limits_{n=1}^{\infty}\alpha_n$ 绝对收敛.（　）

3. 幂级数在收敛圆周上也是处处收敛的.（　）

4. 任何解析函数展开成幂级数的结果就是泰勒级数，而且是唯一的.（　）

5. 函数 $f(z)$ 在 z_0 解析跟 $f(z)$ 在 z_0 的邻域内可以展开成幂级数 $\sum\limits_{n=0}^{\infty}c_n(z-a)^n$ 是不等价的说法.（　）

6. 幂级数 $\sum\limits_{n=0}^{\infty}c_n(z-a)^n$ 在收敛圆 $|z-z_0|<R$ 内的和函数是解析函数.（　）

7. 由洛朗展开式的唯一性可知，在以 z_0 为中心的不同圆环域中的洛朗展开式是相同的.（　）

8. 将函数 $f(z)$ 展开为洛朗展开式中的解析圆环的圆心一定是不解析点.（　）

四、计算题

1. 判别下列级数的敛散性，若收敛，指出绝对收敛还是条件收敛.

(1) $\sum\limits_{n=1}^{\infty}\left(\frac{1}{n}+\frac{1}{2^n}\right)$；　(2) $\sum\limits_{n=1}^{\infty}\frac{n}{(2i)^n}$；　(3) $\sum\limits_{n=1}^{\infty}\frac{n\sin in}{3^n}$；　(4) $\sum\limits_{n=1}^{\infty}\frac{e^{in\pi}}{n}$.

2. 试求下列幂级数的收敛半径 R.

(1) $\sum\limits_{n=1}^{\infty}\frac{n^n}{n!}z^n$；　(2) $\sum\limits_{n=0}^{\infty}[(-1)^n+2]^n z^n$.　(3) $\sum\limits_{n=1}^{\infty}\frac{1+(-1)^n}{2^n}z^n$.

3. 求幂级数 $\sum\limits_{n=0}^{\infty}(n+1)(z-3)^{n+1}$ 的收敛半径、收敛圆及和函数.

4. 设级数 $\sum\limits_{n=0}^{\infty}2^n c_n$ 收敛，而 $\sum\limits_{n=0}^{\infty}2^n|c_n|$ 发散，证明幂级数 $\sum\limits_{n=0}^{\infty}c_n z^n$ 的收敛半径为 2.

5. 试求满足微分方程 $f'(z)=zf(z)$ 的中心为 0 的幂级数，并求其收敛半径.

6. 将 $f(z)=\frac{1}{(1+z)^2}$ 运用 $(1+z)^2f(z)=1$ 的关系，展开为以 0 为中心的幂级数，再求其收敛半径.

五、解答题

1. 将下列函数展成 z 的幂级数.

(1) $\frac{4z^2+30z+68}{(z+4)^2(z-2)}$（提示：分解成部分分式）；

(2) $\frac{e^{z^2}}{\cos z}$（提示：用除法或待定系数法）；

(3) $\frac{1}{1-z^6}$.

2. 求函数 $f(z)=\dfrac{1}{z-2}$ 在 $z=-1$ 的邻域内的泰勒展式，并指出其收敛半径.

3. 把下列各函数展开成 $z-a$ 的幂级数.

(1) $\dfrac{1}{4-3z}, a=1+i$； (2) $\dfrac{2-3z}{2z^2-3z+1}, a=-1$［提示：分解成部分分式］.

4. 求函数 $f(z)=\dfrac{1}{1-z}e^z$ 在适当圆环内的洛朗展式.

5. 以 z_0 为展开中心，把下列各函数展开成洛朗级数（包括泰勒级数作为它的特殊情形），并指出展开式成立的区域.

(1) $\dfrac{1}{z^4}, z_0=1$； (2) $\dfrac{1}{z^2+1}, z_0=i$ (3) $\dfrac{4z-1}{z^4-1}, z_0=0$.

六、证明题

设复数 $z_1, z_2, \cdots z_n, \cdots$ 全部位于半平面 $\mathrm{Re}z\geqslant 0$ 上，且级数 $\sum\limits_{n=1}^{\infty} z_n$ 和 $\sum\limits_{n=1}^{\infty} z_n^2$ 都收敛，证明级数 $\sum\limits_{n=1}^{\infty} |z_n|^2$ 也收敛.

第5章 留　　数

本章是第3章柯西积分理论的继续．先以洛朗级数为工具，对解析函数的孤立奇点进行分类，研究解析函数在孤立奇点的性质，然后引入留数概念和留数定理，给出计算留数的方法．本章的中心问题是留数定理，我们可以看到柯西—古萨基本定理、柯西积分公式都是留数定理的特殊情况．应用留数理论可以把计算沿闭曲线的积分问题转化为计算在孤立奇点处的留数．利用留数理论还可以解决高等数学中的一些难以计算的定积分问题，所以留数理论在复变函数及实际应用中都有十分重要的意义．

§5.1　解析函数的孤立奇点

在第4章的学习中，我们将在圆环内解析的函数展开为洛朗级数．例如 $f(z)=\dfrac{1}{z-1}$ 在圆环域 $0<|z-1|<+\infty$ 内解析，可以将其展开为洛朗级数．在这里 $z=1$ 为 $f(z)=\dfrac{1}{z-1}$ 的奇点，而 $0<|z-1|<+\infty$ 恰好为 $z=1$ 的去心邻域．由此我们得到一个关于奇点的新定义．

定义 5.1　z_0 为 $f(z)$ 的奇点，若 $f(z)$ 在点 z_0 的某去心邻域 $K:0<|z-z_0|<R$ 内解析，则称 z_0 为 $f(z)$ 的孤立奇点．

上面提到的 $z=1$ 即为 $f(z)=\dfrac{1}{z-1}$ 的孤立奇点．但并不是所有奇点都是孤立的．

【例 5-1】　判断 $z=0$ 是否为函数 $f(z)=\dfrac{1}{\sin\frac{1}{z}}$ 的孤立奇点.

解　$z=0$ 是函数 $f(z)=\dfrac{1}{\sin\frac{1}{z}}$ 的一个奇点，同时 $\dfrac{1}{z}=n\pi$ 或 $z=\dfrac{1}{n\pi}$ $(n=\pm1,\pm2,\pm3,\cdots)$ 也都是它的奇点．当 n 的绝对值逐渐增大时，$\dfrac{1}{n\pi}$ 可任意接近 $z=0$．也就是说，在 $z=0$ 的任意小的邻域内总存在 $f(z)$ 的其他奇点．所以 $z=0$ 不是 $f(z)=\dfrac{1}{\sin\frac{1}{z}}$ 孤立奇点．

孤立奇点是奇点中最简单、最重要的情形．由第4章中的洛朗定理有，若 z_0 为 $f(z)$ 的孤立奇点，则 $f(z)$ 在点 z_0 的某去心邻域 $K:0<|z-z_0|<R$ 内可以展开为洛朗级数 $f(z)=\sum\limits_{n=-\infty}^{+\infty}c_n(z-z_0)^n$，$\sum\limits_{n=-\infty}^{-1}c_n(z-z_0)^n$ 为 $f(z)$ 在点 z_0 的主要部分．函数 $f(z)$ 在孤立奇点 z_0 的奇异性质全体现在洛朗级数的负幂部分，这也是称这部分为主要部分的原因．下面就依据“主要部分”对孤立奇点进行分类．

1. 可去奇点

定义 5.2 设点 z_0 为函数 $f(z)$ 的孤立奇点．若 $f(z)$ 在点 z_0 的洛朗级数的主要部分为零，即 Laurent 展式为

$$c_0 + c_1(z-z_0) + c_2(z-z_0)^2 + \cdots$$

则称点 z_0 为 $f(z)$ 的可去奇点．

显然，如果 z_0 为 $f(z)$ 的可去奇点，那么 $f(z)$ 在 z_0 的某一去心邻域 $0<|z-z_0|<R$ 内的洛朗级数实际上就是一个普通的幂级数．设这个幂级数的和函数为 $F(z)$ 的话，我们会发现当 $z\neq z_0$ 时，$F(z)=f(z)$；当 $z=z_0$ 时，

$$\lim_{z\to z_0} f(z) = \lim_{z\to z_0} F(z) = F(z_0) = c_0$$

因此无论 $f(z)$ 在 z_0 是否有定义，都可以令 $f(z_0)=c_0$，从而在 $0<|z-z_0|<R$ 内就有

$$f(z) = c_0 + c_1(z-z_0) + c_2(z-z_0)^2 + \cdots$$

使得函数 $f(z)$ 在 z_0 成为解析的了．因此以后再谈到可去奇点时，可以把它当作解析点看待. 由此我们也得到了可去奇点的判别方法：

方法 1 若点 z_0 为函数 $f(z)$ 的孤立奇点，则有 $\lim\limits_{z\to z_0} f(z) = c_0$．

方法 2 若点 z_0 为函数 $f(z)$ 的孤立奇点，则 $f(z)$ 在 z_0 点的某去心邻域 $0<|z-z_0|<\delta$ 内有界．

例如，$z=0$ 是 $\dfrac{\sin z}{z}$ 的可去奇点．因为这个函数在 $z=0$ 的去心邻域展开的洛朗级数为

$$\frac{\sin z}{z} = \frac{1}{z}\left(z - \frac{1}{3!}z^3 + \frac{1}{5!}z^5 - \cdots\right) = 1 - \frac{1}{3!}z^2 + \frac{1}{5!}z^4 - \cdots.$$

这里 $\lim\limits_{z\to 0}\dfrac{\sin z}{z}=1$．且在 $0<|z|<\delta$ 内，有 $\left|\dfrac{\sin z}{z}\right|<1$．如果约定 $\dfrac{\sin z}{z}$ 在 $z=0$ 的值为 1，那么 $\dfrac{\sin z}{z}$ 在 $z=0$ 就成为解析的了.

2. 极点

定义 5.3 设点 z_0 为函数 $f(z)$ 的孤立奇点．若 $f(z)$ 在点 z_0 的洛朗级数的主要部分有有限多项，即洛朗级数中只有有限多个 $z-z_0$ 的负幂项，且其中关于 $(z-z_0)^{-1}$ 的最高幂项为 $(z-z_0)^{-m}$

$$f(z) = \frac{c_{-m}}{(z-z_0)^m} + \frac{c_{-(m-1)}}{(z-z_0)^{m-1}} + \cdots + \frac{c_{-1}}{z-z_0} + c_0 + c_1(z-z_0) + \cdots, \quad c_{-m}\neq 0 \tag{5-1}$$

则称点 z_0 为 $f(z)$ 的 m 级（阶）极点．

而式（5-1）又可以写成

$$f(z) = \frac{1}{(z-z_0)^m} g(z) \tag{5-2}$$

其中 $g(z) = c_{-m} + c_{-m+1}(z-z_0) + c_{-m+2}(z-z_0)^2 + \cdots$，在 $|z-z_0|<\delta$ 内是解析函数，且 $g(z_0)\neq 0$．由此我们得到极点的判别方法：

方法 1 设点 z_0 为函数 $f(z)$ 的孤立奇点．若 $f(z)$ 在 z_0 点的去心邻域内能表示成 $f(z)=\dfrac{1}{(z-z_0)^m}g(z)$，其中 $g(z)$ 在 z_0 点解析，且 $g(z_0)\neq 0$，则称 z_0 点为 $f(z)$ 的 m 级

（阶）极点．

方法 2　设点 z_0 为函数 $f(z)$ 的孤立奇点．若 $\lim\limits_{z\to z_0} f(z)=\infty$，则称 z_0 点为 $f(z)$ 的极点．

方法 2 的优点是通过极限的求解能够快速、直接地得到奇点的类别．缺点是无法判断极点的级别．

方法 3　设点 z_0 为函数 $f(z)$ 的孤立奇点．若 $\lim\limits_{z\to z_0}(z-z_0)^m f(z)=c_{-m}\neq 0$，则称 z_0 点为 $f(z)$ 的 m 级（阶）极点．

例如 $z=0$ 是 $\dfrac{\sin z}{z^2}$ 的一级极点．因为这个函数在 $z=0$ 的去心邻域展开的洛朗级数为

$$\frac{\sin z}{z^2}=\frac{1}{z^2}\left(z-\frac{1}{3!}z^3+\frac{1}{5!}z^5-\cdots\right)=\frac{1}{z}\left(1-\frac{1}{3!}z^2+\frac{1}{5!}z^4-\cdots\right)$$

其中 $\varphi(z)=1-\dfrac{1}{3!}z^2+\dfrac{1}{5!}z^4-\cdots$，且 $\varphi(0)=1\neq 0$．而且有

$$\lim_{z\to 0} z^2\cdot\frac{\sin z}{z^2}=\lim_{z\to 0}\sin z=1\neq 0.$$

除了以上三种方法，我们还有一种好的办法来理解和判定函数的 m 级极点，那就是利用零点和极点之间的关系．

定义 5.4　不恒等于零的解析函数 $f(z)$ 若能表示成

$$f(z)=(z-z_0)^m\cdot\varphi(z) \tag{5-3}$$

其中 $\varphi(z)$ 在 z_0 处解析，且 $\varphi(z_0)\neq 0$，m 为某一正整数，那么称 z_0 是 $f(z)$ 的 m 级零点．

根据零点的定义，可以得出，若 $f(z)$ 在 z_0 解析，那么 z_0 为 $f(z)$ 的 m 级零点的充要条件是

$$f^{(n)}(z_0)=0(n=0,1,\cdots,m-1),f^{(m)}(z_0)\neq 0. \tag{5-4}$$

显然，若 z_0 为 $f(z)$ 的 m 级零点，那么 $f(z)=(z-z_0)^m\cdot\varphi(z)$．而 $\varphi(z)$ 在 z_0 处解析，且 $\varphi(z_0)\neq 0$，因此设 $\varphi(z)$ 在 z_0 的泰勒展开式为

$$\varphi(z)=c_0+c_1(z-z_0)+c_2(z-z_0)+\cdots$$

从而 $f(z)$ 在 z_0 的泰勒展开式为

$$f(z)=c_0(z-z_0)^m+c_1(z-z_0)^{m+1}+c_2(z-z_0)^{m+2}+\cdots. \tag{5-5}$$

式（5-5）表明，$f(z)$ 在 z_0 的泰勒展开式的前 m 项的系数均为零．由泰勒系数的计算公式可知，$f^{(n)}(z_0)=0\ (n=0,1,2,\cdots,m-1)$，而 $c_0=\dfrac{f^{(m)}(z_0)}{m!}\neq 0$．这就证明了 z_0 为 $f(z)$ 的 m 级零点的必要条件．充分性的证明比较简单，留给读者自己完成．

例如，$z=0$ 是 $f(z)=\sin z$ 一级零点，是 $g(z)=\sin^2 z$ 的二级零点．因

$$f'(0)=\cos z\big|_{z=0}=1\neq 0$$

而 $g'(0)=2\sin z\cos z\big|_{z=0}=0$，但 $g''(0)=2\cos^2 z-2\sin^2 z\big|_{z=0}=2\neq 0$．

顺便指出，由于 $f(z)=(z-z_0)^m\varphi(z)$ 中的 $\varphi(z)$ 在 z_0 解析，且 $\varphi(z_0)\neq 0$，因而它在 z_0 的邻域内不为 0，所以 $f(z)=(z-z_0)^m\varphi(z)$ 在 z_0 的去心邻域内不为零，只在 z_0 等于零．也就是说，一个不恒为零的解析函数的零点是孤立的．

那么函数的零点与极点有着怎样的关系呢？

定理 5.1　如果 z_0 是 $f(z)$ 的 m 级极点，那么 z_0 就是 $\dfrac{1}{f(z)}$ 的 m 级零点．反之亦然．

证 假设 z_0 是 $f(z)$ 的 m 级极点，根据定义，有

$$f(z)=\frac{1}{(z-z_0)^m}g(z)$$

其中 $g(z)$ 在 z_0 解析，且 $g(z_0)\neq 0$．所以当 $z\neq z_0$ 时，有

$$\frac{1}{f(z)}=(z-z_0)^m\cdot\frac{1}{g(z)}=(z-z_0)^m h(z)$$

由 $g(z)$ 的性质可知，函数 $h(z)$ 也在 z_0 解析，且 $h(z_0)\neq 0$．由于

$$\lim_{z\to z_0}\frac{1}{f(z)}=\lim_{z\to z_0}(z-z_0)^m h(z)=0$$

因此，只需令 $\frac{1}{f(z)}=0$，那么就有 z_0 就是 $\frac{1}{f(z)}$ 的 m 级零点．

反过来，如果 z_0 是 $\frac{1}{f(z)}$ 的 m 级零点，则会有

$$\frac{1}{f(z)}=(z-z_0)^m\psi(z).$$

而 $\psi(z)=\frac{1}{\varphi(z)}$ 在 z_0 解析，且 $\psi(z_0)\neq 0$，所以 z_0 是 $f(z)$ 的 m 级极点．

例如，$z=1$ 是 $(1-z)^2$ 的二级零点，是 $\frac{1}{(1-z)^2}$ 的二级极点．

3. 本性奇点

定义 5.5 设点 z_0 为函数 $f(z)$ 的孤立奇点．若 $f(z)$ 在点 z_0 的洛朗级数的主要部分有无限多项，即点 z_0 的洛朗级数中含无穷多个 $z-z_0$ 的负幂项，则称点 z_0 为 $f(z)$ 的本性奇点.

例如，$z=0$ 是 $\cos\frac{1}{z}$ 的本性奇点．因为在级数

$$\cos\frac{1}{z}=1-\frac{1}{2!z^2}+\frac{1}{4!z^4}-\cdots+(-1)^n\frac{1}{(2n)!z^{2n}}+\cdots$$

中含有无穷多个 z 的负幂项．

判别法 若 $f(z)$ 的孤立奇点 z_0 为本性奇点，则有 $\lim\limits_{z\to z_0}f(z)$ 不存在．

显然，若 z_0 为 $f(z)$ 的可去奇点，则有 $\lim\limits_{z\to z_0}f(z)=b\neq\infty$，若 z_0 为极点，$\lim\limits_{z\to z_0}f(z)=\infty$. 因此，当 z_0 为本性奇点时，就会有 $\lim\limits_{z\to z_0}f(z)$ 既不存在，也不为 ∞．

对于本性奇点，还有一个有趣的性质：如果 z_0 是函数 $f(z)$ 的本性奇点，那么对于任意给定的复数 A，总可以找到一个以 z_0 为极限的数列，当 z 沿着这个数列趋近于 z_0 的时候，对应 $f(z)$ 的值趋近于 A．例如，$z=0$ 是函数 $f(z)=e^{\frac{1}{z}}$ 的本性奇点，给定复数 $A=i$，我们把它写成 $i=e^{\left(\frac{\pi}{2}+2n\pi\right)i}$，那么要使 $e^{\frac{1}{z}}=i=e^{\left(\frac{\pi}{2}+2n\pi\right)i}$，只需取 $z_n=\frac{1}{\left(\frac{\pi}{2}+2n\pi\right)i}$. 显然，当 $n\to\infty$ 时，$z_n\to 0$，而 $e^{\frac{1}{z}}=i$．所以，当 z 沿着数列 $\{z_n\}$ 趋近于零的时候，$f(z)$ 的值趋近于 i．

【例 5 - 2】 求 $f(z)=\frac{5z+1}{(z-1)(2z+1)^2}$ 的奇点，并确定其类型．

解 $f(z)$ 的奇点为 $z=1$，$z=-\frac{1}{2}$，由于 $\frac{1}{f(z)}=\frac{(z-1)(2z+1)^2}{5z+1}$ 以 $z=1$ 为一级零点，以 $z=-\frac{1}{2}$ 为二级零点，故 $f(z)$ 以 $z=1$ 为一级极点，以 $z=-\frac{1}{2}$ 为二级极点.

【例 5-3】 设 $f(z)=5(1+e^z)^{-1}$，试求 $f(z)$ 在复平面上的奇点，并判定其类别.

解 通过解方程 $1+e^z=0$ 得 $f(z)$ 的奇点 $z_k=(2k+1)\pi i(k=0,\pm 1,\pm 2,\cdots)$，易知 z_k 为 $f(z)$ 的孤立奇点. 另外，因 $(1+e^z)\big|_{z=z_k}=0$，$(1+e^z)'\big|_{z=z_k}\neq 0$. 所以，由零点的定义知 z_k 为 $1+e^z$ 的一级零点. 从而知 $z_k(k=0,\pm 1,\pm 2,\cdots)$ 均为 $f(z)$ 的一级极点.

4. 解析函数在无穷远点的性态

到目前为止，我们讨论函数的解析性和它的孤立奇点时，都假定 z 为复平面的有限远点. 现在我们再考虑解析函数的孤立奇点时把无穷远点也放进去，这会产生许多便利.

定义 5.6 设函数 $f(z)$ 在无穷远点的邻域 $R<|z|<+\infty$（相当于有限点的去心邻域）内解析，则无穷远点就称为 $f(z)$ 的孤立奇点. 且 $f(z)$ 有洛朗展开式

$$f(z)=\sum_{n=-\infty}^{+\infty}c_nz^n \quad (R<|z|<+\infty)$$

$$c_n=\frac{1}{2\pi i}\oint_C\frac{f(\zeta)}{\zeta^{n+1}}d\zeta \quad (n=0,\pm 1,\pm 2,\cdots). \tag{5-6}$$

这里 C 为圆环域 $R<|z|<+\infty$ 内绕原点的任何一条正向简单闭曲线.

为了研究 $f(z)$ 在 $z=\infty$ 邻域内的性态，做变换 $t=\frac{1}{z}$，这个变换把扩充 z 平面上的无穷远点 $z=\infty$ 映射成扩充 t 平面上的点 $t=0$；把扩充 z 平面上每一个向无穷远点收敛的序列 $\{z_n\}$ 映射成扩充 t 平面上向零收敛的序列 $\left\{t_n=\frac{1}{z_n}\right\}$；同时把扩充 z 平面上的无穷远点 $z=\infty$ 的去心邻域 $R<|z|<+\infty$ 映射成扩充 t 平面上的原点的去心邻域 $0<|t|<\frac{1}{R}$，又

$$f(z)=f(\frac{1}{t})=\varphi(t).$$

显然，$\varphi(t)$ 在去心邻域 $0<|t|<\frac{1}{R}$ 内是解析的，所以 $t=0$ 是 $\varphi(t)$ 的孤立奇点. 这样，我们就可以把研究 $f(z)$ 在 $z=\infty$ 的去心邻域 $R<|z|<+\infty$ 的性态转化为研究 $\varphi(t)$ 在 $t=0$ 的去心邻域 $0<|t|<\frac{1}{R}$ 的性态. 而 $\varphi(t)$ 在 $t=0$ 的去心邻域 $0<|t|<\frac{1}{R}$ 的洛郎级数为

$$\varphi(t)=\sum_{n=1}^{\infty}c_{-n}t^n+c_0+\sum_{n=1}^{\infty}c_nt^{-n}.$$

我们规定：如果 $t=0$ 是 $\varphi(t)$ 的可去奇点、m 级极点或本性奇点，那么就称点 $z=\infty$ 是 $f(z)$ 的可去奇点、m 级极点或本性奇点.

比较 $f(z)$ 与 $\varphi(t)$ 的洛朗展开式，我们得到以下结论.

(1) $f(z)$ 的洛朗展开式中不含 z 的正幂项 $\Leftrightarrow z=\infty$ 为 $f(z)$ 的可去奇点，即

$$f(z)=\sum_{n=1}^{\infty}c_{-n}z^{-n};$$

(2) $f(z)$ 的洛朗展开式中含 z 的最高正幂项为 $z^m \Leftrightarrow z=\infty$ 为 $f(z)$ 的 m 级极点，即

$$f(z)=\sum_{n=1}^{\infty}c_{-n}z^{-n}+c_0+\sum_{n=1}^{m}c_nz^n\ ;$$

(3) $f(z)$ 的洛朗展开式中含有 z 的无穷多的正幂项 $\Leftrightarrow z=\infty$ 为 $f(z)$ 的本性奇点，即

$$f(z)=\sum_{n=1}^{\infty}c_{-n}z^{-n}+c_0+\sum_{n=1}^{\infty}c_nz^n.$$

相应地，我们也可以得到以下结论.

定理 5.2 若 $z=\infty$ 为函数 $f(z)$ 的孤立奇点，则它为可去奇点的充要条件是满足下列三条中的任何一条.

(1) $f(z)$ 在 $z=\infty$ 的某去心邻域 $R<|z|<+\infty$ 的洛朗展开式中不含 z 的正幂项；

(2) $\lim\limits_{z\to\infty}f(z)=c_0(\neq\infty)$；

(3) $f(z)$ 在 $z=\infty$ 的某去心邻域 $R<|z|<+\infty$ 内有界.

显然，如果 $z=\infty$ 是 $f(z)$ 的可去奇点，则此时 $t=0$ 也是 $\varphi(t)$ 的可去奇点，因此有

$$\lim_{z\to\infty}f(z)=\lim_{t\to 0}\varphi(t)=c_0(\neq\infty).$$

定理 5.3 若 $z=\infty$ 为函数 $f(z)$ 的孤立奇点，则它为 m 级极点的充要条件是满足下列三条中的任何一条.

(1) $f(z)$ 在 $z=\infty$ 的某去心邻域 $R<|z|<+\infty$ 的洛朗展开式中含 z 最高正幂项为 z^m；

(2) $f(z)$ 在 $z=\infty$ 的某去心邻域 $R<|z|<+\infty$ 内能表示为 $f(z)=z^mg(z)$，其中，$g(z)$ 在 $z=\infty$ 的某去心邻域 $R<|z|<+\infty$ 内解析，且 $g(\infty)\neq 0$；

(3) $h(z)=\dfrac{1}{f(z)}$ 以 $z=\infty$ 为 m 级零点［只要令 $h(\infty)=0$］.

除此以外，也可以用极限法判别 $z=\infty$ 是否为函数 $f(z)$ 的极点. 若

$$\lim_{z\to\infty}f(z)=\infty$$

则 $z=\infty$ 为函数 $f(z)$ 的极点. 但缺点仍是无法判别极点的级别.

定理 5.4 若 $z=\infty$ 为函数 $f(z)$ 的孤立奇点，则它为本性奇点的充要条件是 $\lim\limits_{z\to\infty}f(z)$ 既不存在也不为 ∞.

【例 5-4】 判断 $z=\infty$ 是下列各函数的什么奇点.

(1) $\dfrac{z}{z+1}$； (2) $z+\dfrac{1}{z}$； (3) $\sin z$.

解 (1) $z=\infty$ 是 $\dfrac{z}{z+1}$ 的可去奇点，因为 $\dfrac{z}{z+1}$ 在 $1<|z|<+\infty$ 内解析，且有 $\lim\limits_{z\to\infty}\dfrac{z}{z+1}=1$；

(2) $z=\infty$ 是 $z+\dfrac{1}{z}$ 的极点，因为 $z+\dfrac{1}{z}$ 在 $0<|z|<+\infty$ 内解析，且有 $\lim\limits_{z\to\infty}\left(z+\dfrac{1}{z}\right)=\infty$，而 $z+\dfrac{1}{z}$ 也正是 $z=\infty$ 在 $0<|z|<+\infty$ 内的洛朗展式，因此 $z=\infty$ 为一级极点；

(3) $z=\infty$ 是 $\sin z$ 的本性奇点，因为 $\lim\limits_{z\to\infty}\sin z$ 既不存在，也不为 ∞.

利用倒数变换将无穷远点变为坐标原点，这是我们处理无穷远点作为孤立奇点的方法. 它也具有更广泛的意义（如在第 6 章共形映射中也可这样处理）.

§5.2 留 数

1. 留数的定义及留数定理

设 z_0 为 $f(z)$ 的孤立奇点，在 $0<|z-z_0|<R$ 内把 $f(z)$ 展成洛朗级数

$$f(z)=\sum_{n=-\infty}^{+\infty}c_n(z-z_0)^n=\cdots+c_{-n}(z-z_0)^{-n}+\cdots+c_{-1}(z-z_0)^{-1}+$$
$$c_0+c_1(z-z_0)+\cdots+c_n(z-z_0)^n+\cdots$$

它在较小的闭环形域 $0<r^n<|z-z_0|<r^l<R$ 内收敛，曲线 C 为圆环内绕 z_0 的任何一条正向简单闭曲线，逐项积分（在曲线 C 上）

$$\oint_C f(z)\mathrm{d}z=\cdots+\oint_C c_{-n}(z-z_0)^{-n}\mathrm{d}z+\cdots+\oint_C c_{-1}(z-z_0)^{-1}\mathrm{d}z+$$
$$\oint_C c_0\mathrm{d}z+\oint_C c_1(z-z_0)^1\mathrm{d}z+\cdots+\oint_C c_n(z-z_0)^n\mathrm{d}z+\cdots$$

得 $\oint_C f(z)\mathrm{d}z=c_{-1}2\pi i$.

右端各项的积分除留下 $c_{-1}(z-z_0)^{-1}$ 的一项等于 $2\pi ic_{-1}$ 外，其余各项的积分都等于零，可见洛朗级数的 $(z-z_0)^{-1}$ 项的系数 c_{-1} 具有特别重要的地位.

定义 5.7 设 $z_0(\neq\infty)$ 为函数 $f(z)$ 的孤立奇点，C 为圆周：$|z-z_0|=R$，若 $f(z)$ 在 $0<|z-z_0|\leqslant R$ 上解析，称 $\frac{1}{2\pi i}\oint_C f(z)\mathrm{d}z$ 为 $f(z)$ 在点 z_0 的留数，记作 $\mathrm{Res}[f(z),z_0]$ 或 $\mathop{\mathrm{Res}}\limits_{z=z_0}f(z)$，即

$$\mathrm{Res}[f(z),z_0]=\frac{1}{2\pi \mathrm{i}}\oint_C f(z)\mathrm{d}z=c_{-1}. \tag{5-7}$$

例如 $z=0$ 是 $f(z)=z\mathrm{e}^{\frac{1}{z}}$ 的孤立奇点，它在 $z=0$ 的洛朗展式为 $z\mathrm{e}^{\frac{1}{z}}=\sum\limits_{n=0}^{\infty}\frac{1}{n!}\frac{1}{z^{n-1}}$. 所以 $\mathrm{Res}[f(z),0]=\frac{1}{2}$.

留数的定义与积分密不可分，因此我们也得到如下关于用留数计算积分的定理.

定理 5.5（Cauchy 留数定理 1） 设 $f(z)$ 在正向简单闭曲线 C 所围区域 D 内，除 $z_1,z_2,\cdots,z_n$ 外解析，在闭域 $\bar{D}=D+C$ 上除 $z_1,z_2,\cdots,z_n$ 外连续，则

$$\oint_C f(z)dz=2\pi i\sum_{k=1}^{n}\mathrm{Res}[f(z),z_k]. \tag{5-8}$$

证 取 $R_k>0$，作以 z_k 为心，R_k 为半径的圆 C_k，使 $C_k\subset D$，且 $C_i\cap C_j=\phi(i,j=1,2,\cdots,n,i\neq j)$，由复合闭路定理有

$$\oint_C f(z)\mathrm{d}z=\oint_{C_1}f(z)\mathrm{d}z+\oint_{C_2}f(z)\mathrm{d}z+\cdots+\oint_{C_n}f(z)\mathrm{d}z$$

以 $2\pi i$ 除等式两边，得

$$\frac{1}{2\pi i}\oint_C f(z)\mathrm{d}z=\mathrm{Res}[f(z),z_1]+\mathrm{Res}[f(z),z_2]+\cdots+\mathrm{Res}[f(z),z_n]$$

即
$$\oint_C f(z)\mathrm{d}z = 2\pi i \sum_{k=1}^{n} \mathrm{Res}[f(z), z_k].$$

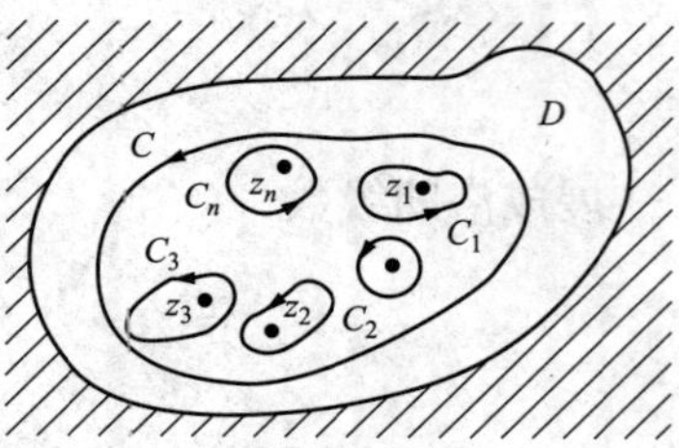

图 5.1

通过定理 5.5，我们看到求如图 5.1 所示沿闭曲线 C 的积分可以转化为求被积函数在 C 所围区域内的各孤立奇点处的留数和．一般来说，只要在以孤立奇点为心的圆环域上把函数展开为洛朗级数，取它的负一次幂项的系数就可得其留数．但显然这并不是一个十分有效的办法．如果能事先知道孤立奇点的类型，对于求解留数有时更为有利．

2. 留数的计算

(1) 可去奇点的留数．如果 z_0 是函数 $f(z)$ 的可去奇点，则 $f(z)$ 在 z_0 点的洛朗展开式的主要部分为零，即不含负幂项，从而 $c_{-1}=0$，故 $\mathrm{Res}[f(z), z_0]=0$

(2) 极点的留数．设 z_0 为 $f(z)$ 的 m 级极点，则以 z_0 为中心的某去心邻域内将 $f(z)$ 展成洛朗级数．即

$$f(z) = c_{-m}(z-z_0)^{-m} + \cdots + c_{-2}(z-z_0)^{-2} + c_{-1}(z-z_0)^{-1} + c_0 + c_1(z-z_0) + \cdots \tag{5-9}$$

将式 (5-9) 两端同乘 $(z-z_0)^m$，有

$$(z-z_0)^m f(z) = c_{-m} + c_{-m+1}(z-z_0) + \cdots + c_{-1}(z-z_0)^{m-1} + c_0(z-z_0)^m + \cdots \tag{5-10}$$

对式 (5-10) 两边依次求导

$$\frac{\mathrm{d}}{\mathrm{d}z}[(z-z_0)^m f(z)] = c_{-m+1} + \cdots + (m-1)c_{-1}(z-z_0)^{m-2} + mc_0(z-z_0)^{m-1} + \cdots$$

$$\vdots$$

$$\frac{\mathrm{d}^{m-1}}{\mathrm{d}z^{m-1}}[(z-z_0)^m f(z)] = (m-1)(m-2)\cdots 2\cdot 1\cdot c_{-1} + m(m-1)\cdots + 2c_0(z-z_0) + \cdots$$

$$= (m-1)!\,c_{-1} + \{\text{含有 } z-z_0 \text{ 正幂的项}\}.$$

取 $z \to z_0$，$\lim\limits_{z\to z_0} \frac{\mathrm{d}^{m-1}}{\mathrm{d}z^{m-1}}[(z-z_0)^m f(z)] = (m-1)!\,c_{-1}$，因此

$$\mathrm{Res}[f(z), z_0] = \frac{1}{(m-1)!} \lim_{z\to z_0} \frac{\mathrm{d}^{m-1}}{\mathrm{d}z^{m-1}}[(z-z_0)^m f(z)] \tag{5-11}$$

用式 (5-11) 可算 $f(z)$ 在 m 级极点处的留数．特别地当 z_0 为 $f(z)$ 的一级极点时，即 $m=1$ 时

$$\mathrm{Res}[f(z), z_0] = \lim_{z\to z_0}(z-z_0)f(z)$$

因此对于极点的计算可采用以下规则．

规则 Ⅰ 如果 z_0 为 $f(z)$ 的一级极点，那么

$$\mathrm{Res}[f(z), z_0] = \lim_{z\to z_0}(z-z_0)f(z). \tag{5-12}$$

规则 Ⅱ 如果 z_0 为 $f(z)$ 的 m 级极点，那么

$$\mathrm{Res}[f(z), z_0] = \frac{1}{(m-1)!} \lim_{z\to z_0} \frac{\mathrm{d}^{m-1}}{\mathrm{d}z^{m-1}}[(z-z_0)^m f(z)]. \tag{5-13}$$

而针对于一级极点的情况，我们还有如下一个结论．

规则Ⅲ　设函数 $f(z)=\dfrac{P(z)}{Q(z)}$，其中 $P(z)$ 及 $Q(z)$ 在 z_0 解析，且 $P(z_0)\neq 0$，$Q(z_0)=0$，$Q'(z_0)\neq 0$，那么 z_0 为 $f(z)$ 的一级极点，有

$$\mathrm{Res}[f(z),z_0]=\frac{P(z_0)}{Q'(z_0)}.\tag{5-14}$$

证　因 $Q(z_0)=0$，$Q'(z_0)\neq 0$，所以 z_0 为 $Q(z)$ 的一级零点，为 $\dfrac{1}{Q(z)}$ 的一级极点，从而为 $f(z)=\dfrac{P(z)}{Q(z)}$ 的一级极点，故由规则Ⅰ

$$\mathrm{Res}[f(z),z_0]=\lim_{z\to z_0}(z\to z_0)\frac{P(z)}{Q(z)}=\lim_{z\to z_0}\frac{P(z)}{\dfrac{Q(z)-Q(z_0)}{z-z_0}}=\frac{P(z_0)}{Q'(z_0)}.$$

【例5-5】　设 $f(z)=\dfrac{5z-2}{z(z-1)}$，求 $\mathrm{Res}[f(z),0]$.

解法1　因点 $z=0$ 为 $f(z)$ 的一级极点，所以，依规则Ⅰ得

$$\mathrm{Res}[f(z),0]=\lim_{z\to 0}z\cdot\frac{5z-2}{z(z-1)}=2.$$

解法2　因点 $z=0$ 为 $f(z)=\dfrac{5z-2}{z(z-1)}$ 的一级极点，所以由规则Ⅲ得

$$\mathrm{Res}[f(z),0]=\frac{5z-2}{[z(z-1)]'}\bigg|_{z=0}=2.$$

【例5-6】　计算积分 $\displaystyle\oint_{|z|=1}\frac{2\mathrm{i}}{z^2+2az+1}\mathrm{d}z,a>1.$

解　首先，弄清被积函数在积分路径内部有无奇点．由 $z^2+2az+1$ 求出被积函数的奇点有 $z_1=-a+\sqrt{a^2-1}$ 与 $z_2=-a-\sqrt{a^2-1}$，因 $a>1$，所以，$|z_2|>1$，又因 $|z_1\cdot z_2|=1$，故 $|z_1|<1$，即在积分路径内部只有被积函数的一个一级极点 z_1，所以

$$\begin{aligned}\oint_{|z|=1}\frac{2\mathrm{i}}{z^2+2az+1}\mathrm{d}z&=2\pi\mathrm{i}\cdot\mathrm{Res}\left[\frac{2\mathrm{i}}{z^2+2az+1},z_1\right]\\&=2\pi\mathrm{i}\cdot\lim_{z\to z_1}\left[(z-z_1)\cdot\frac{2\mathrm{i}}{(z-z_1)(z-z_2)}\right]\\&=\frac{-2\pi}{\sqrt{a^2-1}}.\end{aligned}$$

【例5-7】　计算 $\displaystyle\oint_{|z|=1}\frac{\cos z}{z^3}\mathrm{d}z$.

解　$z=0$ 是 $\dfrac{\cos z}{z^3}$ 的三级极点，故 $\mathrm{Res}[f(z),0]=\dfrac{1}{2!}\lim\limits_{z\to 0}\dfrac{\mathrm{d}^2}{\mathrm{d}z^2}[z^3f(z)]=-\dfrac{1}{2}$.

由留数定理1得　$\displaystyle\oint_{|z|=1}\frac{\cos z}{z^3}\mathrm{d}z=2\pi i(-\frac{1}{2})=-\pi i$.

【例5-8】　设 $f(z)=\dfrac{z-\sin z}{z^6}$，求 $\mathrm{Res}[f(z),0]$.

解　设 $P(z)=z-\sin z$，由于

$$P(0)=(z-\sin z)\big|_{z=0}=0,\qquad P'(0)=(1-\cos z)\big|_{z=0}=0$$
$$P''(0)=\sin z\big|_{z=0}=0,\qquad P'''(0)=\cos z\big|_{z=0}=1\neq 0.$$

因此 $z=0$ 是 $z-\sin z$ 的三级零点．从而是 $f(z)$ 的三级极点．由规则Ⅱ，即式（5-13），有

$$\mathrm{Res}\left[\frac{z-\sin z}{z^6},0\right]=\frac{1}{(3-1)!}\lim_{z\to 0}\frac{\mathrm{d}^2}{\mathrm{d}z^2}\left[z^3\cdot\frac{z-\sin z}{z^6}\right]=\frac{1}{2!}\lim_{z\to 0}\frac{\mathrm{d}^2}{\mathrm{d}z^2}\left(\frac{z-\sin z}{z^3}\right).$$

接下来的计算要先对一个分式函数求二阶导数，然后又要对求导结果求极限，这样十分烦琐．根据具体问题我们要灵活地选择方法，不要拘泥于套用公式．这里我们就可以利用洛朗展开式求 c_{-1}，从而得到 $\mathrm{Res}[f(z),0]$，会更方便简洁．因为

$$\frac{z-\sin z}{z^6}=\frac{1}{z^6}\left[z-\left(z-\frac{1}{3!}z^3+\frac{1}{5!}z^5-\cdots\right)\right]=\frac{1}{3!z^3}-\frac{1}{5!z}+\cdots.$$

所以 $\mathrm{Res}\left[\dfrac{z-\sin z}{z^6},0\right]=c_{-1}=\dfrac{1}{-5!}.$

细致观察公式（5-13）的推导过程，不难发现，如果函数 $f(z)$ 的极点 z_0 的级数不是 m，它的实际级数为 n，要比 m 低．这时为了计算方便，可以将 $f(z)$ 的极点 z_0 的级数视作 m 级，反而更简便．

设 z_0 为函数 $f(z)$ 的 n 级极点（$n<m$），则函数 $f(z)$ 在 z_0 的洛朗展开式为

$$f(z)=c_{-n}(z-z_0)^{-n}+\cdots+c_{-2}(z-z_0)^{-2}+c_{-1}(z-z_0)^{-1}+c_0+c_1(z-z_0)+\cdots\tag{5-15}$$

式（5-15）两边同时乘以 $(z-z_0)^m$

$$(z-z_0)^m f(z)=c_{-n}(z-z_0)^{m-n}+\cdots+c_{-2}(z-z_0)^{m-2}+c_{-1}(z-z_0)^{m-1}+c_0(z-z_0)^{m+1}+\cdots\tag{5-16}$$

式（5-16）两边求 $m-1$ 阶导

$$\frac{\mathrm{d}^{m-1}}{\mathrm{d}z^{m-1}}[(z-z_0)^m f(z)]=(m-1)!c_{-1}+(\text{含有 } z-z_0 \text{ 正幂的项}).$$

取 $z\to z_0$ 的极限

$$\lim_{z\to z_0}\frac{\mathrm{d}^{m-1}}{\mathrm{d}z^{m-1}}[(z-z_0)^m f(z)]=(m-1)!c_{-1}$$

因此
$$\mathrm{Res}[f(z),z_0]=\frac{1}{(m-1)!}\lim_{z\to z_0}\frac{\mathrm{d}^{m-1}}{\mathrm{d}z^{m-1}}[(z-z_0)^m f(z)].$$

应用这个结论，我们再来求解一下［例 5.8］. $z=0$ 是 $f(z)=\dfrac{z-\sin z}{z^6}$ 的三级极点，视作六级极点，由规则Ⅱ

$$\mathrm{Res}\left[\frac{z-\sin z}{z^6},0\right]=\frac{1}{(6-1)!}\lim_{z\to 0}\frac{\mathrm{d}^5}{\mathrm{d}z^5}\left[z^6\cdot\frac{z-\sin z}{z^6}\right]=\frac{1}{5!}\lim_{z\to 0}(-\cos z)=-\frac{1}{5!}.$$

（3）本性奇点的留数．只能将 $f(z)$ 在 z_0 展开为洛朗级数求解 $\mathrm{Res}[f(z),z_0]=c_{-1}$．

【例 5-9】 求函数 $f(z)=\cos\dfrac{1}{1-z}$ 在有限奇点处的留数．

解 经判断，$z=1$ 为 $\cos\dfrac{1}{1-z}$ 的本性奇点，将 $f(z)$ 在 $0<|z-1|<+\infty$ 上展开为洛

朗级数，有

$$\cos\frac{1}{1-z}=1-\frac{1}{2!(z-1)^2}+\frac{1}{4!(z-1)^4}-\cdots+(-1)^n\frac{1}{(2n)!(z-1)^n}+\cdots$$

因此有 $\mathrm{Res}[f(z),1]=0$.

3. 函数在无穷远点的留数

定义 5.8 设 $z=\infty$ 为函数 $f(z)$ 的孤立奇点，C 为圆周：$|z|=\rho$，若 $f(z)$ 在 $R<|z|<+\infty$ 内解析 $(R<\rho)$，则称 $\frac{1}{2\pi i}\oint_{C^-}f(z)\mathrm{d}z$ 为函数 $f(z)$ 在点 $z=\infty$ 的留数，记作 $\mathrm{Res}[f(z),\infty]$ 或 $\mathrm{Res}[\infty]$，即

$$\mathrm{Res}[f(z),\infty]=\frac{1}{2\pi i}\oint_{C^-}f(z)\mathrm{d}z. \tag{5-17}$$

设 $f(z)$ 在 $0\leqslant R<|z|<+\infty$ 内的洛朗展式为

$$f(z)=\cdots+\frac{c_{-n}}{z^n}+\cdots+\frac{c_{-1}}{z}+c_0+c_1z+\cdots=\sum_{n=-\infty}^{+\infty}c_nz^n.$$

因为 $\oint_C\frac{1}{z^n}\mathrm{d}z=\begin{cases}2\pi i, n=1\\0, \quad n\neq 1\end{cases}$，有

$$\oint_C f(z)\mathrm{d}z=\sum_{n=-\infty}^{+\infty}\oint_C c_nz^n\mathrm{d}z=\sum_{n=-\infty}^{+\infty}c_n\oint_C z^n\mathrm{d}z=2\pi ic_{-1}$$

所以

$$\mathrm{Res}[f(z),\infty]=\frac{1}{2\pi i}\oint_{C^-}f(z)\mathrm{d}z=-\frac{1}{2\pi i}\oint_C f(z)\mathrm{d}z=-c_{-1}$$

即 $\mathrm{Res}[f(z),\infty]$ 等于 $f(z)$ 在 ∞ 的洛朗展式中 $\frac{1}{z}$ 的系数的反号.

定义了无穷远处的留数，就可得到下述定理.

定理 5.6 (留数定理 2) 如果函数 $f(z)$ 在扩充复平面上只有有限个孤立奇点（包括无穷远点在内），设为 $z_1,z_2,\cdots,z_n,\infty$，则 $f(z)$ 在各点的留数总和为零.

证 以原点为中心作圆周 C，使 $z_1,z_2,\cdots,z_n$ 皆含于 C 的内部，则由留数定理 1 得

$$\oint_C f(z)\mathrm{d}z=2\pi i\sum_{k=1}^{n}\mathrm{Res}[f(z),z_k]$$

两边除以 $2\pi i$，并移项得

$$\sum_{k=1}^{n}\mathrm{Res}[f(z),z_k]+\frac{1}{2\pi i}\oint_{C^{-1}}f(z)\mathrm{d}z=0$$

由无穷远点留数的定义，有

$$\sum_{k=1}^{n}\mathrm{Res}[f(z),z_k]+\mathrm{Res}[f(z),\infty]=0. \tag{5-18}$$

对于孤立奇点 ∞，除了引入留数概念时介绍的一般方法求 $-c_{-1}$ 外，还可以有如下公式

规则Ⅳ $$\mathrm{Res}[f(z),\infty]=-\mathrm{Res}\left[f\left(\frac{1}{t}\right)\frac{1}{t^2},0\right]. \tag{5-19}$$

证 $$\mathrm{Res}[f(z),\infty]=\frac{1}{2\pi i}\oint_{\Gamma^{-1}}f(z)\mathrm{d}z \qquad (\Gamma: |z|=\rho)$$

$$=\frac{1}{2\pi i}\oint_C f\left(\frac{1}{t}\right)\frac{-1}{t^2}\mathrm{d}t \quad (C: |t|=r)$$

作变换 $z=\frac{1}{t}$ 时，积分有相应的换元公式，若 $z=\rho e^{i\theta}$ ，$t=re^{i\varphi}$ ，则 $r=\frac{1}{\rho},\varphi=-\theta$，因此当 Γ 取负方向时，C 取正方向，于是

$$\mathrm{Res}[f(z),\infty]=-\mathrm{Res}\left[f\left(\frac{1}{t}\right)\cdot\frac{1}{t^2},0\right].$$

【例 5 - 10】 求 $I=\oint_{|z|=4}\frac{z^{15}}{(z^2+1)^2(z^4+2)^3}dz$.

解 令 $f(z)=\frac{z^{15}}{(z^2+1)^2(z^4+2)^3}$，则 $f(z)$ 在扩充复平面上共有七个奇点.

$z_{k+1}=\sqrt[4]{2}e^{i\frac{\pi+2k\pi}{4}}$ $(k=0,1,2,3)$，$z_5=i,z_6=-i,z_7=\infty$，前六个均在 $|z|=4$ 的内部，故

$$I=2\pi i\sum_{k=1}^{6}\mathrm{Res}[f(z),z_k]=-2\pi i\mathrm{Res}[f(z),\infty].$$

由

$$f\left(\frac{1}{t}\right)\cdot\frac{1}{t^2}=\frac{\frac{1}{t^{15}}}{\left(\frac{1}{t^2}+1\right)^2\left(\frac{1}{t^4}+2\right)^3}\cdot\frac{1}{t^2}=\frac{1}{t(1+t^2)^2(1+2t^4)^3}$$

以 $t=0$ 为一级极点，故

$$\mathrm{Res}\left[f\left(\frac{1}{t}\right)\cdot\frac{1}{t^2},0\right]=1$$

$$I=-2\pi i\mathrm{Res}[f(z),\infty]=2\pi i\mathrm{Res}\left[f\left(\frac{1}{t}\right)\cdot\frac{1}{t^2},0\right]=2\pi i.$$

【例 5 - 11】 用多种方法求 $\oint_{|z|=2}\frac{5z-2}{z(z-1)}dz$.

解 方法一：

被积函数 $f(z)=\frac{5z-2}{z(z-1)}$ 在闭曲线 C：$|z|=2$ 内具有两个不解析点 $z=0$ 及 $z=2$，我们在 C 内以 $z=0$ 为中心作一个正向圆周 C_1，以 $z=2$ 为中心作一个正向圆周 C_2，C_1 与 C_2 互不相交，互不包含，那么函数 $f(z)$ 在由 C，C_1 和 C_2 所围成的区域内是解析的. 根据复合闭路定理

$$\begin{aligned}\oint_C\frac{5z-2}{z(z-1)}dz&=\oint_{C_1}\frac{5z-2}{z(z-1)}dz+\oint_{C_2}\frac{5z-2}{z(z-1)}dz\\&=\oint_{C_1}\frac{\frac{5z-2}{z-1}}{z}dz+\oint_{C_2}\frac{\frac{5z-2}{z}}{z-1}dz\\&=2\pi i\left(\left.\frac{5z-2}{z-1}\right|_{z=0}+\left.\frac{5z-2}{z}\right|_{z=1}\right)\\&=2\pi i(2+3)=10\pi i.\end{aligned}$$

方法二：

函数 $f(z)=\frac{5z-2}{z(z-1)}$ 在圆环域 $1<|z|<+\infty$ 内处处解析，且 C：$|z|=2$ 在此圆环域内，所以 $f(z)$ 在此圆环域内洛朗展开式的系数 c_{-1} 乘以 $2\pi i$ 即为所求积分的值.

$$f(z)=\frac{2}{z}+\frac{3}{z-1}=\frac{2}{z}+\frac{1}{z}\cdot\frac{3}{1-\frac{1}{z}}=\frac{2}{z}+\frac{3}{z}\left(1+\frac{1}{z}+\frac{1}{z^2}+\cdots\right)$$

由此可见 $c_{-1}=2+3=5$，从而 $\oint_{|z|=2}\frac{5z-2}{z(z-1)}\mathrm{d}z=2\pi i\cdot 5=10\pi i$.

方法三：

被积函数 $f(z)=\frac{5z-2}{z(z-1)}$ 在闭曲线 C:$|z|=2$ 内有两个一级极点 $z=0$ 及 $z=2$，而

$$\mathrm{Res}[f(z),0]=\lim_{z\to 0}z\cdot\frac{5z-2}{z(z-1)}=2$$

$$\mathrm{Res}[f(z),1]=\lim_{z\to 1}(z-1)\cdot\frac{5z-2}{z(z-1)}=3.$$

由留数定理 1

$$\oint_{|z|=2}\frac{5z-2}{z(z-1)}\mathrm{d}z=2\pi i\{\mathrm{Res}[f(z),0]+\mathrm{Res}[f(z),1]\}=2\pi i(2+3)=10\pi i.$$

方法四：

函数 $f(z)=\frac{5z-2}{z(z-1)}$ 在 C:$|z|=2$ 的外部，除 ∞ 点外没有其他奇点．因此根据留数定理 2，有

$$\oint_{|z|=2}\frac{5z-2}{z(z-1)}\mathrm{d}z=-2\pi i\mathrm{Res}[f(z),\infty].$$

将函数 $f(z)$ 在 $1<|z|<+\infty$ 内展开为洛朗级数

$$f(z)=\frac{5}{z}+\frac{3}{z^2}+\frac{3}{z^3}+\cdots$$

由无穷远点的留数定义，$\mathrm{Res}[f(z),\infty]=-c_{-1}=-5$．因此

$$\oint_{|z|=2}\frac{5z-2}{z(z-1)}\mathrm{d}z=-2\pi i\cdot(-5)=10\pi i.$$

方法五：

除 $z=0$ 及 $z=2$，被积函数的孤立奇点是 $z=\infty$，根据留数定理 2 及规则Ⅳ

$$\oint_{|z|=2}\frac{5z-2}{z(z-1)}\mathrm{d}z=-2\pi i\mathrm{Res}[f(z),\infty]=2\pi i\mathrm{Res}\left[f\left(\frac{1}{z}\right)\cdot\frac{1}{z^2},0\right]$$

$$=2\pi i\mathrm{Res}\left[\frac{5-2z}{z(1-z)},0\right]=2\pi i\cdot 5=10\pi i.$$

§5.3　留数在定积分运算上的应用

留数定理的一个重要应用是计算某些实变函数的积分．如在研究阻尼振动时计算积分 $\int_0^{\infty}\frac{\sin x}{x}\mathrm{d}x$，在研究光的衍射时，需要计算菲涅耳积分 $\int_0^{\infty}\sin x^2\mathrm{d}x$．在热学中将遇到积分 $\int_0^{\infty}\mathrm{e}^{-ax}\cos bx\mathrm{d}x$（$a>0$，$b$ 为任意实数）．如用实函数分析中的方法计算这些积分几乎是不可能的，即使能计算也相当复杂．如果能把它们化为复积分，用柯西定理和留数定理，那就简

单了．当然最关键的是设法把实变函数积分跟复变函数回路积分联系起来．

把实变积分联系与复变回路积分的要点如下：定积分 $\int_a^b f(x)\mathrm{d}x$ 的积分区间 $[a,b]$ 可以看作是复数平面上的实轴上的一段 l_1，利用自变数的变换把 l_1 变成某个新的复数平面上的回路，这样就可以应用留数定理了；或者另外补上一段曲线 l_2，使 l_1 和 l_2 合成回路 l，l 包围着区域 B，这样

$$\oint_l f(z)\mathrm{d}z=\int_{l_1} f(z)\mathrm{d}z+\int_{l_2} f(z)\mathrm{d}z$$

左端可应用留数定理，如果 $\int_{l_2} f(z)\mathrm{d}z$ 容易求出，则问题就解决了，下面具体介绍几个类型的实变定积分．

1. 计算 $\int_0^{2\pi}\mathrm{R}(\cos\theta,\sin\theta)\mathrm{d}\theta$ 型积分

令 $z=\mathrm{e}^{i\theta}$，则 $\cos\theta$ 与 $\sin\theta$ 均可用复变量 z 表示出来，从而实现将 $\mathrm{R}(\cos\theta,\sin\theta)$ 变形为复变量 z 的函数的愿望，此时有

$$\cos\theta=\frac{z^2+1}{2z},\quad \sin\theta=\frac{z^2-1}{2iz}$$

同时由于 $z=\mathrm{e}^{i\theta}$，所以 $|z|=1$，且当 θ 由 0 变到 2π 时，z 恰好在圆周 $C:|z|=1$ 上变动一周．故使积分路径也变成了所期望的围线．至此有

$$\int_0^{2\pi}\mathrm{R}(\cos\theta,\sin\theta)\mathrm{d}\theta=\oint_{|z|=1}\mathrm{R}\left(\frac{z^2+1}{2z},\frac{z^2-1}{2iz}\right)\cdot\frac{1}{iz}\mathrm{d}z=\oint_{|z|=1} f(z)\mathrm{d}z$$

其中 $f(z)$ 为 z 的有理函数，且在单位圆周 $|z|=1$ 上分母不为零，满足留数定理的条件．根据留数定理

$$\int_0^{2\pi}\mathrm{R}(\cos\theta,\sin\theta)\mathrm{d}\theta=2\pi i\sum_{k=1}^{n}\mathrm{Res}[f(z),z_k]$$

其中 $z_k(k=1,2,\cdots,n)$ 为包含在单位圆周 $|z|=1$ 内的 $f(z)$ 的孤立奇点．

【例 5-12】 计算积分 $I=\frac{1}{2\pi}\oint_{|z|=1}\frac{\mathrm{d}\theta}{1+\varepsilon\cos\theta},0<\varepsilon<1$．

解 令 $z=\mathrm{e}^{i\theta}$ 得

$$I=\frac{1}{2\pi}\oint_{|z|=1}\frac{1}{1+\varepsilon\frac{z+z^{-1}}{2}}\cdot\frac{\mathrm{d}z}{iz}=\frac{1}{2\pi i}\oint_{|z|=1}\frac{\mathrm{d}z}{z+\frac{\varepsilon}{2}(z^2+1)}=\frac{1}{\pi\varepsilon i}\oint_{|z|=1}\frac{\mathrm{d}z}{z^2+\frac{2}{\varepsilon}z+1}.$$

先求 $f(z)=\dfrac{1}{z^2+\frac{2}{\varepsilon}z+1}$ 的奇点及其留数．令其分母为零得

$$z_1=-\frac{1}{\varepsilon}+\frac{1}{\varepsilon}\sqrt{1-\varepsilon^2},\ z_2=-\frac{1}{\varepsilon}-\frac{1}{\varepsilon}\sqrt{1-\varepsilon^2}$$

这就是 $f(z)$ 的两个单极点．

$$|z_1|=\frac{1-\sqrt{1-\varepsilon^2}}{\varepsilon}<\frac{1-(1-\varepsilon)}{\varepsilon}=1,\ |z_2|=\frac{1+\sqrt{1-\varepsilon^2}}{\varepsilon}>\frac{1}{\varepsilon}>1$$

所以极点 z_1 在单位圆内，z_2 在单位圆外，因此有

$$I=\frac{1}{\pi\varepsilon i}\cdot 2\pi i\mathrm{Res}[f(z),z_1]=\frac{2}{\varepsilon}\lim_{z\to z_1}(z-z_1)\frac{1}{(z-z_1)(z-z_2)}=\frac{1}{\sqrt{1-\varepsilon^2}}.$$

此积分在力学和量子力学中甚为重要，由它可以求出开普勒积分 $I_1=\frac{1}{2\pi}\oint\frac{\mathrm{d}\theta}{(1+\varepsilon\cos\theta)^2}$ 之值.

2. 计算 $\int_{-\infty}^{+\infty}\frac{P(x)}{Q(x)}\mathrm{d}x$ 型积分

由于 $\int_{-\infty}^{+\infty}\frac{P(x)}{Q(x)}\mathrm{d}x=\lim\limits_{R\to\infty}\int_{-R}^{R}\frac{P(x)}{Q(x)}\mathrm{d}x$，考虑添加辅助曲线 Γ_R 与实轴上区间 $[-R,R]$ 构成围线 C，则

$$\int_{-R}^{R}\frac{P(x)}{Q(x)}\mathrm{d}x+\int_{\Gamma_R}\frac{P(z)}{Q(z)}\mathrm{d}z=2\pi i\sum\mathrm{Res}\frac{P(z)}{Q(z)}$$

其中 $\sum$ 为 $\frac{P(z)}{Q(z)}$ 落在 C 内部的有限个奇点处的留数和，若能估计出 $\int_{\Gamma_R}\frac{P(z)}{Q(z)}\mathrm{d}z$ 的值，再取极限即得 .

引理 5.1 设 $f(z)$ 在圆弧 $P_R: z=Re^{i\theta}$（$\theta_1\leqslant\theta\leqslant\theta_2$，$R$ 充分大）上连续，且 $\lim\limits_{z\to\infty}zf(z)=\lambda$ 在 P_R 上一致成立（即与 $\theta_1\leqslant\theta\leqslant\theta_2$ 中的 θ 无关），则 $\lim\limits_{R\to\infty}\int_{P_R}f(z)\mathrm{d}z=i(\theta_2-\theta_1)\lambda$.

证 $\forall\varepsilon>0$，由于 $\lim\limits_{z\to\infty}zf(z)=\lambda$ 在 P_R 上一致成立，故 $\exists R_0>0$，$\forall R>R_0$

$$|zf(z)-\lambda|<\frac{\varepsilon}{\theta_2-\theta_1}(z\in P_R)$$

$$\begin{aligned}\left|\int_{P_R}f(z)\mathrm{d}z-i(\theta_2-\theta_1)\lambda\right|&=\left|\int_{P_R}f(z)\mathrm{d}z-\lambda\int_{\theta_1}^{\theta_2}i\mathrm{d}\theta\right|=\left|\int_{P_R}f(z)\mathrm{d}z-\lambda\int_{P_R}\frac{\mathrm{d}z}{z}\right|\\&\leqslant\int_{P_R}\left|\frac{zf(z)-\lambda}{z}\right||\mathrm{d}z|=\int_{P_R}\frac{|zf(z)-\lambda|}{R}\cdot|\mathrm{d}z|\\&<\frac{\varepsilon}{\theta_2-\theta_1}\cdot\frac{1}{R}\cdot\int_{P_R}|\mathrm{d}z|=\frac{\varepsilon}{\theta_2-\theta_1}\cdot\frac{1}{R}\cdot(\theta_2-\theta_1)\cdot R=\varepsilon.\end{aligned}$$

定理 5.7 设 $f(x)=\frac{P(x)}{Q(x)}$ 为有理分式，其中 $P(x)=c_0x^m+c_1x^{m-1}+\cdots+c_m(c_0\neq0)$，$Q(x)=b_0x^n+b_1x^{n-1}+\cdots+b_n(b_0\neq0)$ 为互质多项式，且（1）$n-m\geqslant2$；（2）在实轴上 $Q(z)\neq0$，则 $\int_{-\infty}^{+\infty}f(x)\mathrm{d}x=2\pi i\sum\limits_{\mathrm{Im}z_k>0}\mathrm{Res}[f(z),z_k]$.

证 由 $n-m\geqslant2$，$f(x)=\frac{c_0}{b_0}\frac{1}{x^{n-m}}(x\to\infty)$，$\oint_{C_R}f(x)\mathrm{d}x$ 存在，且 $\oint_{C_R}f(x)\mathrm{d}x=\lim\limits_{R\to\infty}\oint_{C_R}f(x)\mathrm{d}x$. 作 $\Gamma_R: z=Re^{i\theta}(0\leqslant\theta\leqslant\pi)$，与线段 $[-R,R]$ 一起构成围线 C_R，取 R 足够大，使 C_R 的内部包含 $f(z)$ 在上半平面内的一切孤立奇点（见图 5.2）. 由在实轴上 $Q(z)\neq0$ 知，$f(z)$ 在 C_R 上没有奇点，由留数定理得 $\oint_{C_R}f(z)\mathrm{d}z=2\pi i\sum\limits_{\mathrm{Im}z_k>0}\mathrm{Res}[f(z),z_k]$. 又 $\oint_{C_R}f(z)\mathrm{d}z=\int_{-R}^{R}f(x)\mathrm{d}x+\int_{\Gamma_R}f(z)\mathrm{d}z$. 由于

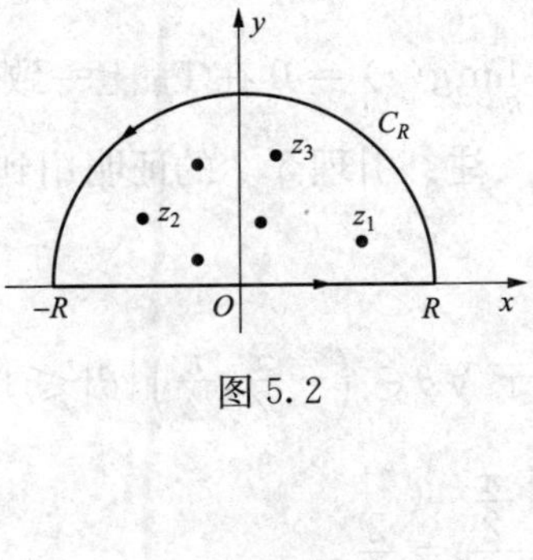

图 5.2

$$|zf(z)| = \left| z\frac{c_0 z^m + c_1 z^{m-1} + \cdots + c_m}{b_0 z^n + b_1 z^{n-1} + \cdots + b_n} \right| = \left| \frac{z^{m+1}}{z^n} \right| \cdot \left| \frac{c_0 + \cdots + \frac{c_m}{z^m}}{b_0 + \cdots + \frac{c_n}{z^n}} \right|$$

当 $n - m \geqslant 2$ 时，$zf(z) \to 0(R \to \infty)$，由引理 5.1

$$\lim_{R\to\infty}\int_{\Gamma_R} f(z)\mathrm{d}z = i(\pi - 0)\cdot 0 = 0$$

于是 $\int_{-\infty}^{+\infty} f(x)\mathrm{d}x = 2\pi i \sum_{\mathrm{Im}z_k>0} \mathrm{Res}[f(z), z_k]$.

【例 5 - 13】 计算积分 $\int_{-\infty}^{+\infty} \frac{x^2}{x^4 + x^2 + 1}\mathrm{d}x$.

解 经验证，此积分满足定理 5.7 条件．首先，求出 $\frac{P(z)}{Q(z)} = \frac{z^2}{z^4 + z^2 + 1}$ 在上半平面的全部奇点．令 $z^4 + z^2 + 1 = 0$ 即

$$\begin{aligned} z^4 + z^2 + 1 &= (z^4 + 2z^2 + 1) - z^2 = (z^2 + 1)^2 - z^2 \\ &= (z^2 + z + 1)(z^2 - z + 1) = 0 \end{aligned}$$

于是，$\frac{P(z)}{Q(z)}$ 在上半平面的全部奇点只有两个 $\alpha = \frac{1}{2} + \frac{\sqrt{3}}{2}i$ 与 $\beta = -\frac{1}{2} + \frac{\sqrt{3}}{2}i$ 且知道，α 与 β 均为 $\frac{P(z)}{Q(z)}$ 的一级极点．

其次，计算留数，有

$$\mathrm{Res}\left[\frac{P(z)}{Q(z)}, \alpha\right] = \lim_{z\to\alpha}(z - \alpha)\frac{z^2}{(z-\alpha)(z-\beta)(z+\alpha)(z+\beta)} = \frac{1 + \sqrt{3}i}{4\sqrt{3}i}$$

$$\mathrm{Res}\left[\frac{P(z)}{Q(z)}, \beta\right] = \lim_{z\to\beta}(z - \beta)\frac{z^2}{(z-\alpha)(z-\beta)(z+\alpha)(z+\beta)} = \frac{1 - \sqrt{3}i}{4\sqrt{3}i}$$

最后，将所得留数代入得

$$\int_{-\infty}^{+\infty} \frac{x^2}{x^4 + x^2 + 1}\mathrm{d}x = 2\pi i\left\{\mathrm{Res}\left[\frac{P(z)}{Q(z)}, \alpha\right] + \mathrm{Res}\left[\frac{P(z)}{Q(z)}, \beta\right]\right\} = \frac{\pi}{\sqrt{3}}.$$

3. 积分 $\int_{-\infty}^{+\infty} \frac{P(x)}{Q(x)}\mathrm{e}^{imx}\mathrm{d}x$ 的计算

引理 5.2 (Jordan) 设 $g(z)$ 在半圆周 $\Gamma_R: z = R\mathrm{e}^{i\theta}$（$0 \leqslant \theta \leqslant \pi < R$，$R$ 充分大）上连续，且 $\lim_{R\to\infty} g(z) = 0$ 在 Γ_R 上一致成立，则 $\lim_{R\to\infty}\int_{\Gamma_R} g(z)\mathrm{e}^{imz}\mathrm{d}z = 0(m > 0)$．

注：引理 5.2 的证明用到 Jordan 不等式

$$\frac{2\theta}{\pi} \leqslant \sin\theta \leqslant \theta\left(0 \leqslant \theta \leqslant \frac{\pi}{2}\right)$$

由于 $\forall \theta \in \left(-\frac{\pi}{2}, \frac{\pi}{2}\right) |\theta| \leqslant |\mathrm{tg}\theta|$，故 $\forall \theta \in \left(0, \frac{\pi}{2}\right)\left(\frac{\sin\theta}{\theta}\right)' = \frac{\theta\cos\theta - \sin\theta}{\theta^2} < 0$，有 $\frac{\sin\theta}{\theta} \geqslant \frac{\sin\frac{\pi}{2}}{\frac{\pi}{2}} = \frac{2}{\pi}$．

定理 5.8 设 $g(x)=\dfrac{P(x)}{Q(x)}$，其中 $P(x)$ 及 $Q(x)$ 为互质多项式，且 (1) $Q(x)$ 的次数比 $P(x)$ 的次数高；(2) 在实轴上 $Q(z)\neq 0$；(3) $m>0$，则 $\int_{-\infty}^{+\infty} g(x)e^{imx}\,dx=2\pi i\sum_{\mathrm{Im}a_k>0}\mathrm{Res}[g(z)e^{imz},z_k]$，特别地分开实、虚部就可以得到 $\int_{-\infty}^{+\infty}\dfrac{P(x)}{Q(x)}\cos mx\,dx$ 与 $\int_{-\infty}^{+\infty}\dfrac{P(x)}{Q(x)}\sin mx\,dx$ 的积分.

【例 5-14】 计算积分 $\int_{-\infty}^{+\infty}\dfrac{e^{ix}}{x^2+a^2}dx, a>0$.

解 首先求出辅助函数 $f(z)=\dfrac{e^{iz}}{z^2+a^2}$ 在上半平面的全部奇点. 由 $z^2+a^2=0$ 解得 $z=ai$ 与 $z=-ai$ 为 $f(z)$ 的奇点，而 $a>0$，所以，$f(z)$ 在上半平面只有一个奇点 ai，且 ai 为 $f(z)$ 的一级极点. 其次，计算留数. 有

$$\mathrm{Res}\left[\frac{e^{iz}}{z^2+a^2},ai\right]=\lim_{z\to ai}(z-ai)\frac{e^{iz}}{(z-ai)(z+ai)}=\frac{e^{-a}}{2ai}$$

最后得

$$\int_{-\infty}^{+\infty}\frac{e^{ix}}{x^2+a^2}dx=2\pi i\cdot\mathrm{Res}\left[\frac{e^{iz}}{z^2+a^2},ai\right]=\frac{\pi}{ae^{a}}.$$

4. 计算积分路径上有奇点的积分

前面所讲的三种类型都是 $f(z)$ 在实轴上没有奇点的情况，如果 $f(z)$ 在实轴上有奇点. 那么前述计算方法不完全适用. 例如 $f(z)$ 在实轴上有一个奇点 $z=a$（a 为实数），要计算 $\int_{-\infty}^{+\infty}f(x)dx$，在作辅助线时，应绕过奇点 $z=a$，具体办法是在上半平面，作一个以 $z=a$ 为心，半径为 ε 的半圆周 C_ε，积分沿 C_ε 进行，然后令 $\varepsilon\to 0$ 取极限（见图 5.3）

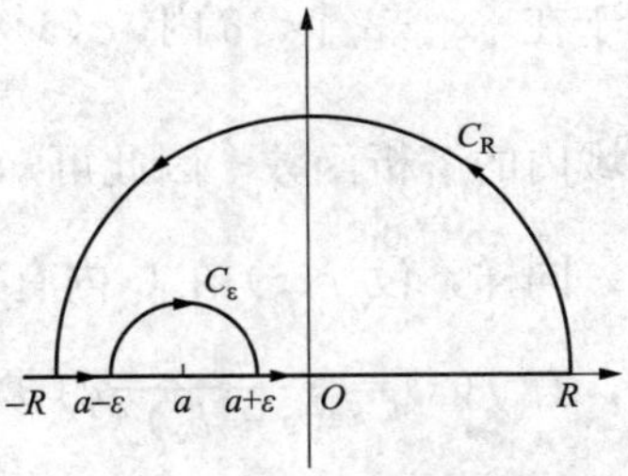

图 5.3

$$\oint_l f(z)dz=\int_{-R}^{a-\varepsilon}f(x)dz+\int_{C_\varepsilon}f(z)dz+\int_{a+\varepsilon}^{R}f(x)dx+\int_{C_R}f(z)dz$$

令 $R\to\infty$，上式左端用留数定理计算，再令 $\varepsilon\to 0$

$$\int_{-\infty}^{+\infty}f(x)dx=\lim_{\varepsilon\to 0}\left[\int_{-\infty}^{a-\varepsilon}f(x)dx+\int_{a+\varepsilon}^{+\infty}f(x)dx\right]$$

$$=\oint_l f(z)dz-\lim_{\varepsilon\to 0}\int_{C_\varepsilon}f(z)dz-\int_{C_R}f(z)dz.$$

若 $\int_{C_R}f(z)dz$ 满足引理条件，主要的就是求积分 $I=\lim_{\varepsilon\to 0}\int_{C_\varepsilon}f(z)dz$. 如果实轴上有 n 个奇点，那么分别以各奇点为心，ε 为半径作上半平面的半圆，绕过奇点即可.

*§5.4 辐角原理及其应用

1. 对数留数

我们把具有下列形式的积分 $\dfrac{1}{2\pi i}\oint_C\dfrac{f'(z)}{f(z)}dz$ 称为 $f(z)$ 关于曲线 C 的对数留数. 事实上，对数留数就是函数 $f(z)$ 的对数的导数 $\dfrac{f'(z)}{f(z)}$ 在它位于 C 内的孤立奇点处的留数的代数和.

关于对数留数，我们有下面的一个重要定理．

定理 5.9 如果 $f(z)$ 在简单闭曲线 C 上解析且不为零，在 C 的内部除去有限个极点以外也处处解析，那么

$$\frac{1}{2\pi i}\oint_C \frac{f'(z)}{f(z)}\mathrm{d}z = N - P \tag{5-20}$$

其中，N 为 $f(z)$ 在 C 内零点的总个数，P 为 $f(z)$ 在 C 内极点的总个数，且 C 取正向．在计算零点与极点的个数时，m 级的零点或极点算作 m 个零点或极点．

证 设 $f(z)$ 在 C 内有一个 n_k 级的零点 a_k，那么在 a_k 的邻域 $|z-a_k|<\delta$ 内，有 $f(z)=(z-a_k)^{n_k}\varphi(z)$．其中 $\varphi(z)$ 是这一邻域内的一个解析函数，且 $\varphi(a_k)\neq 0$，从而在这个邻域内 $\varphi(z)\neq 0$，因为解析函数的零点是孤立的．所以

$$f'(z) = n_k(z-a_k)^{n_k-1}\varphi(z) + (z-a_k)^{n_k}\varphi'(z) \tag{5-21}$$

故在 $0<|z-a_k|<\delta$ 内，有

$$\frac{f'(z)}{f(z)} = \frac{n_k}{z-a_k} + \frac{\varphi'(z)}{\varphi(z)}$$

由于在 $|z-a_k|<\delta$ 内，$\varphi(z)$ 解析，因而 $\varphi'(z)$ 也解析，并且 $\varphi(z)\neq 0$，所以 $\dfrac{\varphi'(z)}{\varphi(z)}$ 是这一邻域内的解析函数．因此可知 a_k 是 $\dfrac{f'(z)}{f(z)}$ 的一级极点且留数为 n_k．

同样，设 $f(z)$ 在 C 内有一个 p_k 级的极点 b_k，那么在 b_k 的去心邻域 $0<|z-b_k|<\delta'$ 内，有 $f(z)=\dfrac{1}{(z-b_k)^{p_k}}\psi(z)$．其中 $\psi(z)$ 是邻域 $|z-b_k|<\delta'$ 内的一个解析函数，且 $\psi(b_k)\neq 0$，从而在这个邻域内 $\psi(z)\neq 0$．

$$f'(z) = -p_k(z-b_k)^{-p_k-1}\psi(z) + (z-b_k)^{-p_k}\psi'(z)$$

故在 $0<|z-b_k|<\delta'$ 内，有

$$\frac{f'(z)}{f(z)} = \frac{-p_k}{z-b_k} + \frac{\psi'(z)}{\psi(z)}$$

由于在 $|z-b_k|<\delta'$ 内，$\psi(z)$ 解析，因而 $\psi'(z)$ 也解析，且 $\psi(z)\neq 0$，所以 $\dfrac{\psi'(z)}{\psi(z)}$ 是这一邻域内的解析函数．因此知 b_k 是函数 $\dfrac{f'(z)}{f(z)}$ 的一级极点且留数为 $-p_k$．

如果 $f(z)$ 在 C 内有 l 个级数分别为 $n_1,n_2,\cdots,n_l$ 的零点 $a_1,a_2,\cdots,a_l$ 和 m 个级数分别为 $p_1,p_2,\cdots,p_m$ 的极点 $b_1,b_2,\cdots,b_m$，那么根据以上所述和留数定理，得

$$\frac{1}{2\pi i}\int_C \frac{f'(z)}{f(z)}\mathrm{d}z = \sum_{k=1}^{l}\mathrm{Res}\left[\frac{f'(z)}{f(z)},a_k\right] + \sum_{k=1}^{m}\mathrm{Res}\left[\frac{f'(z)}{f(z)},b_k\right]$$

即 $\dfrac{1}{2\pi i}\displaystyle\int_C \frac{f'(z)}{f(z)}\mathrm{d}z = (n_1+n_2+\cdots+n_l)-(p_1+p_2+\cdots+p_m)$ 或 $\dfrac{1}{2\pi i}\displaystyle\oint_C \frac{f'(z)}{f(z)}\mathrm{d}z = N-P$.

2. 辐角原理

公式 $\dfrac{1}{2\pi i}\displaystyle\oint_C \frac{f'(z)}{f(z)}\mathrm{d}z$ 是 $f(z)$ 的对数留数．为了说明这个定义，我们将它写成

$$\frac{1}{2\pi i}\oint_C \frac{f'(z)}{f(z)}\mathrm{d}z = \frac{1}{2\pi i}\oint_C [\mathrm{Ln}f(z)]'\mathrm{d}z = \frac{1}{2\pi i}\oint_C \mathrm{dLn}f(z)$$

$$= \frac{1}{2\pi i}\left[\oint_C \mathrm{d}\ln|f(z)| + i\oint_C \mathrm{d}\arg f(z)\right]$$

函数 $\ln|f(z)|$ 是 z 的单值函数，当 z 从 z_0 起绕行围绕 C 一周回到 z_0 时，有 $\oint_C \mathrm{d}\ln|f(z)| = \ln|f(z_0)| - \ln|f(z_0)| = 0$.

另一方面，当 z 从 z_0 起沿围线 C 的正方向绕行一周而回到 z_0 时，$\arg f(z)$ 的值可能改变. 对应的 $\omega = f(z)$ 从 $\omega_0 = f(z_0)$ 起围绕原点 $\omega = 0$ 二周后又回到起点 $\omega_0 = f(z_0)$. 显然 $\arg f(z)$ 的终值 φ_1 与始值 φ_0 相差 4π. 于是我们得

$$\frac{1}{2\pi i}\oint_C \frac{f'(z)}{f(z)}\mathrm{d}z = \frac{i(\varphi_1 - \varphi_0)}{2\pi i} = \frac{\Delta_C \arg f(z)}{2\pi} \tag{5-22}$$

式 (5-22) 中 $\Delta_C \arg f(z)$ 表示 z 沿 C 之正方向绕行一周后 $\arg f(z)$ 的改变量. 它一定是 2π 的整数倍. 这样我们可以将定理 5.9 改写成如下定理.

定理 5.10（辐角原理） 在定理 5.9 的条件下，$f(z)$ 在围绕 C 内部的零点个数与极点个数之差，等于当 z 沿 C 之正向绕行一周后 $\arg f(z)$ 的改变量 $\Delta_C \arg f(z)$ 除以 2π，即

$$N(f,C) - P(f,C) = \frac{\Delta_C \arg f(z)}{2\pi}. \tag{5-23}$$

特别说来，如 $f(z)$ 在围绕 C 上 及 C 之内部均解析，且 $f(z)$ 在 C 上不为零，则

$$N(f,C) = \frac{\Delta_C \arg f(z)}{2\pi}.$$

3. 路西定理

利用路西定理，我们能对两个函数的零点的个数进行比较.

设 $f(z)$ 和 $g(z)$ 在简单闭曲线 C 上和 C 内解析，且在 C 上满足条件 $|g(z)| < |f(z)|$. 这样，在 C 上 $|f(z)| > 0$，$|f(z) + g(z)| \geqslant |f(z)| - |g(z)| > 0$. 这就是说，在 C 上 $f(z)$ 和 $f(z) + g(z)$ 都不等于零. 设 N 与 N' 分别为函数 $f(z)$ 与 $f(z) + g(z)$ 在 C 的内部的零点个数，由于这两个函数在 C 的内部解析，因此根据辐角原理，有

$$N = \frac{1}{2\pi}\Delta_C \arg f(z) \quad N' = \frac{1}{2\pi}\Delta_C \arg[f(z) + g(z)]$$

由于在 C 上，$f(z)$ 不等于零，$f(z) + g(z)$ 可以写成 $f(z) + g(z) = f(z)\left[1 + \frac{g(z)}{f(z)}\right]$. 故有

$$\Delta_C \arg[f(z) + g(z)] = \Delta_C \arg f(z) + \Delta_C \arg\left[1 + \frac{g(z)}{f(z)}\right].$$

令 $\omega = 1 + \frac{g(z)}{f(z)}$，那么 $|\omega - 1| = \left|\frac{g(z)}{f(z)}\right| < 1$，即 ω 在以 1 为中心的单位圆内，所以 C 的象曲线 Γ 不围绕原点，从而有 $\Delta_C \arg\left[1 + \frac{g(z)}{f(z)}\right] = 0$，故

$$\Delta_C \arg[f(z) + g(z)] = \Delta_C \arg f(z)$$

即 $N = N'$. 这就是说，$f(z)$ 与 $f(z) + g(z)$ 在 C 内的零点的个数相同. 这个结果称为路西定理.

定理 5.11（路西定理） 设 $f(z)$ 与 $g(z)$ 在简单闭曲线 C 上和 C 内解析，且在 C 上满足条件 $|g(z)| < |f(z)|$，那么在 C 内 $f(z)$ 与 $f(z) + g(z)$ 的零点的个数相同.

【例 5-15】 试证方程 $a_0 z^n + a_1 z^{n-1} + \cdots + a_{n-1} z + a_n = 0 (a_0 \neq 0)$ 有 n 个根（n 重根就

算作 n 个根).

证 令 $f(z)=a_0z^n, g(z)=a_1z^{n-1}+\cdots+a_{n-1}z+a_n$. 那么

$$\left|\frac{g(z)}{f(z)}\right|=\left|\frac{a_1z^{n-1}+\cdots+a_{n-1}z+a_n}{a_0z^n}\right|\leqslant\left|\frac{a_1}{a_0}\right|\cdot\frac{1}{|z|}+\left|\frac{a_2}{a_0}\right|\cdot\frac{1}{|z|^2}+\cdots+\left|\frac{a_n}{a_0}\right|\cdot\frac{1}{|z|^n}$$

取 $|z|\geqslant R$, R 充分大, 可得 $\left|\frac{g(z)}{f(z)}\right|<1$, 即在圆 $|z|=R$ 上和圆外关系式 $|g(z)|<|f(z)|$ 成立. 显然 $f(z)$ 与 $g(z)$ 在圆 $|z|=R$ 上与圆内都是解析的. 根据路西定理, $f(z)=a_0z^n$ 和 $f(z)+g(z)=a_0z^n+a_1z^{n-1}+\cdots+a_{n-1}z+a_n$ 在圆内有相同个数的零点. 但 $f(z)$ 在圆内的零点的个数是 n, 所以 $f(z)+g(z)$ 在圆内的零点的个数也是 n, 又由于在圆上和圆外关系 $|g(z)|<|f(z)|$ 成立, 因此在圆上和圆外 $g(z)+f(z)=0$ 不能有根, 不然, 将有 $|g(z)|=|f(z)|$, 与上述关系 $|g(z)|<|f(z)|$ 相矛盾. 因此原方程有 n 个根.

【例 5-16】 求函数 $f(z)=\dfrac{1+z^2}{1-\cos 2\pi z}$ 关于圆周 $|z|=\pi$ 的对数留数.

解 令 $1+z^2=0$, 得 $f(z)$ 的两个一级零点 i 与 $-i$. 再令 $g(z)=1-\cos 2\pi z=0$, 得 $g(z)$ 的无穷多个零点 $z_n=n, n=0, \pm 1, \pm 2, \cdots$, 由于 $g'(z)=2\pi\sin 2\pi z$, $g''(z)=4\pi^2\cos 2\pi z$, 因此 $g'(z_n)=0$, $g''(z_n)=4\pi^2\neq 0$, 所以这些零点都是二级零点, 从而是 $f(z)$ 的二级极点.

在圆 $|z|=\pi$ 的内部有 $f(z)$ 的两个一级零点和七个二级极点: $z_0=0, z_1=1, z_2=-1, z_3=2, z_4=-2, z_5=3, z_6=-3$, 故由对数留数公式得

$$\frac{1}{2\pi i}\oint_{|z|=\pi}\frac{f'(z)}{f(z)}\mathrm{d}z=2-7\times 2=-12.$$

本章小结

本章的中心内容为留数定理. 利用留数定理能够将沿封闭曲线的积分转化为计算函数在孤立奇点处的留数, 对于定积分中的一部分较难、较繁的反常积分, 使用留数可以大大简化计算. 留数定理是理论探讨的基础, 在实际应用中具有重大意义.

一、知识要点

1. 孤立奇点

通过对洛朗展式主要部分的讨论分为可去奇点、极点、本性奇点. 可通过极限法判别奇点的类别. 对于极点的判别方法会更复杂一些.

2. 零点与极点的关系

如果 z_0 是的 $f(z)$ 的 m 级极点, 那么 z_0 就是 $\dfrac{1}{f(z)}$ 的 m 级零点. 反之亦然.

3. 函数在无穷远点的性态

做变换 $t=\dfrac{1}{z}$, 这个变换把扩充 z 平面上的无穷远点 $z=\infty$ 映射成扩充 t 平面上的点 $t=0$. 规定: 如果 $t=0$ 是 $\varphi(t)$ 的可去奇点、m 级极点或本性奇点, 则称点 $z=\infty$ 是 $f(z)$ 的可去奇点、m 级极点或本性奇点. 并依此得到判别定理 5.2～5.4.

4. 留数及其计算与留数定理

留数定理 1 设 $f(z)$ 在正向简单闭曲线 C 所围区域 D 内, 除 $z_1, z_2, \cdots, z_n$ 外解析, 在闭

域 $\bar{D}=D+C$ 上除 $z_1,z_2,\cdots,z_n$ 外连续，则

$$\oint_C f(z)\mathrm{d}z=2\pi i\sum_{k=1}^{n}\mathrm{Res}[f(z),z_k].$$

(1) 可去奇点的留数：如果 z_0 是函数 $f(z)$ 的可去奇点，则 $f(z)$ 在 z_0 点的洛朗展开式的主要部分为零，即不含负幂项，从而 $c_{-1}=0$，故 $\mathrm{Res}[f(z),z_0]=0$.

(2) 极点的留数：

规则Ⅰ 如果 z_0 为 $f(z)$ 的一级极点，那么

$$\mathrm{Res}[f(z),z_0]=\lim_{z\to z_0}(z-z_0)f(z).$$

规则Ⅱ 如果 z_0 为 $f(z)$ 的 m 级极点，那么

$$\mathrm{Res}[f(z),z_0]=\frac{1}{(m-1)!}\lim_{z\to z_0}\frac{\mathrm{d}^{m-1}}{\mathrm{d}z^{m-1}}[(z-z_0)^m f(z)].$$

如果函数 $f(z)$ 的极点 z_0 的级数不是 m，它的实际级数为 n，要比 m 低，这时为了计算方便可以将 $f(z)$ 的极点 z_0 的级数视作 m 级，反而更简便.

规则Ⅲ 设函数 $f(z)=\dfrac{P(z)}{Q(z)}$，其中 $P(z)$ 及 $Q(z)$ 在 z_0 解析，且 $P(z_0)\neq 0$，$Q(z_0)=0$，$Q'(z_0)\neq 0$，那么 z_0 为 $f(z)$ 的一级极点，有

$$\mathrm{Res}[f(z),z_0]=\frac{P(z_0)}{Q'(z_0)}.$$

(3) 本性奇点的留数：只能将 $f(z)$ 在 z_0 展开为洛朗级数求解得 $\mathrm{Res}[f(z),z_0]=c_{-1}$.

(4) 函数在无穷远点的留数：等于 $f(z)$ 在 ∞ 的洛朗展式中 $\dfrac{1}{z}$ 的系数的反号.

留数定理 2 如果 $f(z)$ 在扩充复平面上只有有限个孤立奇点（包括无穷远点在内），设为 $z_1,z_2,\cdots,z_n,\infty$，则 $f(z)$ 在各点的留数总和为零.

即

$$\sum_{k=1}^{n}\mathrm{Res}[f(z),z_k]+\mathrm{Res}[f(z),\infty]=0.$$

规则Ⅳ

$$\mathrm{Res}[f(z),\infty]=-\mathrm{Res}\left[f\left(\frac{1}{t}\right)\frac{1}{t^2},0\right]$$

留数定理 1 适用于 $f(z)$ 在正向简单闭曲线 C 所围区域 D 内的孤立奇点个数较少，极点级别较低的情况，否则使用留数定理 2.

5. 留数在定积分计算中的应用

利用留数计算积分是一个有效的方法，其要点是选择适当的路径将它转化为沿闭路的积分，这里将常见的借助于留数定理来计算，在满足一定条件下可计算积分类型如下.

(1) $\int_0^{2\pi}\mathrm{R}(\cos\theta,\sin\theta)\mathrm{d}\theta$ 型积分.

(2) $\int_{-\infty}^{+\infty}\dfrac{P(x)}{Q(x)}\mathrm{d}x$ 型积分.

(3) $\int_{-\infty}^{+\infty}\dfrac{P(x)}{Q(x)}\mathrm{e}^{imx}\mathrm{d}x$ 型积分.

特别地分开实、虚部就可以得到 $\int_{-\infty}^{+\infty}\dfrac{P(x)}{Q(x)}\cos mx\,\mathrm{d}x$ 与 $\int_{-\infty}^{+\infty}\dfrac{P(x)}{Q(x)}\sin mx\,\mathrm{d}x$ 的积分.

（4）计算积分路径上有奇点的积分.

二、基本要求和重点、难点分析

1. 孤立奇点

（1）理解孤立奇点的概念及其分类.

（2）掌握可去奇点、极点及本性奇点的特征，会用多种方法判断孤立奇点的类别.

（3）熟悉零点与极点的关系，会利用零点判断极点的级别.

（4）理解无穷远点孤立奇点的概念，熟悉零点与无穷远点的关系，会利用零点判断无穷远点孤立奇点的类别.

2. 留数及其计算

（1）理解留数的概念，特别注意无穷远点的留数与有限点留数概念的区别.

（2）掌握计算留数的一般方法.

（3）熟练掌握极点处留数的计算方法.

3. 留数定理及应用

（1）熟练掌握利用留数定理一和留数定理二计算闭路复积分的方法.

（2）掌握应用留数计算$\int_0^{2\pi} R(\cos\theta,\sin\theta)\,d\theta$型积分、$\int_{-\infty}^{+\infty}\frac{P(x)}{Q(x)}dx$型积分及$\int_{-\infty}^{+\infty}\frac{P(x)}{Q(x)}e^{imx}dx$型积分.

（3）了解应用留数定理计算实积分的围道积分法.

本章重点：函数的孤立奇点的分类，函数在孤立奇点处的留数和留数定理，利用留数计算复积分与实积分

本章难点：孤立奇点的分类、利用留数计算积分.

习 题 5

一、填空题

1. $z=3$ 是函数 $\sin\frac{1}{z-3}$ 的孤立奇点，它属于________类型，$\mathrm{Res}\left[\sin\frac{1}{z-3},3\right]=$________.

2. $z=0$ 是函数 $z-\sin z$ 的________级零点.

3. 若 $f(z)=k\cdot\sin z$（k 为常数且不为零），则 $z=m\pi(m=0,\pm1,\pm2,\cdots)$ 为 $f(z)$ 的________级零点.

4. $\frac{1}{(z-1)^3}$ 在点 $z=1$ 处的留数为________.

5. 函数 $f(z)=\frac{1}{(1+z)(z^2-2z)}$ 在点 $z=2$ 的留数为________.

二、单项选择题

1. 设点 a 为 $f(z)$ 的孤立奇点，若 $\lim\limits_{z\to a}f(z)=c(\neq\infty)$，则点 a 为 $f(z)$ 的（　　）.

（A）本性奇点；　（B）极点；　（C）可去奇点；　（D）解析点.

2. 若 $f(z)=\frac{1}{z(z-1)}$，则 $\mathrm{Res}[f,1]=$（　　）.

(A) 3； (B) 0； (C) 1； (D) 2.

3. 若点 a 为 $f(z)$ 的可去奇点，则 $\mathrm{Res}[f,a]=$（ ）.

(A) $\frac{1}{2}$； (B) $-\frac{1}{2}$； (C) 0； (D) i.

4. $z=0$ 是 $\frac{z-\sin z}{z^6}$ 的（ ）级极点.

(A) 一级； (B) 二级； (C) 三级； (D) 不是极点.

5. $z=0$ 是函数 $\frac{\sin z^2}{z}$ 的（ ）.

(A) 本性奇点； (B) 极点； (C) 连续点； (D) 可去奇点.

6. $\sin\frac{1}{z}$ 在点 $z=0$ 处的留数为（ ）.

(A) -1； (B) 0； (C) 1； (D) 2.

7. $z=\infty$ 为函数 $\frac{3+2z+z^3}{z^2}$ 的（ ）.

(A) 可去奇点； (B) 一级极点； (C) 二级极点； (D) 本性奇点.

8. 设点 a 为解析函数 $f(z)$ 的 m 级极点，那么 $\mathrm{Res}\left[\frac{f'(z)}{f(z)},a\right]=$（ ）.

(A) m； (B) $-m$； (C) $m-1$； (D) $-(m-1)$.

9. $\mathrm{Res}[z^3\cos\frac{2i}{z},\infty]=$（ ）.

(A) $\frac{2}{3}$； (B) $-\frac{2}{3}$； (C) $\frac{2}{3}i$； (D) $-\frac{2}{3}i$.

10. 积分 $\oint_{|z|=\frac{3}{2}}\frac{z^9}{z^{10}-1}\mathrm{d}z=$（ ）.

(A) 0； (B) $2\pi i$； (C) 10； (D) $\frac{\pi i}{5}$.

三、判断题

1. 奇点一定是孤立奇点.（ ）

2. 如果洛朗级数中不含 $z-z_0$ 的负幂项，那么孤立奇点 z_0 称为 $f(z)$ 的可去奇点.（ ）

3. 一个不恒为零的解析函数的零点是孤立的.（ ）

4. 当 $z=\infty$ 是 $f(z)$ 的可去奇点时，我们可认为 $f(z)$ 在 ∞ 是解析的，只要取 $f(\infty)=\lim\limits_{z\to\infty}f(z)$.（ ）

5. $f(z)$ 在 z_0 的留数就是 $f(z)$ 在以 z_0 为中心的圆环域内的洛朗级数中负幂项 $c_{-1}(z-z_0)^{-1}$ 的系数的相反数.（ ）

6. 如果 z_0 是本性奇点，只能把 $f(z)$ 在 z_0 展开成洛朗级数来计算它的留数值.（ ）

7. $z=\infty$ 一定是孤立奇点.（ ）

8. 无穷远点的留数计算只能使用规则Ⅳ.（ ）

四、计算题

1. 求下列函数的奇点，并确定它们的类型.

(1) $f(z)=\dfrac{\sin z}{z^4}$； (2) $f(z)=\dfrac{1}{e^z-1}\cdot\dfrac{1}{z}$； (3) $f(z)=\dfrac{2}{\sin z-\cos z}$.

2. 求下列各函数的极点，指出它们的级 .

(1) z^2-z-2； (2) $\left(\dfrac{z+1}{z-1}\right)^2$； (3) $\dfrac{1}{z^2\sin z}$.

3. 求出下列函数 $f(z)$ 孤立奇点处的留数 .

(1) $\dfrac{1}{z^3-z^5}$； (2) $\dfrac{e^z}{z^2(z^2+9)}$； (3) $\cos\dfrac{1}{z-2}$； (4) $\sin\dfrac{z}{z+1}$.

五、解答题

1. 求 $\dfrac{z^7}{(z^2-1)^3(z^2+2)}$ 在各有限的孤立奇点处的留数和 .

2. 求下列各积分的值 .

(1) $\oint_C \dfrac{\text{ch}z}{z^3}dz$，其中 C 为以 $\pm 2\pm 2i$ 为顶点的正方形；

(2) $\oint_{|z|=1} e^{-\frac{1}{z}}\sin\left(\dfrac{1}{z}\right)dz$；

(3) $\oint_C \dfrac{2+3\sin\pi z}{z\,(z-1)^2}dz$，其中 C 为以 $\pm 3\pm 3i$ 为顶点的正方形；

(4) $\oint_{|z|=\frac{\sqrt{2}\pi}{2}} \dfrac{\text{sh}3z}{\left(z-\dfrac{\pi}{4}i\right)^3}dz.$

3. 计算积分 $I=\oint_{|z|=\frac{3}{2}} \dfrac{z^{10}}{(z+4)^2\,(z-2)^3}dz.$

4. 利用留数定理计算下列实积分 .

(1) $\int_0^{\frac{\pi}{2}} \dfrac{1}{a+\sin^2\theta}d\theta \quad (a>0)$；

(2) $\int_{-\infty}^{+\infty} \dfrac{dx}{(x^2+a^2)^2(x^2+b^2)} \quad (a>0,b>0,a\neq b)$；

(3) $\int_{-\infty}^{+\infty} \dfrac{x\sin mx}{(x^2+a^2)^2}d\theta, \quad (m>0,a>0).$

第 6 章　共　形　映　射

复变函数主要是对解析函数的有关性质与应用进行研究的，在前面的几章中，我们已经通过对导数、积分、级数等概念及它们的性质做了着重的讨论，这一章，我们将从几何角度对解析函数的性质及应用进行进一步研究．

在第一章我们了解到，一个定义在某区域 D 上的复变函数 $w=f(z)$ 在几何上表示从 Z 平面到 W 平面的一个映射．本章我们先给出解析函数所构成的1—1映射（共形映射）的概念，它是复变函数中最重要的概念之一，然后进一步研究分式线性函数和几个初等函数所构成的共形映射的性质及其一些重要特征. 通过对共形映射的学习，我们可以把比较复杂的区域上的问题转化到比较简单的区域上来研究，这种研究方法已经成功地解决了许多学科（例如，流体力学、空气动力学、弹性力学、电学等）在实际应用中所遇到的问题．

§6.1　共形映射的概念

1. 导数的几何意义

我们知道，Z 平面内的一条有向连续曲线 C 可用方程组

$$\begin{cases} x=x(t) \\ y=y(t) \end{cases},(\alpha\leqslant t\leqslant\beta)$$

表示，其中 $x(t),y(t)$ 均为连续的实函数，写成复数形式

$$z=z(t)=x(t)+iy(t)\ (\alpha\leqslant t\leqslant\beta)$$

其中 $z(t)$ 为连续函数．

我们规定它的正向取为 t 增大时点 z 移动的方向，且通过 C 上两点 p_0 与 p 的割线 p_0p 的正向对应于参数 t 增大的方向，这里 $z(t_0+\Delta t)$ 与 $z(t_0)$ 分别为点 p 与 p_0 所对应的复数. 则向量 $\dfrac{z(t_0+\Delta t)}{\Delta t}$ 的方向与 p_0p 的正向相同．

当点 p 沿 C 无限趋于点 p_0 时，割线 p_0p 的极限位置就是 C 上 p_0 处的切线. 因此，表示

$$z'(t_0)=\lim_{\Delta t\to 0}\frac{z(t_0+\Delta t)-z(t_0)}{\Delta t}$$

的向量与 C 相切于点 $z_0=z(t_0)$，并且方向与 C 的正向一致. 如果我们规定这个向量的方向作为 C 上点 z_0 处的切线的方向，则就有如下的事实：

$\arg z'(t)$ 就是在 C 上点 z_0 处切线的正向与 x 轴正向之间的夹角，(称为切线倾角). 这就是导数的几何意义．

2. 解析函数的导数的几何意义

首先研究解析函数 $w=f(z)$ 在点 z_0 处导数辐角的几何意义．

设函数 $w=f(z)$ 是区域 D 内的解析函数. 设 $z_0\in D,w_0=f(z_0)$. 则我们就有 $f(z_0)\neq 0$. 考虑在过 z_0 的一条简单光滑曲线 C

$$z = z(t) = x(t) + iy(t)\,(\alpha \leqslant t \leqslant \beta)$$

其中 $x(t)$，$y(t)$ 是实部和虚部．

由于

$$\frac{\mathrm{d}z}{\mathrm{d}t} = z'(t) = x'(t) + iy'(t)$$

曲线 C 在 $z = z_0$ 的切线与实轴的夹角是 $z'(t_0)$ 的辐角 $\arg z'(t)$．现在证明如下：

作通过曲线 C 上的点 $z_0 = z(t_0)$ 及 $z_1 = z(t_1)$ 的割线，由于割线的方向与向量 $\frac{z_1 - z_0}{t_1 - t_0}$ 的方向一致，可以看出：只要当 t_1 趋近于 t_0 时，向量 $\frac{z_1 - z_0}{t_1 - t_0}$ 与实轴的夹角 $\arg\frac{z_1 - z_0}{t_1 - t_0}$ 连续变动趋近于极限，那么当 t_1 趋近于 t_0 时，割线确有极限位置，即为曲线 C 在 $z = z_0$ 的切线的位置．但由光滑曲线的条件，极限

$$\lim_{t_1 \to t_0} \frac{z_1 - z_0}{t_1 - t_0} = z'(t) \neq 0$$

存在．因此，下列极限也存在

$$\lim_{t_1 \to t_0} \arg\frac{z_1 - z_0}{t_1 - t_0} = \arg z'(t_0)$$

它就是曲线 C 在 $z_0 = z(t_0)$ 处切线与实轴的夹角，在这里辐角是连续变动的，并且极限式两边辐角的数值是相应地适当选取的．

函数 $w = f(z)$ 把简单光滑曲线 C 映射成过 $w_0 = f(z_0)$ 的一条简单曲线

$$\Gamma: w = f[z(t)]\,(\alpha \leqslant t \leqslant \beta)$$

由于 $\frac{\mathrm{d}w}{\mathrm{d}t} = f'[z(t_0)]z'(t_0)$，可见 Γ 也是一条光滑曲线．它在 w_0 的切线与实轴的夹角是

$$\arg f'[z(t_0)]z'(t_0) = \arg f'[z(t_0)] + \arg z'(t_0)$$

这一数值与曲线 C 的形状及在 z_0 处切线的方向无关，如图 6.1 所示．

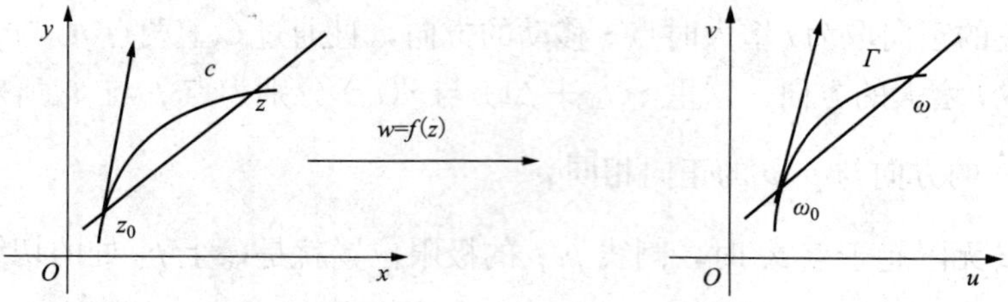

图 6.1

设在 D 内过 z_0 还有一条简单光滑曲线 C_1：$z = z_1(t)$，函数 $w = f(z)$ 把它映射成一条简单光滑曲线 Γ_1：$w = f(z_1(t))$．和上面一样，C_1 与 Γ_1 在 z_0 及 w_0 处切线与实轴的夹角分别是 $\arg z_1{}'(t_0)$ 及

$$\arg f'(z_1(t_0))z_1{}'(t_0) = \arg f'(z_1(t_0)) + \arg z_1{}'(t_0)$$

所以，在 w_0 处曲线 Γ 到曲线 Γ_1 的夹角恰好等于在 z_0 处曲线 C 到曲线 C_1 的夹角

$$\arg f'(z_1(t_0))z_1{}'(t_0) - \arg f'(z(t_0))z'(t_0) = \arg z_1{}'(t_0) - \arg z'(t_0)$$

因此用解析函数作映射时，曲线间的夹角的大小及方向保持不变，我们称这个性质为解析函数所作映射的保角性，如图 6.2 所示．

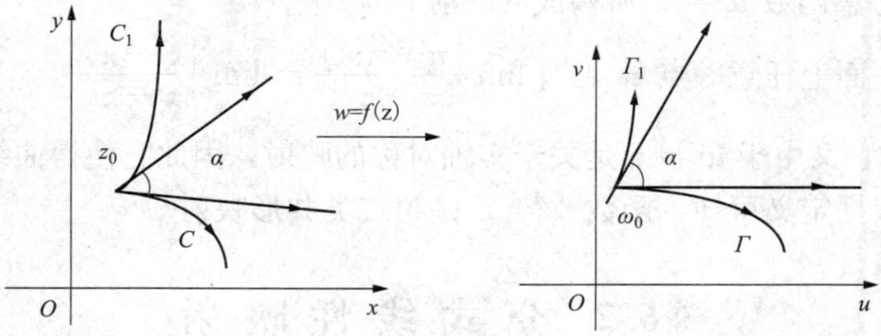

图 6.2

上面是对解析函数导数的辐角所作的几何解释，下面再说明一下它的模的几何意义．根据假设，我们有

$$|f'(z_0)| = \lim_{z \to z_0} \frac{|f(z) - f(z_0)|}{|z - z_0|} = \lim_{z \to z_0} \frac{\Delta\sigma}{\Delta s} = \frac{d\sigma}{ds} \tag{6-1}$$

其中 Δs 、$\Delta\sigma$ 分别表示曲线 C 与 Γ 上弧长的增量，即

$$d\sigma = |f'(z_0)|\,ds \tag{6-2}$$

式（6-1）表明，象点间无穷小距离 $\Delta\sigma$ 与原点间无穷小距离 Δs 之比极限为 $|f'(z_0)|$．式（6-2）表明，象曲线 Γ 在点 w_0 处弧微分等于原曲线 C 在点 z_0 处弧微分与 $|f'(z_0)|$ 之积．我们把 $|f'(z_0)|$ 称为在点 z_0 处伸缩率．

现在用几何直观来说明解析函数所作映射的意义．设 $w = f(z)$ 是在区域 D 内解析的函数，$z_0 \in D, w_0 \in f(z_0), z_0 \in D, f'(z_0) \neq 0$，那么 $w = f(z)$ 把 z_0 的一个邻域内任一小三角形映射成 W 平面上含 w_0 的一个区域内的三角形．这两个三角形的对应角相等，对应边近似成比例．因此这两个三角形近似地是相似形．此外，$w = f(z)$ 还把 Z 平面上半径充分小的圆 $|z - z_0| = \rho$ 近似地映射成圆 $|w - w_0| = |f'(z_0)|\rho(0 < \rho < +\infty)$．

所以，我们把解析函数所确定的映射称为保形映射或映照，或称为共形映射或保角映射．它在每一点保角，并且在每一点具有一定的伸缩率．

综上所述，我们就有如下的定理．

定理 6.1 设函数 $w = f(z)$ 在区域 D 内解析，z_0 为 D 内的一点，且 $f'(z_0) \neq 0$，那么映射 $w = f(z)$ 在 z_0 具有两个性质：

（1）保角性．即通过 z_0 的两条曲线间的夹角跟经过映射后所得两曲线间的夹角在大小和方向上保持不变．

（2）伸缩率的不变性．即通过 z_0 的任何一条曲线的伸缩率均为 $|f'(z_0)|$ 而与其形状和方向无关．

3. 共形映射的概念

定义 6.1 设 $w = f(z)$ 在点 z_0 处的邻域内是一一映射的，在点 z_0 处具有保角性和伸缩率的不变性，称映射 $w = f(z)$ 在点 z_0 处是共形（或保形、保角）的，或称 $w = f(z)$ 在点 z_0 处是共形映射（或保形映射、保角映射）．若函数 $f(z)$ 在区域 D 内解析，且 $f'(z_0) \neq 0$，则它所构成的映射是共形映射．

定义 6.2 设映射 $w = f(z)$ 具有伸缩率不变性，且保持曲线间夹角的大小不变，方向也不变，称这映射为第一类共形映射．如果它在 D 内任意一点保持曲线的交角的大小不变但方向相反和伸缩率不变，则称 $w = f(z)$ 是第二类共形映射．

【例 6-1】 考察函数 $w=\bar{z}$ 所构成的映射.

解 对于复平面上任意一点 z_0，有 $\lim\limits_{z\to z_0}\dfrac{|w-w_0|}{|z-z_0|}=\lim\limits_{z\to z_0}\dfrac{|\bar{z}-\bar{z}_0|}{z-z_0}=1$，因此映射 $w=\bar{z}$ 具有伸缩不变性，又由于 $w=\bar{z}$ 是关于实轴对称的映射，因此它使得曲线的交角的大小不变但方向相反，根据定义可知，函数 $w=\bar{z}$ 是第二类共形映射.

§6.2 分式线性映射

分式线性映射是共性映射中最简单最基本的映射，也是本章重点讨论的内容.

1. 分式线性映射的概念

定义 6.3 称变换

$$w=\frac{az+b}{cz+d} \tag{6-3}$$

为分式线性映射，此映射又称为双线性映射，其中的 a,b,c,d 为常数，且 $ad-bc\neq 0$. 对式 (6-3) 需作几点说明.

(1) $ad-bc\neq 0$ 限制是为了保证映射的保角性，否则当 $ad-bc=0$ 时由

$$\frac{\mathrm{d}w}{\mathrm{d}z}=\frac{ad-bc}{(cz-d)^2}$$

得 $\dfrac{\mathrm{d}w}{\mathrm{d}z}=0$ 这时 $w=$ 常数.

(2) 其逆映射

$$w=\frac{-\mathrm{d}w+b}{cw-a} \tag{6-4}$$

且 $da-(-b)-(-c)=ad-bc\neq 0$. 它也是分式线性映射.

(3) 两个分式线性映射的复合仍是一个分式线性映射.

【例 6-2】 设

$$w_1=\frac{a_1z+b_1}{c_1z+d_1}(a_1d_1-b_1c_1\neq 0),w=\frac{a_2w_1+b_2}{c_2w_1+d_2}(a_2d_2-b_2c_2\neq 0)$$

将它们算复合起来得

$$w=\frac{(a_1a_2+c_1b_2)z+(b_1a_2+d_1b_2)}{(a_1c_2+c_1d_2)z+(b_1c_2+d_1d_2)}\overset{\text{记为}}{=}\frac{az+b}{cz+d}$$

则

$$ad-bc=(a_1d_1-b_1c_1)(a_2d_2-b_2c_2)\neq 0.$$

(4) 分式线性映射可分解成一些简单映射的复合.

设 $w=\dfrac{\alpha\zeta+\beta}{r\zeta+\delta}$ 用除法可以把它化为

$$w=\left(\beta-\frac{a\delta}{\gamma}\right)\frac{1}{\gamma\zeta+\delta}+\frac{\alpha}{\gamma}$$

令 $\zeta_1=\gamma\zeta+\delta,\zeta_2=\dfrac{1}{\zeta_1}$，那么 $w=A\zeta_2+B(A,B$ 为常数).

由此可见，一个一般形式的分式线性映射可由以下几种特殊映射复合而成，且它们分别

具有以下性质．

(1) $w=z+b$（b 为常数）的映射性质．

1）是一个平移映射．

2）在复平面处处是保角的．这是因为，在复平面上处处有 $w'=1\neq 0$．

3）将圆周映射为圆周．

(2) $w=az$（a 为常数，且 $a\neq 0$）的映射性质．

1）是旋转与伸长（或缩短）变换的叠加．

2）在复平面上处处是保角的．这是因为，$w'=a\neq 0$ 在复平面上处处成立．

(3) $w=\dfrac{1}{z}$ 的映射性质．

1）该映射称为反演映射或倒数映射，它是相继施行两个对称变换的结果，一是关于实轴对称，二是关于单位圆周对称．

2）在复平面上除 $z=0$ 外，处处是保角的．

3）将圆周映射为圆周．

式（6-3）的“结构”是由平移变换、旋转与伸长（或缩短）变换及反演变换复合而成．下面先就上述的三种映射讨论它们的性质，从而得出一般分式线性映射的性质．

2. 分式线性映射的性质

(1) 线性映射的保角性．首先讨论映射 $w=\dfrac{1}{z}$，根据前面的学习规定的关于 ∞ 的四则运算知，这个映射将 $z=\infty$ 映射成 $w=0$，也就是说，当 $z=\infty$ 时，$w=0$．如果把 $w=\dfrac{1}{z}$ 改写成 $z=\dfrac{1}{w}$，可知当 $w=\infty$ 时，$z=0$．由此可知，在扩充复平面上映射 iii）是一一对应，由于当 $|z|<1$ 时，$|w|>1$；$|z|>1$ 时，$|w|<1$；$|z|=1$ 时，$|w|=1$；$\arg z=\theta$ 时，$w=\zeta$，因此，映射 $w=\dfrac{1}{z}$ 通常称为反演变换．又因为 $w'=\left(\dfrac{1}{z}\right)'=-\dfrac{1}{z^2}$，当 $z\neq 0$ 时，$w\neq\infty$，所以除去 $z=0$ 与 $z=\infty$，映射 $w=\dfrac{1}{z}$ 是共形的．至于在 $z=0$ 与 $z=\infty$ 处是否共形的问题，就关系到我们如何理解两条曲线在无穷远点处夹角的含义问题．如果我们规定：两条伸向无穷远的曲线在无穷远点 ∞ 处的夹角，等于它们在映射 $\zeta=\dfrac{1}{z}$ 下所构成的通过原点 $\zeta=0$ 的两条象曲线的夹角，那么映射 $w=\dfrac{1}{z}=\zeta$ 在 $\zeta=0$ 处解析，且 $w'(\zeta)_{|\zeta=0}=1\neq 0$，所以映射 $w=\zeta$ 在 $\zeta=0$ 处，即映射 $w=\dfrac{1}{z}$ 在 $z=\infty$ 处是共形的，也就是说 $z=0$ 处映射 $w=\dfrac{1}{z}$ 是共形的．所以映射 $w=\dfrac{1}{z}$ 在扩充复平面上时处处共形的，为一共形映射．

其次，我们对复合映射 $w=az+b(a\neq 0)$ 进行讨论．显然，这个映射在扩充复平面上是一一对应的．又因为 $w'=(az+b)'=a\neq 0$，所以当 $z\neq\infty$ 时，映射是共形的．为了证明在 $z=\infty$ 处它也是共形的，我们令 $\zeta=\dfrac{1}{z}$，$\eta=\dfrac{1}{w}$，这时映射 $w=az+b$ 成为 $\eta=\dfrac{\zeta}{a+b\zeta}$．

它在 $\zeta=0$ 处解析，且有 $\eta'(\zeta)\Big|_{\zeta=0}=\dfrac{a}{(a+b\zeta)^2}\Big|_{\zeta=0}=\dfrac{1}{a}\neq 0$，因而在 $\zeta=0$ 处是共形的，即 $w=az+b$ 在 $z=\infty$ 处是共形的，所以，映射 $w=az+b(a\neq 0)$ 在扩充复平面上是处处共形的，为一共形映射.

综上所述，得到下面的定理.

定理 6.2 分式线性映射式（6-3）在扩充平面上是保角的.

（2）线性映射的保圆性.

定理 6.3 分式线性映射将扩充 z 平面上的圆周映射成扩充 W 平面上的圆周，即具有保圆性.

证：映射 $w=z+b$ 与 $w=az(a\neq 0)$ 将 z 平面内的一点平移、旋转或伸缩映射成像点 w，则 z 平面内一个圆周或一条直线经过这两个映射后映射成的像曲线仍为一个圆周或一条直线，因此这两个映射具有保圆性.

下面来阐述映射 $w=\dfrac{1}{z}$ 也具有保圆性.

设 z 平面上的圆周 C 的方程为

$$A(X^2+Y^2)+BX+CY+D=0\text{，其中 }A、B、C、D\in R \tag{6-5}$$

由于 $x=\dfrac{1}{2}(z+\bar{z})$，$y=\dfrac{1}{2i}(z-\bar{z})$ 代入式（6-5），得圆的方程的复数形式

$$Az\bar{z}+\bar{\beta}z+\beta\bar{z}+D=0$$

其中 $\beta=\dfrac{1}{2}(B+Ci)$.

在映射 $w=\dfrac{1}{z}$ 下，上面圆的复数形式的方程可变为

$$A+\beta\bar{w}+\beta w+Dw\bar{w}=0.$$

它表示 w 平面上的圆周 Γ，当 $D=0$ 时，即为直线.

根据保圆性，若给出圆周或直线上有一点映射为无穷远点，则它就映射为直线，否则它就映射为半径为有限的圆周.

【例 6-3】 求实轴在映射 $w=\dfrac{2i}{z+i}$ 下的象曲线.

在实轴上取三点 $z_1=\infty, z_2=0, z_3=1$，则对应的三个像点为 $w_1=\infty, w_2=1, w_3=1+i$，由此得到象曲线为 $|w-1|=1$. 进一步还可得到，上半平面被映射到圆的内部，下半平面被映射到圆的外部.

（3）线性映射的保对称性. 分式线性映射，除了保角性与保圆性外，还具有保持对称点不变的性质，称之为保对称性.

为了证明这个结论，我们先来阐明对称点的一个重要特征，即 z_1, z_2 是关于圆周 C：$|z-z_0|=R$ 的一对对称点的充要条件是经过 z_1, z_2 的任何圆周 Γ 与 C 正交.

从 z_0 作 Γ 的切线，设切点为 z'. 由平面几何学知，这条切线长度的平方 $|z'-z_0|^2$ 等于 Γ 的割线长度 $|z_2-z_0|$ 和它在 Γ 外部分长度 $|z_1-z_0|$ 的乘积；而这一乘积根据 z_1, z_2 是关于圆周 C 的对称点的定义，又等于 R^2，所以 $|z-z_0|=R$. 这表明 z' 在 C 上，而 Γ 的切线就是 C 的半径，因此 Γ 与 C 正交.

反过来，设Γ是经过z_1,z_2且与C正交的任一圆周，那么连接z_1与z_2的直线作为Γ的特殊情形（半径为无穷大）必与C正交，因而必过z_0，又因Γ与C交于点z'处正交，因此C的半径z_0z'就是Γ的切线. 所以有$|z_1-z_0||z_2-z_0|=R^2$，即z_1与z_2是关于圆周C的一对对称点.

综上所述，我们得出下述定理.

定理 6.4 设点z_1,z_2是关于圆周C的一对对称点，则在分式线性映射下，它们象点w_1,w_2是关于C'（C的象曲线）的一对对称点.

【例 6-4】 求一分式线性映射$w=\dfrac{az+b}{cz+d}$，将单位圆内部变成上半平面.

解 所求分式线性函数要把单位圆周C映射为实轴Γ，并将单位圆域D变为上半平面G，不妨设它将D内一点$z_1=0$变为G内一点$w_1=i$，则由保对称性，它将$z_2=\infty$映射为$w_2=-i$，由此可得

$$\frac{a\cdot 0+b}{c\cdot 0+d}=i,\lim\frac{az+b}{cz+d}=-i$$

即得

$$b=id,a=ic.$$

再假设C上一点$z_3=-1$被映射为Γ上一点$w_3=0$，因此有$\dfrac{-a+b}{-c+d}=0$.

由此可得$a=id$，$b=id$，$c=-d$，因此所求的分式线性一映射为

$$w=\frac{az+b}{cz+d}=\frac{id(z+1)}{d(-z+1)}=i\left(\frac{1+z}{1-z}\right).$$

(4) 线性映射的保交比性.

定义 6.4 由扩充复平面上四个有序的相异点z_1,z_2,z_3,z_4构成的比式

$$\frac{z_4-z_1}{z_4-z_2}:\frac{z_3-z_1}{z_3-z_2} \tag{6-6}$$

称为它们的交比，记为(z_1,z_2,z_3,z_4).

若四个点中有一个为∞，则应将包含此点的分子或分母用1代替，例如$z_1=\infty$，就有

$$(\infty,z_2,z_3,z_4)=\frac{1}{z_4-z_2}:\frac{1}{z_3-z_2}. \tag{6-7}$$

对于$w=z+b,w=az,w=\dfrac{1}{z}$来说，设$w_k=z_k+b,w_k=az_k,w_k=\dfrac{1}{z_k}(k=1,2,3,4)$，很容易验证其交比的不变性，即

$$\frac{w_4-w_1}{w_4-w_2}:\frac{w_3-w_1}{w_3-w_2}=\frac{z_4-z_1}{z_4-z_2}:\frac{z_3-z_1}{z_3-z_2}. \tag{6-8}$$

因此有下面的定理.

定理 6.5 分式线性映射在扩充的复平面上具有保交比性.

§6.3 唯一决定分式线性映射的条件

分式线性函数中看起来有四个系数a,b,c,d，但由于比例关系，实际上只有三个独立的常数. 因此，只需给定三个条件，就能决定一个分式线性映射. 我们有：

定理 6.6 在 Z 平面上任意给定三个相异的点 z_1,z_2,z_3，在 W 平面上也任意给定三个相异的点 w_1,w_2,w_3，那么就存在唯一的分式线性映射，将 $z_k(k=1,2,3)$ 依次映射成 $w_k(k=1,2,3)$.

证 设 $w=\dfrac{az+b}{cz+d}(ad-bc\neq 0)$，将 $z_k(k=1,2,3)$ 依次映射成 $w_k(k=1,2,3)$，即

$w_k=\dfrac{az_k+b}{cz_k+d}.(k=1,2,3)$

因而有
$$w-w_k=\frac{(z-z_k)(ad-bc)}{(cz+d)(cz_k+d)},(k=1,2)$$

及
$$w_3-w_k=\frac{(z_3-z_k)(ad-bc)}{(cz_3+d)(cz_k+d)}$$

由此得
$$\frac{w-w_1}{w-w_2}:\frac{w_3-w_2}{w_3-w_1}=\frac{z-z_1}{z-z_2}:\frac{z_3-z_2}{z_3-z_1}. \tag{6-9}$$

这就是所求的分式线性映射. 这个分式线性映射是三对对应点所确定的唯一的一个映射. 如果说有另外一个分式线性映射 $w=\dfrac{\alpha z+\beta}{\gamma z+\delta}$ 也把 z 平面上的三个相异点 z_1,z_2,z_3 依次映射成 W 平面上的三个相异点 w_1,w_2,w_3，那么我们重复上面的步骤，在消去常数 $\alpha,\beta,\gamma,\delta$ 后，最后得到的仍然是式（6-9）. 所以是有三对相异的对应点唯一确定的分式线性映射.

从式（6-9）可以清楚地看出，$w=w_1,w_2,w_3$ 分别与 $z=z_1,z_2,z_3$ 对应，且在这一次序下，等式的两边依次同时变为 $0,\infty,1$，这就很容易帮助我们记忆.

【例 6-5】 求将 $z_1=-1,z_2=1,z_3=i$ 映射成 $w_1=-1,w_2=1,w_3=0$ 的分式线性映射.

解 由式（6-9）得，
$$\frac{w-(-1)}{w-1}:\frac{0-(-1)}{0-1}=\frac{z-(-1)}{z-1}:\frac{i-(-1)}{i-1}$$

经化简得
$$w=\frac{1+iz}{i+z}=i\,\frac{z-i}{z+i}.$$

说明：在三个对应点中有一点为 ∞，若 $z_1=\infty$，式（6-9）化为
$$\frac{w-w_1}{w-w_2}:\frac{w_3-w_1}{w_3-w_2}=\frac{1}{z-z_2}:\frac{1}{z_3-z_2}. \tag{6-10}$$

若 $z_2=\infty$，式（6-9）化为
$$\frac{w-w_1}{w-w_2}:\frac{w_3-w_1}{w_3-w_2}=\frac{z-z_1}{1}:\frac{z_3-z_1}{1}. \tag{6-11}$$

若 $z_3=\infty$，式（6-9）化为
$$\frac{w-w_1}{w-w_2}:\frac{w_3-w_1}{w_3-w_2}=\frac{z-z_1}{z-z_2}:\frac{1}{1}=\frac{z-z_1}{z-z_2}. \tag{6-12}$$

若 $w_1=\infty,w_2=\infty,w_3=\infty$ 分别与式（6-10）～式（6-12）相似.

定理 6.7 在两个已知圆周 C 与 C' 上，分别取定三个不同点以后，必能找到一个分式线性映射将 C 映射成 C'. 则 C 的内部不是映射成 C' 的内部就是映射成 C' 的外部.

证 设 z_1,z_2 为 C 内的任意两点，用直线段把这两点连接起来，如果线段 z_1z_2 的象为圆弧 w_1w_2（或直线段），且 w_1 在 C' 之外，w_2 在 C' 之内，那么弧 w_1w_2 必与 C' 交于一点 Q，Q 点在 C' 上，所以必须是 C 上某一点的象. 但从假设，Q 又是 z_1z_2 上某一点的象，因而就有两个不同

的点被映射为同一点，这就与分式线性映射的一一对应相矛盾，故上述的论断是正确的.

根据上述论断可知，在分式线性映射下，如果在 C 内任取一点 z_0，而点 z_0 的象在 C' 的内部，那么 C 的内部就映射成 C' 的内部. 如果 z_0 的象在 C' 的外部，那么 C 的内部就映射成 C' 的外部.

我们也可以用下面的方法来处理. 在 C 上取定三点 z_1,z_2,z_3，它们在 C' 上的象分别为 w_1,w_2,w_3. 如果 C 依 $z_1\to z_2\to z_3$ 的绕向与 C' 依照 $w_1\to w_2\to w_3$ 的绕向相同时，那么 C 的内部就映射成 C' 的内部. 相反时，C 的内部就映射成 C' 的外部.

这因为，在过 z_1 的半径上取一点 z，线段 z_1z 的象必为正交于 C' 的圆弧 w_1w_2. 根据保角映射的性质，当绕向相同时，w 必在 C' 内. 相反时，w 必在 C' 外. 这就说明了上述结论是正确的.

我们还要指出，在 C 为圆周，C' 为直线的情况下，上述分式线性映射将 C 的内部映射成 C' 的某一侧的半平面. 究竟是哪一侧，由绕向确定. 其他情况结论类似.

由前两节的讨论，可以推知分式线性映射还有如下结论.

(1) 当二圆周上没有点映射成无穷远点时，这二圆周的弧所围成的区域映射成二圆弧所围成的区域.

(2) 当二圆周上有一个点映射成无穷远点时，这二圆周的弧所围成的区域映射成一圆弧与一直线所围成的区域.

(3) 当二圆周交点中的一个映射成无穷远点时，这二圆周的弧所围成的区域映射成角形区域.

【例 6-6】 求将区域 $D=\{z:|z|<1,\mathrm{Im}z>0\}$ 映射为第一象限的映射.

解 先构造一个分式线性映射，把 -1，1 分别映射为 0，∞

$$w_1=\frac{z+1}{z-1}.$$

于是区域 D 的边界 C_1 和 C_2 分别映射为相交于原点的两条射线，从面区域 D 映射为第三象限（见图 6.3）. 再通过旋转映射，即得所求映射

$$w_1=w_1\mathrm{e}^{\pi i}=\frac{1+z}{1-z}.$$

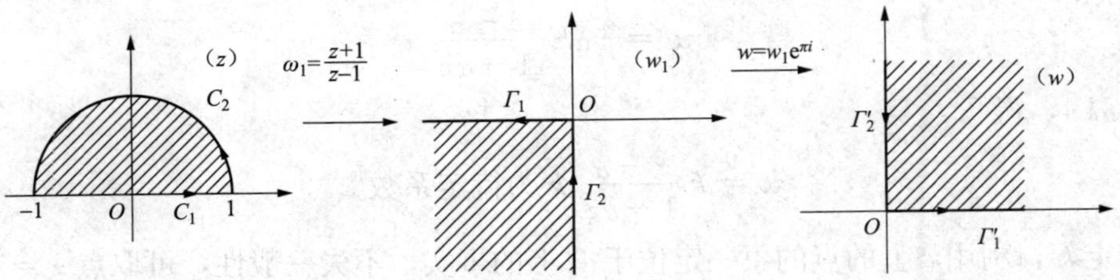

图 6.3

【例 6-7】 求将上半平面 $\mathrm{Im}z>0$ 映射为单位圆 $|w|<1$ 的分式线性变换，并且

(1) 把点 $z=i$ 映射为点 $w=0$，即 $f(i)=0$.

(2) 从点 $z=i$ 出发平行于正实轴的方向，对应着从点 $w=0$ 出发的虚轴正向，即 $\arg w'(i)=\dfrac{\pi}{2}$.

解 由条件（1）知，在这个式子 $w=e^{i\theta}\frac{z-\alpha}{z-\bar{\alpha}}$，$\mathrm{Im}\alpha>0,\theta$ 为任意实数中 $\alpha=i$，则

$$w=e^{i\theta}\frac{z-i}{z+i}$$

$$w'|_{z=i}=e^{i\theta}\frac{2i}{(z+i)^2}\Big|_{z=i}=e^{i\theta}\frac{1}{2i}=\frac{1}{2}e^{i(\theta-\frac{\pi}{2})}$$

再由条件（2）得

$$\arg w'(i)=\theta-\frac{\pi}{2}=\frac{\pi}{2},\theta=\pi$$

于是所求的分式线性映射为

$$w=f(z)=e^{i\pi}\frac{z-i}{z+i}=-\frac{z-i}{z+i}.$$

【例 6-8】 求将 $|z|<1$ 映射为 $|w|<1$ 的分式线性变换，使得点 $z=\alpha(|\alpha|<1)$ 映射为点 $w=0$（见图 6.4）.

解 用构造法. 依题意，所求映射应将 Z 平面上的单位圆周 $c:|z|=1$ 映射为 W 平面上的单位圆周 $c':|w|=1$.

由于要求将点 $\alpha(|\alpha|<1)$ 映射为点 $w=0$，而关于圆周 c 与点 α 对称的点是 $\frac{1}{\bar{\alpha}}$，关于圆周 c' 与点 $w=0$ 对称的点是 ∞，所以，由分式线性变换具有保对称点性可知，所求变换应将点 $z=\alpha$ 映射为点 $w=0$，且将点 $z=\frac{1}{\bar{\alpha}}$ 映射为点 $w=\infty$，又因所求变换是分式线性变换，故可构造为

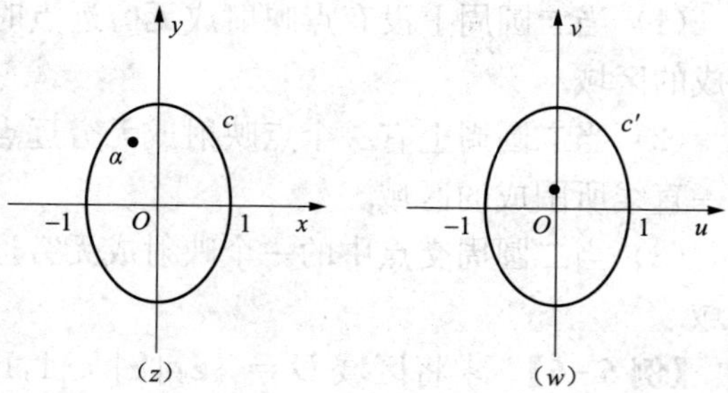

图 6.4

$$w=k'\frac{z-\alpha}{z-\frac{1}{\bar{\alpha}}},k'\text{ 为待定系数}$$

即

$$w=-\bar{\alpha}k'\frac{z-\alpha}{1-\bar{\alpha}z}$$

令 $k=-\bar{\alpha}k'$，得

$$w=k\frac{z-\alpha}{1-\bar{\alpha}z},k\text{ 为待定系数}.$$

为确定 k，利用 c 上的点的象一定位于 c' 上的事实，不失一般性，可取点 $z=1$ 代入上式后应满足 $|w|=1$，即

$$|w|=|k|.\left|\frac{1-\alpha}{1-\bar{\alpha}}\right|=|k|=1$$

于是，$k=e^{i\theta}$，θ 为任意实数. 于是，经验证

$$w=e^{i\theta}\frac{z-\alpha}{1-\bar{\alpha}z},|\alpha|<1,\theta\text{ 为任意实数}$$

即为所求.

§6.4 几个初等函数所构成的共形映射

1. 幂函数与根式函数

i）幂函数. $w=z^n$（$n\geqslant 2$ 为自然数），这个函数在 Z 平面上解析，它的导数是 $\frac{dw}{dz}=nz^{n-1}$，因而当 $z\neq 0$ 时，$\frac{dw}{dz}\neq 0$，所以，在 Z 平面内除去原点外，函数 $w=z^n$ 所构成的映射是第一类保角映射. 但它不一定构成共形映射，那么它在什么情况下构成共形映射呢？我们来简单分析一下.

令 $z=re^{i\theta}$，则 $w=r^n e^{in\theta}$，即 z 的模被扩大到 n 次幂，而辐角扩大 n 倍，为方便起见，我们只对角形域进行考虑，设有角形域 $0<\theta<\theta_0$，则对此域内任意一点 z，经映射后其象点 w 的辐角 φ 满足，$0<\varphi<n\theta_0$ 因此要使双方单值，θ_0 应满足 $\theta_0\leqslant\frac{2\pi}{n}$. 由此我们得到，函数 $w=z^n$ 将角形区域 $0<\theta<\theta_0\left(\theta_0\leqslant\frac{2\pi}{n}\right)$ 共形映射为角形域 $0<\varphi<n\theta_0$（见图 6.5）.

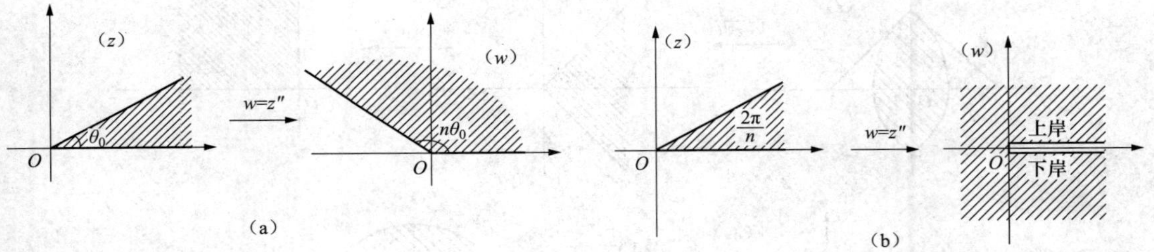

图 6.5

其特点是：把以原点为顶点的角形域映射成以原点为顶点的角形域，但张角变成了原来的 n 倍. 例如：

(1) 设 G 为射线 $\arg z=\theta_0$，经 $w=z^n$ 映射后的象 G' 为 W 平面上的射线 $\arg z=n\theta_0$.

(2) 设 G 为圆周 $|z|=r_0$，经 $w=z^n$ 映射后的象 G' 为 W 平面上的圆周 $|w|=r_0^n$.

(3) $w=z^n$ 将 $G_k: k\frac{2\pi}{n}<\arg z<(k+1)\frac{2\pi}{n}, k=0,1,2,\cdots,n-1$ 映射为 $G': 0<\arg w<2n$.

ii）根式函数. 作为幂函数的逆变换，根式函数 $w=\sqrt[n]{z}$，n 为大于 1 的自然数，则是将角形域 $0<\theta<n\theta_0\left(\theta_0\leqslant\frac{2\pi}{n}\right)$ 共形映射为角形域 $0<\varphi<\theta_0$，其特点是根式函数的每个单值具有将角形区域的张角缩小的映射性质.

总之，我们将角形区域的张度扩大或缩小时，就可以利用幂函数或根式函数构成的映射.

【例 6-9】 求一共形映射，将区域 $D=\{z: |z-1|<\sqrt{2}, |z+1|<\sqrt{2}\}$ 映射为单位圆内部.

解 先设法将圆弧映射成原点出发的两条射线，再将区域 D 映射成角形区域，由 $|z-1|=\sqrt{2}, |z+1|=\sqrt{2}$，从而求得交点为 $z=\pm i$，并且在 $z=i$ 处交角为 $\frac{\pi}{2}$.

作为分式线性映射

$$w_1=\frac{z-i}{z+i}$$

使得 $z=i,-i$ 分别映射为 $w=0,\infty$,从而将区域 D 共形映射成角形域

$$D_1=\left\{\frac{3\pi}{4}<\arg w_1<\frac{5\pi}{4}\right\}.$$

旋转映射 $w_1=\left\{w_1:\frac{3\pi}{4}<\arg w_1<\frac{5\pi}{4}\right\}$，$w_2=w_2\mathrm{e}^{-\frac{3\pi}{4}i}r$ 把角形域 D_1 映射为第一象限 D_2.

再用映射 $w_3=w_2^2$ 把第一象限 D_2 映射为上半平面 D_3.

最后再用分式映射 $w=\dfrac{w_3-i}{w_3+i}$ 将上半平面 D_3 映射为单位圆内部 .

复合上述映射有

$$w=\frac{-2iz}{z^2-1}.$$

映射过程如图 6.6 所示 .

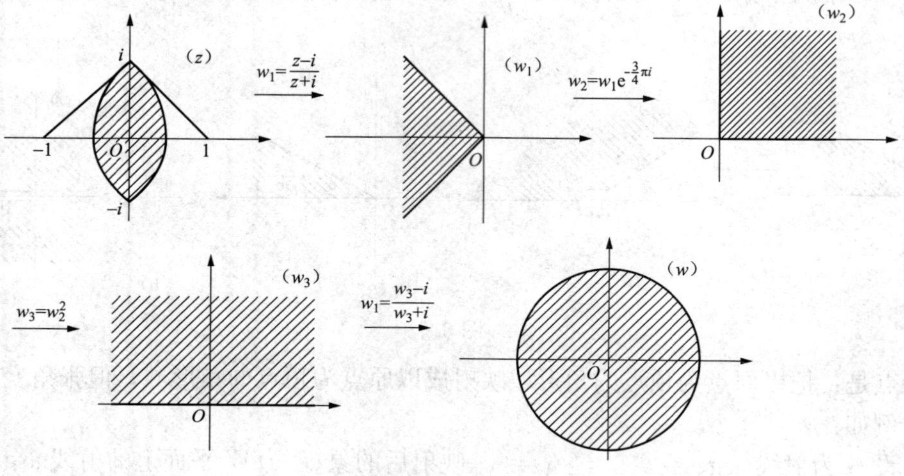

图 6.6

【例 6-10】 设区域 $D=\{z:|z|<1,\mathrm{Im}z>0,\mathrm{Re}z>0\}$ 求一共形映射，将 D 变为上半平面，如图 6.7 所示 .

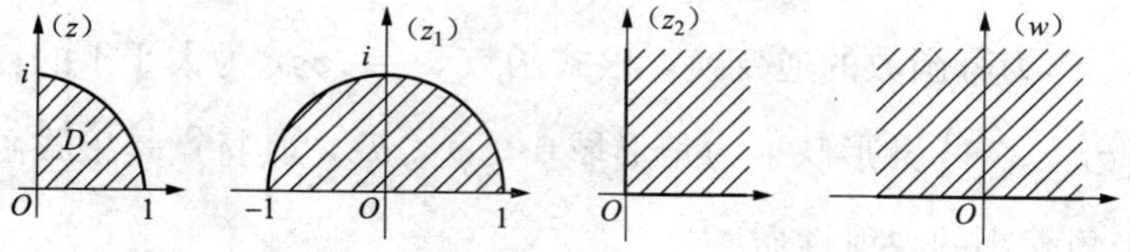

图 6.7

解 首先由 $z_1=z^2$ 将 D 变为上半平面区域，接着由分式线性映射 $z_2=\dfrac{1+z_1}{1-z_1}$ 将其变为第一象限，最后由映射 $w=z_2^2$ 将其变为上半平面，因此所求映射为

$$w=\left(\frac{1+z^2}{1-z^2}\right)^2.$$

2. 指数函数与对数函数

i) 指数函数 $w=e^z$，由于在 Z 平面上解析且

$$w'=(e^z)'=e^z\neq 0.$$

所以，由 $w=e^z$ 所构成的映射是第一类保角映射. 因为指数函数是周期函数，不是双方单值的，因而不一定构成共形映射.

令 $z=x+iy$，则 $w=e^xe^{iy}$ 即 z 的实部通过指数关系构成 w 的模，而 z 的虚部是 w 的辐角. 为了讨论方便，我们仅对带形区域进行考虑. 设有带形域 $0<\mathrm{Im}z<a$ 则对此域内的任意一点 z，经映射后其象点 w 辐角满足 $0<\arg w<a$，因此要使双方单值，a 应满足 $a\leqslant 2\pi$.

由此我们得到，指数函数 $w=e^z$ 所构成的映射的特点是：把水平的带形域 $0<\mathrm{Im}z<a(a\leqslant 2\pi)$ 映射成角形域 $0<\arg w<a$. 因此，如果要把带形域映射成角形域，我们常常利用指数函数，例如：

(1) 设 G 为平行于实轴的直线 $y=y_0$，经 $w=e^z$ 映射后的象 G' 为 W 平面上的一条始于原点的射线 $\varphi=y_0$.

(2) 设 G 为线段：$x=x_0$，$0\leqslant y\leqslant 2\pi$，经 $w=e^z$ 映射后的象 G' 为圆周 $|w|=e^{x_0}$.

(3) 设 G_k 为：$-\infty<x<+\infty$，$2k\pi\leqslant y\leqslant 2(k+1)\pi$，$k$ 为整数，经 $w=e^z$ 映射后的象 G' 为 W 平面上从原点起始沿正实轴剪开的 W 平面.

【例 6-11】 求一共形映射，把带形区域 $D:\{z:a<\mathrm{Re}z<b\}$ 映射为上半平面 $\mathrm{Im}w>0$，如图 6.8 所示.

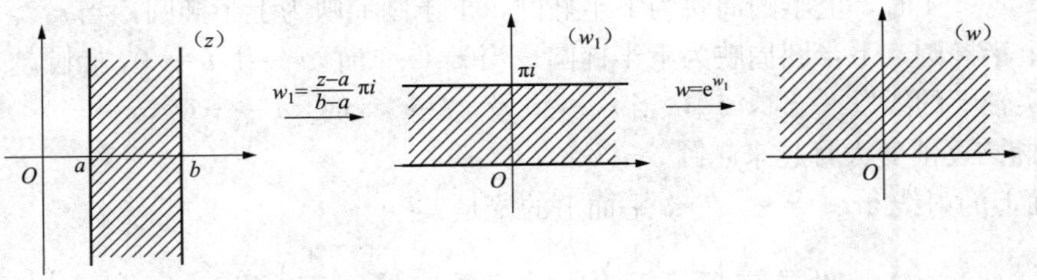

图 6.8

解 首先把带形区域 D 经过平移，旋转及相似映射变为带形区域

$$D_1=\{w_1:0<\mathrm{Im}w_1<\pi\}$$

其映射为

$$w_1=\frac{z-\alpha}{\beta-\alpha}\pi i$$

再经过指数函数 $w=e^{w_1}$ 映射为上半平面.

ii) 对数函数. 对数函数 $w=\ln z$ 是上述指数函数 $w=e^z$ 的反函数.

令

$$z=re^{i\theta},w=u+iv,\text{则 } re^{i\theta}=e^{u+iv}=e^u\cdot e^{iv}$$

即

$$u=\ln r,v=\theta.$$

由此可见，在映射 $w=\ln z$ 下，Z 平面上的圆周 $|z|=r(0<\arg z=\theta<2\pi)$ 映射成 W 平面上的直线段 $u=\ln r(0<v<2\pi)$，Z 平面上的射线 $\theta=\arg z=\alpha$ 映射成平面上的直线 $v=\alpha$.（见图 6.9）

综上所述，我们得到对数函数所构成的映射特点：将角形区域映射成平行于实轴的带形

区域的映射性质.

【例 6-12】 求把区域D：上半平面$\mathrm{Im}w>0$映射成区域G：横带形域$0<v=\mathrm{Im}w<\pi$的映射.

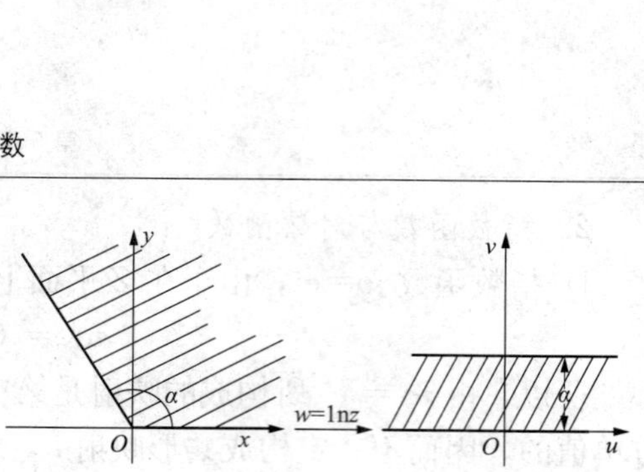

图 6.9

解 作映射$w=\ln z$，此映射可把区域D映射成区域G.

3. 儒可夫斯基映射

$$w=\frac{1}{2}\left(z+\frac{1}{z}\right)$$

此式称为儒可夫斯基映射，它除$z=0$外在z平面内处处解析，$z=0$是它的一个极点. 它把单位圆的内部（去掉原点）和单位圆外部共形映射为w平面上除去实轴上$[-1,1]$后的区域. 为了看清这一性质，我们对此进行详细的讨论.

令$w=u+iv, z=re^{i\varphi}$，由$w=\frac{1}{2}\left(z+\frac{1}{z}\right)$得到

$$u=\frac{1}{2}\left(r+\frac{1}{r}\right)\cos\varphi, v=\frac{1}{2}\left(r-\frac{1}{r}\right)\sin\varphi.$$

因此，平面上每个圆周$|z|=r_0\neq 0$都被映为w平面上的椭圆，其半轴为$a=\frac{1}{2}\left(r_0+\frac{1}{r_0}\right), b=\frac{1}{2}\left|r_0-\frac{1}{r_0}\right|$，不同的$r_0, c=\sqrt{a^2-b^2}=1$所对应的椭圆共焦，焦点为$\pm 1$.

当$0<r_0<1$时，上半圆周映为下半椭圆，下半圆周映为上半椭圆，当$r_0>1$时，上半圆周映为上半椭圆，下半圆周映为下半椭圆. 当$r_0\to 1$时，$a\to 1, b\to 0$，椭圆越来越扁，它的极限是实轴上的线段$[-1,1]$，当$r_0\to 0$及$r_0\to\infty$时，$a\to+\infty, b\to+\infty$，而$a-b=r\to 0$，即椭圆逐渐变大且越来越圆.

z平面上的射线$\arg z=\varphi_0$在w平面上的象是

$$u=\frac{1}{2}\left(r+\frac{1}{r}\right)\cos\varphi_0, v=\frac{1}{2}\left(r-\frac{1}{r}\right)\sin\varphi_0$$

这是双曲线方程，当$\varphi=0,2\pi$时，对应的是$\{u\leqslant 1, v=0\}$，当$\varphi_0=\pi$时，对应的是$\{u\leqslant -1, v=0\}$，$\varphi_0=\frac{\pi}{2},\frac{3\pi}{2}$时，对应的是$w$平面的虚轴，此外，对于不同的$\varphi_0$，它们所对应的双曲线是共焦的，焦点为$\pm 1$.

4. 余弦函数映射

$w=\cos z$是整函数，为寻求单叶性域，令$\cos z_1=\cos z_2$，亦即

$$-2\sin\frac{z_1+z_2}{2}\sin\frac{z_1-z_2}{2}=0$$

于是，或者$z_1-z_2=2k\pi$，有

$$x_1-x_2=2k\pi,\ y_1=y_2 \tag{6-13}$$

或者$z_1+z_2=2k\pi$，有

$$x_1+x_2=2k\pi, y_1+y_2=0. \tag{6-14}$$

满足条件的单叶性域很多，例如我们证明$0<\mathrm{Re}z<\pi$为单叶性域，且为最大单叶性域，当任意z_1, z_2属于该域时，由式（6-13）看出$k=0$，从而$z_1=z_2$，而式（6-14）不可能成立，现在求区域映射下的象，由余弦定义，$w=\cos z$可分解为

$$\zeta = iz, \eta = e^{\zeta}, w = \frac{1}{2}\left(\frac{1}{\eta} + \eta\right)$$

其中映射 $\zeta = iz$ 把 $D_z: 0 < \mathrm{Re}z < \pi$ 共形为 ζ 平面上区域 $D_\zeta: 0 < \mathrm{Im}\zeta < \pi$，映射 $\eta = e^{\zeta}$ 把 D_ζ 映为 η 平面上的上半平面 $D_\eta: \mathrm{Im}\eta$，最后 $w = \frac{1}{2}\left(\eta + \frac{1}{\eta}\right)$ 将 D_η 映为 W 平面上的 E_2，故 $w = \cos z$ 把 D_Z 共形映为 E_2.

不难证明，$k\pi < \mathrm{Re}z < (k+1)\pi$ 也是单叶性域，且也映为 E_2.

反余弦函数

$$w = \arccos z$$

是多值函数，在 E_2 可分为无穷个单值解析分枝，可由一点的对应值例如取 $w(0) = \frac{\pi}{2}$ 的相应分支 $w = \arccos z$，将 E_2 共形映为 $0 < \mathrm{Re}w < \pi$.

利用初等函数之间的关系，可不难得到正弦、正切及其反函数等的共形映射，如图 6.10 所示 .

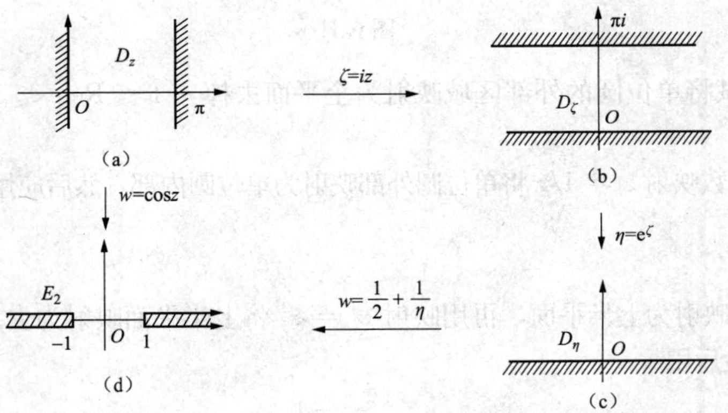

图 6.10

§ 6.5 共形映射的几个综合例题

【例 6-13】 设区域 $D = \left\{z: -\frac{\pi}{2} < \mathrm{Re}z < \frac{\pi}{2}, \mathrm{Im}z < 0\right\}$，求一共形映射，使 D 映射为上半平面，如图 6.11 所示 .

解 (1) 由旋转映射 $w_1 = ze^{-\frac{\pi}{2}i} = -iz$ 将区域 D 变为左半带形域 $\left\{w_1: -\frac{\pi}{2} < \mathrm{Im}z_1 < \frac{\pi}{2}, \mathrm{Re}z_1 < 0\right\}$.

(2) 由 $w_2 = e^{w_1}$ 变为右半单位圆域 .

(3) 由 $w_3 = e^{\frac{\pi}{2}i}w_2 = iw_2$ 变为上半单位圆域 .

(4) 由 $w = \left(\frac{1+w_3}{1-w_3}\right)^2$ 变为上半平面 .

因此所求映射为

$$w=\left(\frac{1+i\mathrm{e}^{-iz}}{1-i\mathrm{e}^{-iz}}\right)^2.$$

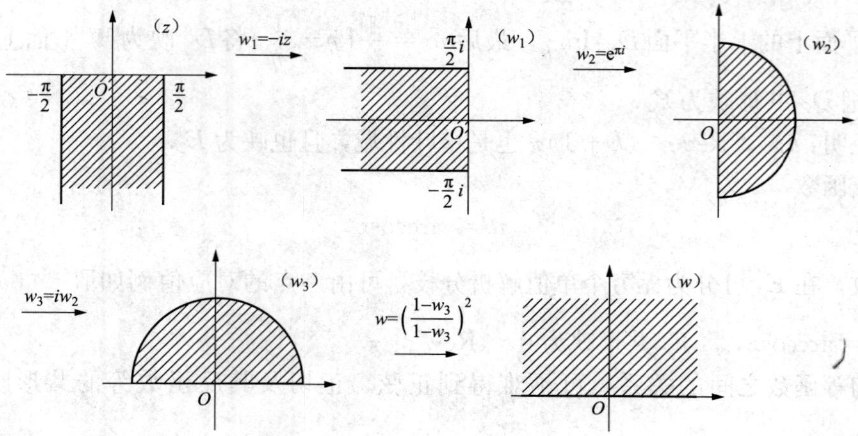

图 6.11

【例 6-14】 试将单位圆的外部区域映射为全平面去掉 $-1\leqslant \mathrm{Re}w\leqslant 1,\mathrm{Im}w=0$ 的区域. $|z|>1$.

解 首先用倒数映射 $z_1=1/z$ 将单位圆外部映射为单位圆内部，然后应用分式线性映射 $z_2=-i\dfrac{z_1+1}{z_1-1}$.

将单位圆内部映射为上半平面，再用映射 $z_3=z_2^2$ 将上半平面映射为去掉正实轴的全平面，如图 6.12 所示. 最后用

$$w=\frac{z_3-1}{z_3+1}$$

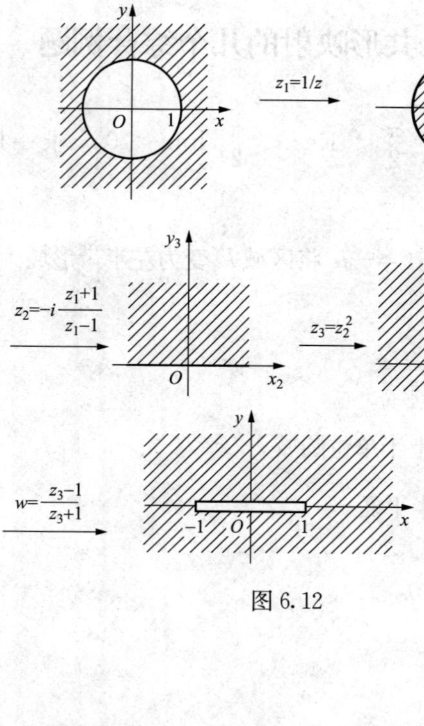

图 6.12

映射为去掉割线 $-1\leqslant u\leqslant 1, v=0$ 的全平面. 故所求映射为

$$w=\frac{z_3-1}{z_3+1}=\frac{z_2{}^2-1}{z_2{}^2+1}=\frac{\left(-i\dfrac{z_1+1}{z_1-1}\right)^2-1}{\left(-i\dfrac{z_1+1}{z_1-1}\right)^2+1}=\frac{1}{2}\left(z+\frac{1}{z}\right).$$

注：易证映射 $w=(z+1/z)/2$ 也将单位圆内部 $|z|<1$ 映射为全 W 平面去掉 $-1\leqslant u\leqslant 1$, $v=0$ 的区域. 因此它的反函数 $w=z+\sqrt{z^2-1}$ 的两个解析分支

$$w=z+\sqrt{z^2-1}, w=z-\sqrt{z^2-1}\ (\sqrt{-1}=i)$$

就分别将去掉割线 D' 的全平面映射为单位圆外部 $|w|>1$ 及单位圆内部 $|w|<1$.

【例 6 - 15】 求把区域 $D:\{z:|z|<2\}\cap\{z:|z-i|>1\}$ 共形映射为上半 w 平面.

解 注意到圆周 $\Gamma_1:|z|=2$ 和圆周 $\Gamma_2:|z-i|=1$ 相切于点 $z=2i$.

(1) 先作分式线性映射 $z_1=\dfrac{1}{z-2i}$ 将虚轴映射为虚轴，由 $z_1(2i)=\infty$ 知，此映射将圆周 Γ_1, Γ_2 分别映成两条平行的直线 L_1 与 L_2，由于 Γ_1,Γ_2 均与虚轴正交，所以 L_1 与 L_2 也必与虚轴正交，再由 $z_1(0)=\dfrac{i}{2}, z_1(-2i)=\dfrac{i}{4}$ 知，直线 L_1 为: $\mathrm{Im}(z_1)=\dfrac{i}{4}$，直线 L_2 为 $\mathrm{Im}(z_1)=\dfrac{i}{2}$. 由边界对应定理，上述分式线性映射将区域 D 映为水平条形区域 $\dfrac{1}{4}<\mathrm{Im}(z_1)<\dfrac{1}{2}$.

(2) 作分式线性映射 $z_2=4\pi\left(z_1-\dfrac{i}{4}\right)$ 将条形域 $\dfrac{1}{4}<\mathrm{Im}(z_1)<\dfrac{1}{2}$ 映水平带形域: $0<\mathrm{Im}(z_2)<\pi$.

(3) 利用指数映射 $w=e^{z_2}$ 将水平带形域 $0<\mathrm{Im}(z)<\pi$ 映为上半 w 平面.

将上述几个共形映射复合，即得所求的共形映射

$$w=e^{4\pi\left(\frac{1}{z-2i}-\frac{i}{4}\right)}=e^{\frac{4\pi}{z-2i}}.$$

【例 6 - 16】 试求把虚轴上从 0 到 $hi\,(h>0)$ 有一裂缝的上半平面保角映射为上半平面（见图 6.13）解析函数.

解 (1) 用 $z_1=z^2$ 将 Z 平面上所给区域映射为 Z_1 平面上去掉实轴上的裂缝 $[-h^2,+\infty)$ 的区域.

(2) 用 $z_2=z_1+h^2$ 把 z_1 平面上的区域映射为 Z_2 平面上去掉正实轴（包括原点）的区域（即将原裂缝右移 h^2 个单位).

(3) 用 $w=\sqrt{z_2}$（取单值分支）把沿正实轴有裂缝的角形区域（角为 2π）映射成角为 π 的角形区域，这就是上半平面.

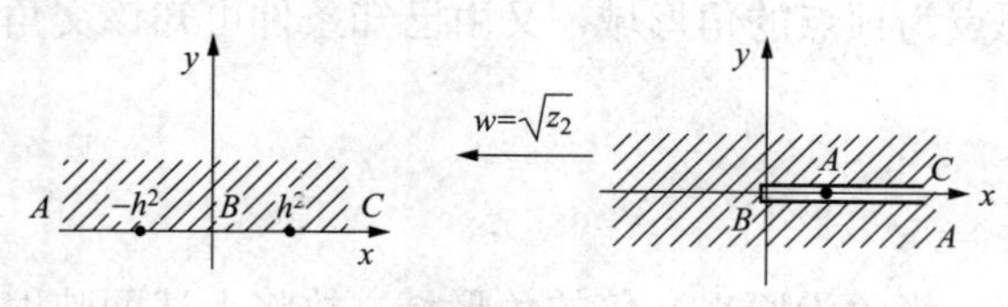

图 6.13

将上述映射复合后，则

$$w=\sqrt{z^2+h^2}$$

就是所求的解析函数（见图 6.13).

【例 6-17】 求把带形域 $a < \mathrm{Re}(z) < b$ 映成单位圆内部：$|w| < 1$ 的一个共形映射，如图 6.14 所示．

解 映射 $z_1 = \dfrac{\pi i}{b-a}(z-a)$ 把带形域 $a < \mathrm{Re}(z) < b$ 映为条形域 $0 < \mathrm{Im}(z_1) < \pi$．作映射 $z_x = e_1^z$ 将水平条形域 $0 < \mathrm{Im}(z_1) < \pi$ 映为上半 z_2 平面．再作映射 $w = \dfrac{z_2 - i}{z_2 + i}$ 将上半 z_2 平面映为单位圆 $|w| < 1$．

把以上复合即得所求的共形映射

$$w = \frac{e^{\frac{\pi i}{b-a}(z-a)} - i}{e^{\frac{\pi i}{b-a}(z-a)} + i}.$$

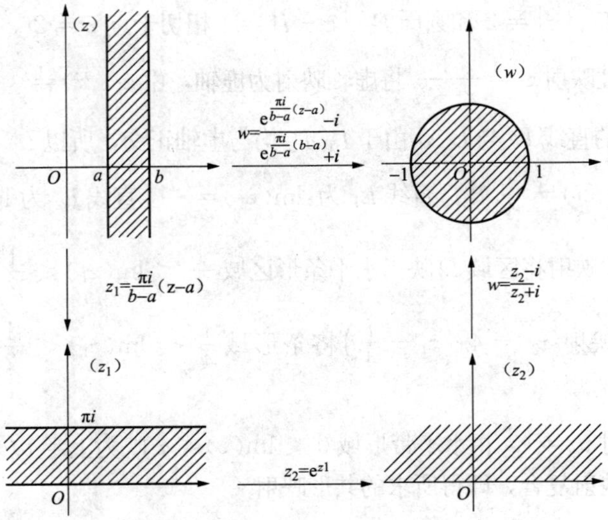

图 6.14

【例 6-18】 将交角为 $\dfrac{\pi}{n}$($n>1$ 为正整数) 交点为 a 与 b 的两个圆弧所构成的区域映为上半平面的共形映射应具有怎样的形式?

解 由于分式线性映射

$$w_1 = k \cdot \frac{z-a}{z-b}$$

能将由两个圆弧所围成的区域共形映射成为原点为顶点的角形域，又由已知条件可知该交角为 $\dfrac{\pi}{n}$，又由于映射

$$w_2 = z^n$$

能将以原点为顶点的角形域映射为原点为顶点，张角为原来 n 倍的角形域，故将上述两映射复合，即为所求映射

$$w = w_1 w_2 = \left(R \cdot \frac{z-a}{z-b}\right)^n.$$

【例 6-19】 求在 w 的平面中第一象限外部的等温线方程，已知在正实轴上的温度 $T=100$℃，在正虚轴上的温度 $T=0$℃．

解 映射

$$w = e^{\frac{3}{2}\pi i} z^{\frac{3}{2}} = |z|^{\frac{3}{2}} e^{i\left(\frac{3}{2}\varphi - \frac{3}{2}\pi\right)} \text{(其中 } \varphi = \arg z\text{)}$$

将上半平面映射成 w 平面中第一象限的外部，且

$$\theta = \arg w = \frac{3}{2}\varphi - \frac{3}{2}\pi.$$

由于函数 $f(z) = \frac{100}{\pi}\ln z = \frac{100}{\pi}(\ln|z| + i\varphi)$ 在上半平面解析，它的虚部 $T(z) = \frac{100}{\pi}\varphi$ 在实轴上满足边界条件.

由于 $\varphi = \frac{2}{3}\theta + \pi$，所以温度函数为

$$T = \frac{100}{\pi}\left(\frac{2}{3}\theta + \pi\right).$$

在 w 平面上第一象限外部的等温线方程为

$$\frac{100}{\pi}\left(\frac{2}{3}\theta + \pi\right) = c.$$

【例 6-20】 证明：指数函数 $w = e^z$ 能将 z 平面上宽度为 a 的左半水平带形域共形映射为 w 平面上中心角为 a 圆扇形域 $|w| < 1, 0 < \arg w < a$，右半水平带形域共形映射为区域 $|w| > 1, 0 < \arg w < a$.

证明 指数函数 $w = e^z$ 能将 z 平面上的水平带形域 $0 < \operatorname{Im} z < a\ (a < 2\pi)$ 共形映射为 w 平面上的角形域 $0 < \arg w < a$，且映射 $w = e^z$ 将 z 平面上的 $-\infty, 0, +\infty$ 分别映为 $0, 1, +\infty$，从而指数函数 $w = e^z$ 将宽度为 a 左半水平带形域共形映射为 w 平面上中心角为 a 圆扇形域，将右半水平带形域共形映射为 $|w| > 1, 0 < \arg w < a$，即结论所述区域，从而得证.

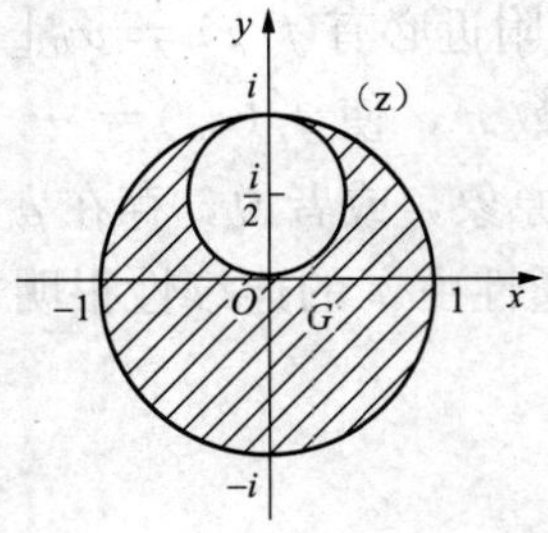

图 6.15

【例 6-21】 试将如图 6.15 所示的区域 G，映射到上半平面.

解 首先取分式线性映射 $w_1 = w_1(z)$ 将切点 i 映为 $w_1 = \infty$，并将 $z = -i$ 映为 $w_1 = 0$. 再由分式线性映射的保圆性知：将两相切的圆周，映为两平行直线. 所以令

$$w_1 = -i\frac{z+i}{z-i}$$

所以 $w = e^{w_2} = e^{\pi w_1} = e^{-\pi i\frac{z+i}{z-i}}$ 即为所求，如图 6.15 所示.

【例 6-22】 求相切于点 $z = a$ 的两圆周所围月牙形区域到上半平面 $\operatorname{Im}(w) > 0$ 的映射.

解 首先将月牙区域映为条形域 $0 < \operatorname{Im}(w_1) < \pi$，因为将 $z = a$ 映为无穷远点 ∞，适当选择 c, d，即得

$$w_1 = \frac{cz+d}{z-a}$$

再由 $w = e^{w_1}$ 即映为 $\operatorname{Im}(w) > 0$. 所以 $w = e^{\frac{(cz+d)}{z-a}}$.

【例 6-23】 求将抛物线 $y^2 = 2p\left(x + \frac{p}{2}\right)$ 的上半与实轴线段 $\left[-\frac{p}{2}, \infty\right)$ 所围区域映为上半平面的映射.

解 先用映射 $w_1=\sqrt{z}$（取 $\sqrt{-1}=i$）将区域映为 $0<\mathrm{Im}(w_1)<\sqrt{\dfrac{p}{2}}$，$\mathrm{Re}(w_1)>0$；再用 $w_2=\sqrt{\dfrac{p}{2}}\pi w_1$ 将区域映为 $0<\mathrm{Im}(w_2)<\pi$，$\mathrm{Re}(w_2)>0$；又用 $w_3=-\mathrm{e}^{-w_2}$ 将区域映为上半单位圆内部；再用 $w_4=-\dfrac{z+1}{z-1}$ 将区域映为第一象限；最后用 $w=w_4^2$ 将区域映为上半面．故 $w=\left(\dfrac{\mathrm{e}^{-\pi\sqrt{\frac{2\pi}{p-1}}}}{\mathrm{e}^{-\pi\sqrt{\frac{2\pi}{p+1}}}}\right)^2$．

§6.6 关于共形映射的黎曼定理及边界对应定理

共形映射在实际应用中是十分重要的，为了进一步利用它去研究现实世界的问题，下面叙述几个有关共形映射的定理．

由前面的学习我们知道，一个单值且解析的函数可以实现一一对应的共形映射，但在实际应用中，往往是给出两个区域 D 和 G，要求找出一个解析函数，它将区域 D 共形成区域 G，这样，我们就会提出这样的疑问？在复平面上任给两个单连通区域 D 和 G，是否存在把 D 共形映射成 G 的单值解析函数呢？下面的定理就肯定回答了这个问题．

引理 设 $w=f(z)$ 在 z_0 解析，$w_0=f(z_0)$，设 $f'(z_0)=f''(z_0)=\cdots=f^{(n-1)}(z_0)=0$，而 $f^{(n)}(z_0)\neq 0$（n 为正整数），则对充分小的 $\rho>0$，可找到 $\mu>0$，使对取定的常数 w 满足 $0<|w-w_0|<\mu$ 时，$f(z)-w$ 在 $0<|z-z_0|<\rho$ 内有 n 个一阶零点．

定理 6.8（保域性） 设 $w=f(z)$ 在开区域 D 内解析，且不恒为常数，则 $D_1=f(D)$ 仍为开区域．

证 为证 D_1 为开集，任取 $w_0=f(z_0)\in D_1,z_0\in D$，则在 z_0 附近必有 $f(z)\neq w_0$［否则，由解析函数唯一性有 $f(z)\equiv w_0$ 于 D，矛盾］，于是存在正整数 n，使 $f'(z_0)=\cdots=f^{(n-1)}(z_0)=0$，而 $f^n(z_0)\neq 0$，由此得，w_0 附近的 w 均在 z_0 附近有原象，或者说，存在 $\mu>0$，使 $B(w_0,\mu)\subset D_1$，于是 w_0 为内点，从而 D_1 为开集 D_1 的连通性由 f 的连续性很明显得知.

推论 域 D 内的单叶函数把域 D 一对一地映为域 $D_1=f(D)$．

定理 6.9 f 在域 D 内单叶解析，则在 D 内处处有 $f'\neq 0$.

证 用反证法，设在某点 $z_0\in D$ 处有 $f'(z_0)=0$，则或者 $f^{(n)}(z_0)=0(n=1,2,\cdots)$，于是 f 在 D 内为一常数，这与单叶性矛盾；或者存在正整数 $n>1$，使 $f'(z_0)=f''(z_0)=\cdots=f^{(n-1)}(z_0)=0$，而 $f^{(n)}(z_0)\neq 0$，这时，由引理知，$w_0=f(z_0)$ 附近的 $w(\neq w_0)$ 在 z_0 附近有 $n>1$ 个原象，与瑕单叶性矛盾．

注意，本定理之逆定理不成立，如 $w=\mathrm{e}^z$ 就是一例，在 C 上处处有 $\dfrac{\mathrm{d}w}{\mathrm{d}z}=\mathrm{e}^z\neq 0$，但 $w=\mathrm{e}^z$ 不是 C 上单叶解析函数，然而，我们却有：

定理 6.10 设 $w=f(z)$ 在 z_0 处解析且 $f'(z_0)\neq 0$，则 $w=f(z)$ 在 z_0 附近单叶．

证 设 $w_0=f(z_0)$，由引理 1，存在 $\rho>0,\mu>0$，使得对于满足 $0<|w-w_0|<\mu$ 的 w，$f(z)-w$ 在 $0<|z-z_0|<\rho$ 内仅有一个一阶零点，再由 f 的连续性，存在一个 $\delta(0<\delta$

$<\rho$)，使得当 $|z-z_0|<\delta$ 时有

$$|f(z)-f(z_0)|=|w-w_0|<\mu$$

因而 $f(z)$ 在 $|z-z_0|<\delta$ 内单叶解析．

定理 6.11 设 $w=f(z)$ 是域 D 内的单叶解析函数，$D_1=f(D)$，则在 D_1 内必存在着单叶解析函的反函数 $z=f^{-1}(w)$，且 $\dfrac{\mathrm{d}z}{\mathrm{d}w}=\dfrac{1}{f'(z)}$.

证 因 $w=f(z)$ 在 D 内单叶解析且 $D_1=f(D)$，从而 $w=f(z)$ 为双射，所以在 D_1 内存在反函数 $z=f^{-1}(w)$，任取 $w_0\in D_1$，则 $z_0=f^{-1}(w_0)\in D$，当 $w\in D_1$，$w\neq w_0$，则 $z=f^{-1}(w)\in D$，且 $z\neq z_0$，任取 $\varepsilon>0$，选取上述引理中的 $\rho<\varepsilon$，则存在 $\mu>0$，使当 $0<|w-w_0|<\mu$ 时，有 $|z-z_0|=|f^{-1}(w)-f^{-1}(w_0)|<\rho<\varepsilon$，因此，当 $w\to w_0$ 时有 $z\to z_0$，于是

$$\left.\frac{\mathrm{d}z}{\mathrm{d}w}\right|_{w=w_0}=\lim_{w\to w_0}\frac{\Delta z}{\Delta w}=\frac{1}{\lim\limits_{w\to w_0}\dfrac{\Delta z}{\Delta w}}=\frac{1}{f'(z_0)}$$

由 w_0 的任意性，$z=f^{-1}(w)$ 在 D_1 内单叶解析．

定理 6.12 单叶解析函数是把区域映为区域的共形映射．

由定理 6.9 和推论 1 可直接得出此定理证明．

以上的区域和单叶解析函数都是指 C 上的，若在 C_∞ 上扩充单叶解析函数的定义，即函数 $f(z)$ 在 C_∞ 上的区域 D 除可能有极点外解析，且仍为单射，在这个定义下，以上关于单叶解析函数的结论全部成立，而且门索夫证明了定理 6.12 的逆定理：C_∞ 上区域之间的双方单值的共形映射必由单叶解析函数作出（证略）.

定理 6.13（黎曼定理） 设有两个单连通区域 D 和 G，z_0 和 w_0 分别是 D 和 G 中的任意点，α_0 是任意实数，则总有一个函数 $w=f(z)$ 存在，它把 D 一一共形映射成 G，使得

$$f(z_0)=w_0,\ \arg f'(z_0)=\alpha_0$$

并且这样的共形映射是唯一存在的．

说明：(1) 从几何角度来：对域 D 中某一点 z_0 指出它在 G 中的象 w_0，并给出在此映射下点 z_0 的无穷小邻域所转过的角度．

(2) 黎曼定理并没有给出寻求映射 $w=f(z)$ 的方法，但是它肯定了映射的存在性和唯一性．

(3) 在黎曼定理中，讨论的只是能够建立起单连通区域 D 的内点到单连通区域 G 的内点的一个一一对应，并没有涉及区域边界，因为一个区域的边界可能出现很多复杂的情形，在这些复杂的情形中，比较简单的边界就是闭曲线所围成的边界，下面我们针对这种情形给出边界对应定理．

定理 6.14（边界对应定理） 设有由光滑闭曲线（或按段光滑闭曲线）Γ 所围成的域 D 以及在 D 内及 Γ 上解析函数 $w=f(z)$，假定函数 $w=f(z)$ 将 Γ 一一对应地映射成闭曲线 Γ'，Γ' 所围成的域为 D'，并且当 z 沿 Γ 移动使得域 D 留在左边时，它的对应点 w 就沿 Γ' 移动且使域 D' 也留在左边，那么 $w=f(z)$ 将 D 一一对应共形映射成 D'.

应用这个原理，已给区域 D 要想求出被函数 $w=f(z)$ 映射成的区域 D'，只要沿 D 的边界绕行，并求出此边界被函数 $w=f(z)$ 所映射的闭曲线 Γ，这个闭曲线所围成的区域就是 D'.

在实际应用中，下面边界对应定理的逆定理也非常有用．

定理 6.15（边界对应定理的逆定理） 设区域 D 和 G 分别是分段光滑曲线 C 与 Γ 所围成的有界区域，如果函数 $w=f(z)$ 在 D 内解析，在 $D+C$ 上连续，且将边界 C 双方单值地映为边界 Γ，则函数 $w=f(z)$ 必将区域 D 双方单值地共形映射成 G，且使 C 关于 D 的正向对应于 Γ 关于 G 的正向．

【例 6-24】 证 $w=z^2$ 把圆周内部映射成心脏线的内部．

解 将函数 $w=z^2$ 表示成极坐标的形式，令

$$w=\rho e^{i\varphi}, z=re^{i\theta}$$

它把 z 平面上的圆周 $r=\cos\theta$ 变成心脏线

$$\rho=\cos^2\frac{\varphi}{2}=\frac{1}{2}(1+\cos\varphi)$$

并且是双方单值的，由边界对应定理的逆定理，$w=z^2$ 将这个圆周的内部双方单值映射成心脏线内部，如图 6.16 所示．

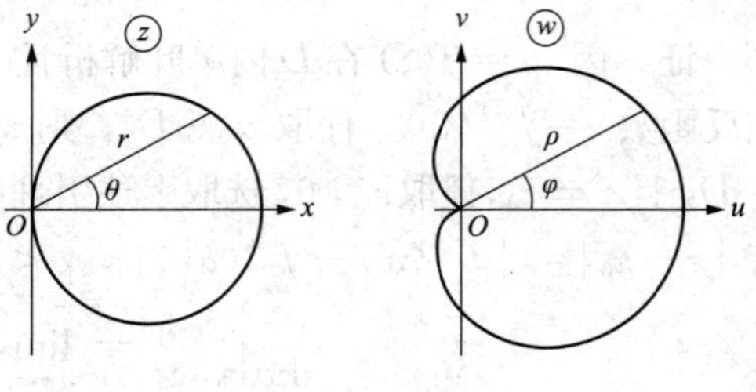

图 6.16

本章小结

本章主要从几何方面去研究解析函数的性质，通过引入共形映射的概念进一步了解解析函数的映射特征与应用．

通过对前两小节的学习我们了解到共形映射所研究的基本问题是构造解析函数使一个区域保形映射到另一个区域，其中重点讨论的是由分式线性函数所构成的映射．

分式线性映射是共形映射的一个重点内容，在本章中，我们介绍了分式线性映射具有的保形性、保圆性、保对称性及保交比性等性质，其中提到的保圆性不是指一般意义上的圆，而是在于直线与圆之间的相互转换，这也是它的独到之处，同时我们还介绍了几个初等函数构成的共形映射，其中幂函数与根式函数构造的共形映射是在角形域之间进行转换，而指数函数与对数函数构成的共形映射是在角形域与带形域之间进行转换的．单位圆域与上半平面是两个最常见的区域，在解决实际问题过程中，我们常常是先将区域向上半平面或单位圆域映射，再求出所要的共形映射函数，希望读者能将本章的例题细细琢磨，使在解决问题时能做到胸有成竹．

本章需注意如何处理以下两类问题．

第一类问题是：已知区域 D 及解析函数 $f(Z)$，求象域 $f(D)=G$，这类问题首先对给定区域 D 长出边界曲线 C，根据 $f(z)$ 求出边界曲线 C 的象 $f(\mathrm{C})=\Gamma$，然后再由绕行方向确定用由线 Γ 所围的区域的哪一部分是区域 D 的象 D．

也可以将变换分解成若干简单变换的复合，利用这些简单变换的性质求解．

第二类问题是：已知区域 D 和象域 $f(D)=G$，求解析函数 $f(z)$，这种问题比第一类问题困难，有时会感到无从下手，但如果比较熟练地掌握几种常见映射的性质，还是有规律可循的．

因此要确定一些简单区域之间的映射，必须掌握一些基本初等函数所构成映射的性质（如分式线性映射、幂函数、根式函数等），然后利用复合映射实现由简单到复杂．

习题 6

一、填空题

1. $w=z^3$ 在 $z=\sqrt{3}-i$ 处的伸缩率________转动角________．

2. $w=z^2$ 在 $z=1+i$ 处的伸缩率________，转动角________．

3. 将点 $2,i,-2$ 映射为 $-1,i,1$ 的分式线性映射是________．

4. 分式线性映射 $w=\dfrac{2z^2-1}{2+z^2}$ 将区域 $\mathrm{Im}z>0,|z|<1$ 映射成区域________．

5. 把角形域 $0<\arg z<\dfrac{\pi}{4}$ 映射成圆域 $|w|<1$ 的映射为________．

二、计算题

1. 求将带形域 $0<\mathrm{Re}z<\alpha$ 映射成 $\mathrm{Re}w>\beta$ 的共形映射．

2. 求 $w=z^2$ 在 $z=i$ 处的伸缩率和转动角，问此变换将经过点 $z=i$ 且平行于实轴正方向的曲线的切线方向变换成 w 平面的哪一个方向?

3. 求在映射 $w=iz$ 下，以 $z_1=i,z_2=-1,z_3=1$ 为顶点的三角形映射成什么图形?

4. 求满足下列条件的各分式线性映射.

(1) 求第一象限到上半平面，把 $\sqrt{2i},0,1$ 映射成 $0,\infty,-1$ 的共形映射；

(2) 求上半单位圆到上半平面，把 $1,-1,0$ 映射成 $-1,1,\infty$ 的共形映射．

5. 在映射 $w=\dfrac{1}{z}$ 下，求下列曲线的像曲线．

(1) $x^2+y^2=4$；　　(2) $y=x$；

(3) $x=1$；　　(4) $(x-1)^2+y^2=1$．

6. 如 $w=\dfrac{az+b}{cz+d}$ 将单位圆变成直线，其系数满足什么条件?

7. 设区域 $D=\left\{z:-\dfrac{\pi}{2}<\mathrm{Re}z<\dfrac{\pi}{2},\mathrm{Im}z<0\right\}$，求一共形映射，使 D 映射为上半平面．

8. 把区域 D:$\mathrm{Re}z>0$ 映射成单位圆内部 $|w|<1$，求出实现该映射的函数 $w=f(z)$.

9. 求把 $\mathrm{Im}z>0$ 映射成 $\mathrm{Im}w>0$ 分式线性映射，并满足条件 $f(0)=1,f(i)=2i$．

10. 求分式线性映射 $w=f(z)$，它将 $\mathrm{Im}(z)>0$ 映射成 $|w|<1$ 且满足条件 $f(i)=0$，$\arg f'(i)=0$．

11. 求把单位圆内部共形映射成单位圆的分式线性映射，并满足条件：$f\left(\dfrac{1}{2}\right)=0$，$\arg f'\left(\dfrac{1}{2}\right)=0$.

12. 求把具有割痕 $\mathrm{Re}(z)=\alpha,0\leqslant\mathrm{Im}(z)\leqslant\beta$ 的上半平面映射成上半平面的共形映射．

13. 如果分式线性变换 $w=\dfrac{az+b}{cz+d}$ 将 z 平面上的直线映射成 w 平面上的 $|w|<1$，那么它的系数应该满足什么条件?

14. 求把上半平面 $\mathrm{Im}z>0$ 映射成圆 $|w|<2$ 且满足 $w(i)=0,w'(i)=1$ 的分式线性映射．

15. 求 z 平面上沿线段 $[0,1+i]$ 有割痕的第一象限映为上半 w 平面的共形映射．

附录A 复变函数发展简史

复数理论的产生与发展经历了漫长而又艰难的岁月，它的概念源于求解方程组的根。早在16世纪中叶，意大利的数学物理学家卡尔丹在解三次方程时，产生了复数开平方的思想，但由于这只是单纯从形式上推广而引进的，因而复数在历史上长期不能被人们所接受。

17世纪到18世纪，复数开始有了几何解释，把它与平面向量对应起来能够解决实际问题。复数论产生于18世纪，由数学家欧拉、达朗贝尔与拉普拉斯提出，阐明了复数的几何意义与物理意义，从而使人们终于接受并理解了复数。复变函数论的全面发展在19世纪，三位数学家柯西、魏尔斯特拉斯与黎曼为这门学科的发展奠定了坚实的基础。当时，复变函数理论这个最新的数学分支统治了整个19世纪的数学，就像微积分的直接扩展统治了18世纪的数学那样，所以，数学家认为复变函数理论是最丰富的数学分支，并且成为这个世纪最大的数学财富。20世纪初，复变函数论又有了很大的进展，维尔斯特拉斯的学生，瑞典数学家列夫勒、法国数学家庞加莱、阿达玛等都做了大量的研究工作，开拓了复变函数论更广阔的研究领域，同时它也被广泛应用到其他的各个领域，例如：在物理学上有很多不同的稳定平面场，所谓场就是每点对应有物理量的一个区域，对它们的计算就是通过复变函数来解决的。俄国的茹柯夫斯基在设计飞机的时候，就用复变函数论解决了飞机机翼的结构问题。我国的数学家陈景润在研究“哥德巴赫猜想”问题中就广泛应用了复变函数理论，正因为复变函数理论有如此广泛的应用，所以学好这门课程非常有必要的。

复变函数论不但在其他学科得到了广泛的应用，在数学领域的许多分支方面也都应用了它的理论。它已经深入到微分方程、积分方程、概率论和数论等学科，对它们的发展都有很大的影响。

20世纪，复变函数理论随着它的领域不断扩大而发展成为一门庞大的数学分支，它主要包括单值解析函数理论、黎曼曲面理论、几何函数论、留数理论、广义解析函数等方面的内容。

复变函数不仅仅研究单值函数，也研究多值函数，黎曼曲面理论就是研究多值函数的主要工具。对于某一个多值函数，如果能够作出它的黎曼曲面，那么函数在黎曼曲面上就变成单值函数。黎曼曲面理论是复变函数和几何间的一座桥梁，它能够使我们把比较深奥的函数的解析性质与几何联系起来。近年来，关于黎曼曲面的研究还对另一门数学分支拓扑学有比较大的影响，逐渐地趋向于讨论它的拓扑性质。

在复变函数论中，用几何的方法来说明、解决问题内容，一般叫作几何函数论，复变函数可以通过共形映射理论为它的性质提供几何说明。导数处处不是零的解析函数所实现的映射就都是共形映射，共形映射也叫作保角映射。共形映射在流体力学、空气动力学、弹性理论、静电场 、电路理论等方面都得到了广泛的应用。

留数理论也是复变函数论中一个重要的理论。留数也叫作残数，它的定义比较复杂。应用留数理论对于复变函数积分的计算比起线积分计算方便。计算实变函数定积分，可以化为复变函数沿闭回路曲线的积分后，再用留数基本定理化为被积分函数在闭合回路曲线内部孤立奇点上求留数的计算，当奇点是极点的时候，计算更加简洁。

把单值解析函数的一些条件适当地改变和补充，以满足实际研究工作的需要，这种经过改变的解析函数叫作广义解析函数。广义解析函数的应用范围非常广泛，不仅在流体力学中有应用，而且像薄壳理论这样的固体力学当中也在应用。因此，近年来这方面的理论发展十分迅速。

复变函数论的发展已有近200多年的历史了，它早已成为数学的一个重要组成部分。它的理论常常作为一个有力的工具被应用在实际问题中，它的基础内容已成为理工科很多专业的必修课程。现在，复变函数论中仍然有不少尚待研究的课题，所以它必将继续前行，取得更多更广泛应用。

附录B 数学家简介

柯西（见附图B-1），1789年8月21日出生于巴黎，是法国伟大的数学家、物理学家、天文学家。19世纪初期，微积分已发展成一个庞大的分支，内容丰富，应用非常广泛。与此同时，它的不足之处也显现出来，微积分理论的基础不严格。为解决这些问题，数学家们展开了一系列分析的工作，其中做出卓越贡献的要首推伟大的数学家柯西。

附图 B-1

柯西在分析方面最大的贡献是在常微分方程领域。他首先证明了方程解的存在和唯一性。这是以前没有人提出过的问题。柯西的最大贡献就是看到通过计算强级数，可以证明逼近步骤收敛，其极限就是方程的所求解。

柯西最重要和最有首创性的工作是关于单复变函数论的。18世纪的数学家们采用过上、下限是虚数的定积分。但没有给出明确的定义。柯西首先阐明了有关概念，并且用这种积分来研究多种多样的问题，如实定积分的计算，级数与无穷乘积的展开，用含参变量的积分表示微分方程的解等。

柯西在综合工科学校所授分析课程及有关教材给数学界造成了极大的影响。自从牛顿和莱布尼茨发明微积分（即无穷小分析，简称分析）以来，这门学科的理论基础是模糊的。为了进一步发展，必须建立严格的理论，柯西为此首先成功地建立了极限论。

柯西在力学方面是弹性力学数学理论的奠基人。他在1823年的《弹性体及流体（弹性或非弹性）平衡和运动的研究》一文中，提出（各向同性的）弹性体平衡和运动的一般方程（后来他还把这方程推广到各向异性的情况），给出应力和应变的严格定义，提出它们可分别用六个分量表示。除此之外，柯西在分析方面、几何方面以及代数方面等数学领域也有极大的贡献。柯西的一生，数学成就不仅辉煌，而且数量惊人。柯西全集有27卷，其论著有800多篇，在数学史上是仅次于欧拉的多产数学家。他的光辉名字与许多定理、准则一起铭记在当今许多教材中。

1857年5月23日，他因为热病去世，享年68岁。临终前，他还与巴黎大主教在说话，他说的最后一句话是：

“人总是要死的，但是，他们的功绩永存。”

欧拉（见附图B-2），瑞士数学家及自然科学家，1707年4月15日出生于瑞士巴塞尔，欧拉自幼就喜欢数学。13岁时入读巴塞尔大学，15岁大学毕业，16岁就获得了硕士学位，26岁时就担任了彼得堡科学院数学教授。欧拉的一生不但为数学界做出贡献，更把数学推至几乎整个物理的领域。是数学史上最伟大的科学家之一。

附图 B-2

欧拉最大的功绩是扩展了微积分的领域，为微分几何及分析学的一些重要分支，如无穷级数、微分方程等的产生与发展奠定了基础。欧拉和其他数学家在解决物理方面的过程中，创立了微分方程这门学科。在常微分方程方面，欧拉完整地解决了 n 阶常系数线性齐次方程的问题；在非齐次方程方面，他提出了一种降低方程阶的解法；在偏微分方程方面，欧拉将二维物体振动的问题，归结出了一、二、三维波动方程的解法。欧拉所写的《方程的积分法研究》更是偏微分方程在纯数学研究中的第一篇论文。

在微分几何方面，欧拉引入了空间曲线的参数方程，给出了空间曲线曲率半径的解析表达方式。1766 年，欧拉出版了《关于曲面上曲线的研究》，这是欧拉对微分几何最重要的贡献，更是微分几何发展史上一个里程碑。

欧拉在分析学上的贡献不胜枚举，他引入了 G 函数和 B 函数的概念，从而证明了椭圆积分的加法定理。此外，他还最早引入二重积分等。

在代数学方面，他发现了每个实系数多项式必分解为一次或二次因子积，即 $a+bi$ 的形式。欧拉还给出了费马小定理的三个证明，并引入了数论中重要的欧拉函数 $\varphi(n)$，他研究数论的一系列成果使得数论成为数学中的一个独立分支。欧拉又用解析方法讨论数论问题，发现了 ξ 函数所满足的函数方程，并引入欧拉乘积。而且还解决了著名的哥尼斯堡七桥问题，创立了拓扑学。

欧拉是科学史上最多产的一位杰出的数学家，据统计他那不倦的一生，共写下了 886 本书籍和论文，其中分析、代数、数论占 40%，几何占 18%，物理和力学占 28%，天文学占 11%，弹道学、航海学、建筑学等占 3%。彼得堡科学院为了整理他的著作，足足忙碌了 47 年。此外，欧拉还创设了许多数学符号，例如 π（1736 年），i（1777 年），e（1748 年），sin 和 cos（1748 年），tg（1753 年），Δx（1755 年），Σ（1755 年），$f(x)$（1734 年）等。《无穷小分析引论》一书是欧拉划时代的代表作，当时数学家们称他为“分析学的化身”。

在 1771 年，一场重病使他的左眼完全失明，但他以其惊人的记忆力和心算技巧继续从事科学创作。他通过与助手们的讨论以及直接口授等方式完成了大量的科学著作，直至生命的最后一刻。

1783 年 9 月 18 日欧拉在俄国的彼得堡去世，终年 76 岁。

魏尔斯特拉斯（见附图 B-3），德国数学家，1815 年 10 月 31 日生于德国威斯特伐利亚地区的奥斯登费尔特，魏尔斯特拉斯作为现代分析之父，工作涵盖：幂级数理论、实分析、复变函数、阿贝尔函数、无穷乘积、变分学、双线型与二次型、整函数等。他的论文与教学影响了整个 20 世纪分析学甚至整个数学的风貌。

附图 B-3

魏尔斯特拉斯一生为数学做出了巨大贡献。在解析函数方面，他用幂级数来定义解析函数，并建立了一整套解析函数理论，与柯西、黎曼一起被称为函数论的奠基人。从已知的一个在限定区域内定义一个函数的幂级数出发，根据幂级数的有关定理，推导出在其他区域中定义同一函数的另一些幂级数，这是他的一项重要发现，魏尔斯特拉斯关于解析函数的研究成果，组成了现今大学数学专业中复变函数论的主要内容。在椭圆函数方面，椭圆函数是双周期亚纯函数，是从求椭圆弧长引起的。有关研究是 19 世纪的热门课题。继阿贝尔、雅克比之后，魏尔斯特拉斯在这方面做出了巨大贡献。总之，魏尔斯特拉斯把椭圆函数论的研究推到了一个新的水平，进一步完备了、改写了并且美化了其理论体系。在代数领域，1858年，他对同时化两个二次型成平方和给出了一般方法，并证明了若二次型之一是正定的，即使某些特征值相等，这个化简也是可能的。1868年，他已完成二次型的理论体系，并将这些结果推广到了双线性型。在变分学方面，1879年，他证明了弱变分的3个条件，即函数取得极小值的充分条件。此后，他转向了强变分问题，并得到了强变分的极大值的充分条件。在变分学方面还得到了不少的其他成果。在数学分析方面，魏尔斯特拉斯关于分析严格化的贡献使他获得了“现代分析之父”的称号。他是把严格的论证引进分析学的一位大师，为分析严密化做出了不可磨灭的贡献，是分析算术化运动的开创者之一。他批评柯西等前人采用的“无限地趋近”等说法具有明显的运动学含义，代之以更严密的表述，用这种方式重新定义了极限、连续、导数等分析基本概念，特别是通过引进以往被忽视的一致收敛性而消除了微积分中不断出现的各种异议和混乱。可以说，数学分析达到今天所具有的严密形式，本质上归功于魏尔斯特拉斯的工作。1885年，魏尔斯特拉斯所证明的用多项式任意逼近连续函数的定理，是20世纪的一个广阔研究领域函数构造论，即函数的逼近与插值理论的出发点之一。另外，魏尔斯特拉斯还研究了天文学中的 n 体问题和光的理论。

魏尔斯特拉斯的伟大之处除了上述在学术方面的贡献之外，他还是一位伟大的教育家，他的一生热爱数学，热爱教育事业，热情指导学生，终身孜孜不倦。并且培养了大批的著名数学家，其中有一位叫柯瓦列夫斯卡娅，她是世界历史上第一位数学女博士，德国格丁根大学哲学博士。曾任瑞典斯德哥尔摩大学教授。她在偏微分方程和刚体旋转理论等方面有重要贡献。并且她还是俄国历史上获此称号的第一个女性。

魏尔斯特拉斯1897年2月19日卒于柏林，终年82岁。

华罗庚（见附图B-4），1910年出生于江苏省常州，中国的数学家，美国国家科学院外籍院士，第三世界科学院院士，联邦德国巴伐利亚科学院院士。

华罗庚是中国解析数论、矩阵几何学、典型群、自守函数论与多元复变函数论等多方面研究的创始人和开拓者，并被列为芝加哥科学技术博物馆中当今世界88位数学伟人之一。

附图B-4

华罗庚早年的研究领域是解析数论，他在解析数论方面的成就尤其广为人知，国际间颇具盛名的“中国解析数论学派”即华罗庚开创的学派，该学派对于质数分布问题与哥德巴赫猜想做出了许多重大贡献。

华罗庚也是中国解析数论、矩阵几何学、典型群、自守函数论等多方面研究的创始人和开拓者，他在多复变函数论，典型群方面的研究领先西方数学界10多年，是国际上有名的“典型群中国学派”。并且他带领中国学派达到世界一流的水平。培养出众多优秀青年，如王元、陈景润、万哲先、陆启铿、龚升等。

20世纪40年代，华罗庚解决了高斯完整三角和的估计这一历史难题，得到了最佳误差阶估计；对G. H. 哈代与J. E. 李特尔伍德关于华林问题及E. 赖特关于塔里问题的结果作了重大的改进，三角和研究成果被国际数学界称为“华氏定理”。在代数方面，证明了历史长久遗留的一维射影几何的基本定理；给出了体的正规子体一定包含在它的中心之中这个结果的一个简单而直接的证明，被称为嘉当—布饶尔—华定理。与王元教授合作在近代数论方法应用研究方面获重要成果，被称为“华—王方法”。

华罗庚1985年6月12日逝世，终年75岁。华老的家乡江苏省常州市金坛区，即在区中心的中山公园内兴建了一座设有3个展厅、总面积615m²的华罗庚纪念馆。作为江苏省爱国主义教育基地。多年来，华罗庚不仅没有被人们淡忘，反而越来越受到人们的尊敬和怀念。

黎曼（见附图B-5），1826年出生于汉诺威王国（今德国），伟大的数学家，物理学家，自幼他是个安静多病而且害羞的人，终生喜欢独处。

1840年，黎曼搬到汉诺威和祖母生活并进入中学学习。1846年，黎曼进入哥廷根大学学习哲学和神学。在此期间他去听了一些数学讲座，包括高斯关于最小二乘法的讲座，在得到父亲的允许后，他改学数学。在柏林大学就读的两年时间里，黎曼投入到雅戈比、狄利克雷和Steiner门下。1851年，在柏林大学获博士学位。

附图B-5

黎曼对数学的贡献是巨大的，首先他提出了用复变函数论特别是用ζ函数研究数论的新思想和新方法，开创了解析数论的新时期，并对单复变函数论的发展有着深远的影响。同时他还论证了复变函数可导的必要充分条件（即柯西—黎曼方程）。并且借助狄利克雷原理阐述了黎曼映射定理，成为函数的几何理论的基础。

1853年，黎曼定义了黎曼积分并研究了三角级数收敛的准则。1854年，发扬了高斯关于曲面的微分几何研究，提出用流形的概念理解空间的实质，用微分弧长度的平方所确定的正定二次型理解度量，建立了黎曼空间的概念，把欧氏几何、非欧几何包进了他的体系之中。

1857年，初次登台作了题为“论作为几何基础的假设”的演讲，创立了黎曼几何学。1915年，A. 爱因斯坦运用黎曼几何和张量分析工具创立了新的引力理论——广义相对论。同年，黎曼发表的关于阿贝尔函数的研究论文，引出黎曼曲面的概念，将阿贝尔积分与阿贝尔函数的理论带到新的转折点并做系统的研究。其中对黎曼曲面从拓扑、分析、代数几何各角度做了深入研究。创造了一系列对代数拓扑发展影响深远的概念，阐明了后来G. 罗赫所补足的黎曼—罗赫定理。

1859年，接替狄利克雷成为教授。并发表论文《论小于某给定值的素数的个数》，研究了黎曼ζ函数，给出了ζ函数的积分表示与它满足的函数方程，他指出素数的分布与黎曼ζ函数之间存在深刻联系。这一关联的核心就是$J(x)$的积分表达式。另外，他对偏微分方程及其在物理学中的应用有重大贡献。甚至对物理学本身，如对热学、电磁非超距作用和激波理论等也做出重要贡献。

黎曼的工作直接影响了19世纪后半期的数学发展，许多杰出的数学家重新论证黎曼断言过的定理，在黎曼思想的影响下数学许多分支取得了辉煌成就。黎曼是世界数学史上最具独创精神的数学家之一，他的著作不多，但却异常深刻，极富于对概念的创造与想象。

1866年7月20日，黎曼因肺结核在塞拉斯卡去世，终年39岁。

附录C 数 学 试 验

第1章 复数与复变函数

附例 C-1 求下列复数的实部、虚部、共轭复数、模、辐角.

(1) $\frac{i}{1-i}+\frac{1-i}{i}$；　　(2) $\frac{(1+4i)(2-5i)}{i}$；

(3) $i^{10}-6i^{15}+i$；　　(4) $\left(\frac{3-4i}{1+2i}\right)^2$.

解 利用复矩阵一并处理.

在 MATLAB 指令窗中输入

```
> > z= [i/(1- i)+ (1- i)/i , (1+ 4i)*(2- 5i)/i , i^10- 6*i^15+ i, ((3- 4*i)/(1+ 2*i))^2];
```

输出结果为

```
z=
   0.2308- 0.1538i    1.5000- 2.5000i    - 3.5000- 13.0000i    1.0000- 3.0000i
```

在 MATLAB 指令窗中输入

```
> > real(z)                        % 实部
```

输出结果为

```
ans=
     0.2308            1.5000             - 3.5000              1.0000
```

在 MATLAB 指令窗中输入

```
> > imag(z)                        % 虚部
```

输出结果为

```
ans=
     - 0.1538          - 2.5000           - 13.0000             - 3.0000
```

在 MATLAB 指令窗中输入

```
> > conj(z)                        % 共轭复数
```

输出结果为

```
ans=
     0.2308+ 0.1538i   1.5000+ 2.5000i    - 3.5000+ 13.0000i    1.0000+ 3.0000i
```

在 MATLAB 指令窗中输入

```
> > abs(z)                         % 模
```

输出结果为

```
ans=
```

```
     0.2774          2.9155          13.4629          3.1623
```

在 MATLAB 指令窗中输入

```
> > angle(z)                    % 辐角
```

输出结果为

```
ans=
     - 0.5880        - 1.0304        - 1.8228         - 1.2490
```

附例 C-2 设 $z_1 = 4e^{\frac{\pi}{3}i}$，$z_2 = 3e^{\frac{\pi}{5}i}$，求 $z_1 z_2$ 及 $\frac{z_1}{z_2}$ 的值.

解 复数的乘、除法运算由“ * ”和“/”实现.
在 MATLAB 指令窗中输入

```
> > z1= 4*exp(pi/3*i)
```

输出结果为

```
z1=
   2.0000+ 3.4641i
```

在 MATLAB 指令窗中输入

```
> > z2= 3*exp(pi/5*i)
```

输出结果为

```
z2=
   2.4271+ 1.7634i
```

在 MATLAB 指令窗中输入

```
> > z1*z2
```

输出结果为

```
ans=
     - 1.2543+ 11.9343i
```

在 MATLAB 指令窗中输入

```
> > z1/z2
```

输出结果为

```
ans=
    1.2181+ 0.5423i
```

附例 C-3 已知 $z = \frac{1}{3+2i}$，求 z 的 6 次幂.

解 在 MATLAB 指令窗中输入

```
> > z=1/(3+ 2*i);
> > z^6                       % z 的 6 次幂
```

输出结果为

```
ans=
    - 4.2160e- 004+ 1.7154e- 004i
```

附例 C-4 已知 $z=\frac{1}{i}-\frac{3i}{1-i}$，求 z 的平方根.

解 在 MATLAB 指令窗中输入

```
> > z=1/i- 3*i/(1- i) ;
> > sqrt(z)                          % z 的平方根
```

输出结果为

```
ans=
    1.4858- 0.8413i
```

附例 C-5 求方程 $z^3+8=0$ 所有的根.

解 在 MATLAB 指令窗中输入

```
> > solve('z^3+ 8= 0')               % 求方程的根
```

输出结果为

```
ans=
     [        - 2]
     [1- i*3^(1/2)]
     [1+ i*3^(1/2)]
```

附例 C-6 求极限 $\lim\limits_{z\to 1+5i}\frac{z}{1+z}$.

解 在 MATLAB 指令窗中输入

```
> > syms   z                         % 创建变量
> > f= z/(1+z);
> > limit(f,z,1+ 5i)                 % 求极限
```

输出结果为

```
ans=
    27/29+ 5/29*i
```

第 2 章 解 析 函 数

附例 C-7 设函数 $f(z)=\frac{z^2}{z^2+1}$，求 $f(z)$ 在 $z=\frac{i}{2}$ 处的导数和三阶导数.

解 在 MATLAB 指令窗中输入

```
> > syms   z                         % 创建变量
> > f= z^2/(z^2+1);
> > df= diff(f , z)                  % 求导数
```

输出结果为

```
df=
```

```
2*z/(z^2+ 1)- 2*z^3/(z^2+ 1)^2
```

在 MATLAB 指令窗中输入

```
> > jf= subs(df , z , i/2)                    % 在 i/2 处得导数值
```

输出结果为

```
jf=
   0+ 1.7778i
```

在 MATLAB 指令窗中输入

```
> > df3= diff(f , z , 3)                      % 求三阶导数
```

输出结果为

```
df3=
   - 24/(z^2+ 1)^2*z+ 72*z^3/(z^2+ 1)^3- 48*z^5/(z^2+ 1)^4
```

在 MATLAB 指令窗中输入

```
> > jf3= subs(df3 , z , i/2)                  % 在 i/2 处得三阶导数值
```

输出结果为

```
jf3=
   0- 47.4074i
```

附例 C-8 求 $\cos(1+i)$.

解 在 MATLAB 指令窗中输入

```
> > cos(1+ i)
```

输出结果为

```
ans=
   351/421          - 1247/1261i
```

附例 C-9 解复数方程 $e^z=1+\sqrt{3}i$.

解 在 MATLAB 指令窗中输入

```
> > solve('1+ sqrt(3)*i= exp(z)')             % 解方程
```

输出结果为

```
ans=
   log(1+ i*3^(1/2))
```

第 3 章 复变函数的积分

附例 C-10 求积分 $\int z\sin(z)dz$.

解 在 MATLAB 指令窗中输入

```
> > syms z
> > f= z*sin(z) ;
> > int(f)                                          % 求不定积分
```

输出结果为

```
ans=
     sin(z)- z*cos(z)
```

附例 C-11 求$\int_0^i (3e^z+2z)\mathrm{d}z$.

解 在 MATLAB 指令窗中输入

```
> > syms z
> > f= 3*exp(z)+ 2*z ;
> > int(f, z, 0, i)                                 % 求带积分上下限的定积分
```

输出结果为

```
ans=
     3*exp(i)- 4
```

附例 C-12 计算积分$\int_C z^2 \mathrm{d}z$，其中C为从原点到点$1+i$的直线段：$z=(1+i)t(0\leqslant t\leqslant 1)$.

解 在 MATLAB 指令窗中输入

```
> > syms t real                                     % 声明 t 是一个实的符号变量
> > z= (1+ i)*t;
> > int(conj(z)*diff(z) , t , 0 , ,1)               % 求带积分上下限的定积分
```

输出结果为

```
ans=
     1
```

第 4 章 解析函数的级数理论

附例 C-13 判断数列$\alpha_n=\dfrac{1+ni}{1-ni}$是否收敛，如果收敛求极限.

解 在 MATLAB 指令窗中输入

```
> > syms n
> > f= (1+ n*i)/(1- n*i) ;
> > limit(f, n, inf)                                % 求极限
```

输出结果为

```
% 仿真结果 f= - - i
% 数列{αn}收敛，极限为－i
% 上述求极限中 inf 代表 n= ∞
```

附例 C-14 求下列幂级数的收敛半径

(1) $\sum_{n=0}^{\infty} e^{i\frac{\pi}{n}} z^n$；　　(2) $\sum_{n=0}^{\infty} \left(\frac{z}{ni}\right)^n$.

解 利用复变函数求收敛半径的比值或根值法，得收敛半径：

$$R = \lim_{n\to\infty}\left|\frac{C_n}{C_{n+1}}\right|，或 R = \lim_{n\to\infty}\frac{1}{\sqrt[n]{|C_n|}} = \lim_{n\to\infty}|C_n|^{-\frac{1}{n}}$$

在 MATLAB 指令窗中输入

```
> > syms n
> > C1= exp(i*pi/n) ;
> > C2= 1/(i*n)^n;
> > R1= abs(limit(C1^(- 1/n), n ,inf));                    % 返回极限的模
> > R2= abs(limit(C2^(- 1/n), n , inf))
```

输出结果为

```
R1= 1                                                      % 收敛半径为 1
R2= inf                                                    % 收敛半径为∞
```

附例 C-15 求函数 $f = \tan z$ 在 $z_0 = \frac{\pi}{4}$ 处的泰勒展开式.

解 在 MATLAB 指令窗中输入

```
> > syms z
> > f= tan(z) ;
> > talor(f , z , pi/4)                                    % 求泰勒展开式
```

输出结果为

```
ans=
    1 + 2*z- 1/2*pi+ 2*(z- 1/4*pi)^2+ 8/3(z- 1/4*pi)^3+ 10/3*(z- 1/4*pi)^4+ 64/15
      (z- 1/4*pi)^5
```

附例 C-16 求函数 $f(z) = \frac{1}{z-b}$ 在 $z_0 = a$ 处的泰勒展开式的前 4 项.

解 在 MATLAB 指令窗中输入

```
> > syms z a b;
> > f= 1/(z- b) ;
> > taylor(f , z , a ,'order', 4)                          % 求 4 阶泰勒展开式
```

输出结果为

```
ans=
    1/(a- b)- 1/(a- b)^2*(z- a)+ 1/(a- b)^3*(z- a)^2- 1/(a- b)^4*(z- a)^3
```

第 5 章 留　　数

相关 MATALAB 命令

[R，P，K] = (B，A)：求有理式的留数. 其中 B，A 分别为有理式中分子、分母的多项式系数向量，R 为返回的留数，P 为返回的极点，K 为有理式多项式系数.

附例 C-17 计算函数 $f(z)=\dfrac{z^2-3z+2}{z^3+2z^2+z}$ 的留数，并求其部分分式展开.

解 在 MATLAB 指令窗中输入

```
>> B= [1 , - 3 , 2];                % 输入有理式分子的多项式系数向量
>> A= [1 , 2 , 1 , 0];              % 输入有理式分母的多项式系数向量
>> [R , P , K]= residue(B , A)      % 求有理式的留数、极点和多项式系数
```

输出结果为

```
R=
   - 1
   - 6
   2
P=
   - 1
   - 1
   0
K=
   [ ]
```

结果表明：

$$\mathrm{Res}[f(z),-1]=-1,\qquad \mathrm{Res}[f(z),0]=2,$$

部分分式：

$$f(z)=\frac{-1}{z+1}+\frac{-6}{(z+1)^2}+\frac{2}{z}.$$

附例 C-18 计算函数 $f(z)=\dfrac{z^4}{z^2+2z+1}$ 的留数，并求其部分分式展开.

解 在 MATLAB 指令窗中输入

```
>> B= [1 , 0 , 0 , 0 , 0];          % 输入有理式分子的多项式系数向量
>> A= [1 , 2 , 1];                  % 输入有理式分母的多项式系数向量
>> [R , P , K]= residue(B , A)      % 求有理式的留数、极点和多项式系数
```

输出结果为

```
R=
   - 4
   1
P=
   - 1
   - 1
K=
   1   - 2   3
```

结果表明：

$$\mathrm{Res}[f(z),-1]=-4,$$

部分分式：

$$f(z)=\frac{-4}{z+1}+\frac{1}{(z+1)^2}+z^2-2z+3\,.$$

附例 C-19 求闭路积分$\oint_C \frac{2z+3}{z^2+2z+3}\mathrm{d}z$，其中$C$为$|z|=3$.

解 在 MATLAB 指令窗中输入

```
>> B= [2 , 3] ;                              % 输入有理式分子的多项式系数向量
>> A= [1 , 2 ,3];                            % 输入有理式分母的多项式系数向量
>> v= jf(3, B , A)                           % 求函数在半径为 3 的闭曲线上的积分
```

输出结果为

```
v=
   0+ 12.5664i
```

因此有在半径为 3 的圆周上积分值为 12. 5664 i.

附例 C-20 计算积分$\oint_C f(z)\mathrm{d}z$，其中C为正向圆周$|z|=4$，

$$f(z)=\frac{z^3+2z^2+3z+4}{z^6+11z^5+48z^4+106z^3+125z^2+75z+18}.$$

解 利用留数定理 1 计算该积分

在 MATLAB 指令窗中输入

```
>> syms z
>> b= z^3+ 2*z^2+ 3*z+ 4;
>> a= z^6+ 11*z^5+ 48*z^4+ 106*z^3+ 125*z^2+ 75*z+ 18;
>> f= b/a
```

输出结果为

```
F= ( z^3+ 2*z^2+ 3*z+ 4)/( z^6+ 11*z^5+ 48*z^4+ 106*z^3+ 125*z^2+ 75*z+ 18)
```

在 MATLAB 指令窗中输入

```
>> B= sym2poly(b);                           % 由高阶到低阶返回分子多项式的系数
>> A= sym2ploy(a) ;                          % 由高阶到低阶返回分母多项式的系数
>> format rat                                % 分数格式形式,用有理数逼近显示数据
>> [R , P , ,K]= residue(B , A) ;
```

输出结果为

```
R=
   - 17/8
   - 7/4
   2
   1/8
   - 1/2
   1/2
P=
   - 3
```

```
    - 3
    - 2
    - 1
    - 1
    - 1
K=
    [ ]
```

结果表明：

$$f(z)=\frac{-17}{8(z+3)}+\frac{-7}{4\,(z+3)^2}+\frac{2}{z+2}+\frac{1}{8(z+1)}+\frac{-1}{2\,(z+1)^2}+\frac{1}{2\,(z+1)^3}.$$

由留数定理1有

$$\oint_C f(z)\mathrm{d}z=2\pi i\left(-\frac{17}{8}+2+\frac{1}{8}\right)=0.$$

附录D 习 题 答 案

习 题 1

一、填空题

1. $\dfrac{x}{x^2+y^2},-\dfrac{y}{x^2+y^2}$； 2. $2xy$； 3. $\sqrt{37}$, $\arctan\dfrac{1}{6}$； 4. 除去原点和负实轴的区域；
5. 没有重点的连续曲线； 6. e^{-3}, 1； 7. $x^2+(y-1)^2=1$； 8. $-1+2i, 2-i$；
9. $-7+2i$； 10. $u=2$.

二、单项选择题

1. B； 2. B； 3. C； 4. C； 5. A； 6. C； 7. D； 8. C； 9. C； 10. A.

三、判断题

1. 错误；2. 正确；3. 正确；4. 错误；5. 错误；6. 错误；7. 正确；8. 错误；9. 正确；10. 正确.

四、计算题

1. (1) $\mathrm{Re}(z)=1, \mathrm{Im}(z)=-\sqrt{3}, \bar{z}=1+\sqrt{3}i, |z|=2, \arg z=-\dfrac{\pi}{3}$；

(2) $\mathrm{Re}(z)=1, \mathrm{Im}(z)=-3, \bar{z}=1+3i, |z|=\sqrt{10}, \arg z=-\arctan 3$；

(3) $\mathrm{Re}(z)=0, \mathrm{Im}(z)=-1, \bar{z}=i, |z|=1, \arg z=-\dfrac{\pi}{2}$；

(4) $\mathrm{Re}(z)=-2^{51}, \mathrm{Im}(z)=0, \bar{z}=-2^{51}, |z|=2^{51}, \arg z=\pi$；

(5) $\mathrm{Re}(z)=\dfrac{3}{2}, \mathrm{Im}(z)=-\dfrac{5}{2}, \bar{z}=\dfrac{3}{2}+\dfrac{5}{2}i, |z|=\dfrac{\sqrt{34}}{2}, \arg z=-\arctan\dfrac{5}{3}$；

(6) $\mathrm{Re}(z)=-\dfrac{7}{2}, \mathrm{Im}(z)=-13, \bar{z}=-\dfrac{7}{2}+13i, |z|=\dfrac{5}{2}\sqrt{29}, \arg z=\arctan\dfrac{26}{7}-\pi$.

2. (1) $x=1, y=11$；(2) $x=\pm 3, y=\mp 3$.

3. (1) $\cos 0+i\sin 0$, e^{0i}； (2) $\dfrac{1}{2}\left(\cos\dfrac{\pi}{2}+i\sin\dfrac{\pi}{2}\right), \dfrac{1}{2}e^{\frac{\pi}{2}i}$；

(3) $\sqrt{65}[\cos(\pi-\arctan 8)+i\sin(\pi-\arctan 8)], \sqrt{65}e^{i(\pi-\arctan 8)}$；

(4) $\cos 19\theta+i\sin 19\theta, e^{i19\theta}$.

4. 模扩大为原来的 2 倍，辐角减小 $\dfrac{\pi}{2}$.

5. (1) -4；(2) $-16\sqrt{3}-16i$；(3) $\cos\dfrac{2k\pi}{5}+i\sin\dfrac{2k\pi}{5}(k=0,1,2,3,4)$；

(4) $\sqrt[3]{2}\left(\cos\dfrac{-\frac{\pi}{4}+2k\pi}{3}+i\sin\dfrac{-\frac{\pi}{4}+2k\pi}{3}\right)(k=0,1,2)$.

6. (1) $2+i, 1+2i$；(2) $\dfrac{\sqrt{2}a}{2}(1\pm i), \dfrac{\sqrt{2}a}{2}(-1\pm i)$.

7. (1) 以 2 为中心，半径为 3 的圆周；(2) 以 $-3i$ 为中心，半径为 1 的圆周及其外部区域；(3) 直线 $x=1$；(4) 直线 $y=3$；(5) 连接 $2i$ 和 $-2i$ 的线段的垂直平分线，即实轴；(6) 以 -3 和 -1 为焦点，长轴为 4 的椭圆；(7) 直线 $y=1$ 及其下边的平面；(8) 直线 $x=\frac{5}{2}$ 及其左边的平面；(9) 不包含实轴的上半平面；(10) 以 i 为起点的射线 $y=x+1(x>0)$.

8. (1) 不包含虚轴的右半平面，是无界的单连通域；

(2) 圆 $(x-1)^2+y^2=9$ 的外部区域（不包括圆周），是无界的多连通域；

(3) 由直线 $y=0$ 与 $y=2$ 所构成的带形区域，不包括两直线在内，是无界的单连通域；

(4) 由圆周 $x^2+y^2=1$ 与 $x^2+y^2=4$ 所围成的圆环域，包括圆周在内，是有界的多连通闭区域；

(5) 直线 $x=2.5$ 左边的平面区域，不包括直线在内，是无界的单连通域；

(6) 由射线 $\theta=-1$ 及 $\theta=-1+\pi$ 构成的角形域，不包括两射线在内，是无界的单连通域；

(7) 中心在 $z=-\frac{17}{15}$，半径为 $\frac{8}{15}$ 的圆周的外部区域，不包括圆周本身在内，是无界的多连通域；

(8) 椭圆 $\frac{x^2}{9}+\frac{y^2}{5}=1$ 及其围成的区域，是有界的单连通闭区域.

9. (1) 直线 $v=-u$；(2) 圆周 $u^2+v^2=\frac{1}{4}$；(3) 圆周 $\left(u-\frac{1}{2}\right)^2+v^2=\frac{1}{4}$；(4) 直线 $u=\frac{1}{2}$.

五、证明题

略.

习 题 2

一、填空题

1. $2z+2$；　2. 及其某个邻域内处处可导；

3. u,v 在 D 内可微，且满足柯西—黎曼方程：$\frac{\partial u}{\partial x}=\frac{\partial v}{\partial y},\frac{\partial u}{\partial y}=-\frac{\partial v}{\partial x}$；

4. $1+i$；　5. 原点及负实轴上的点；　6. $z=\frac{\pi}{2}+k\pi,k=0,\pm1,\pm2,\cdots$；

7. $2k\pi i$；　8. $e^{\frac{\pi}{2}-2k\pi},k=0,\pm1,\pm2,\cdots$；　9. $z=0,\pm2i$；　10. 常数.

二、单项选择题

1. D；2. D；3. B；4. C；5. A；6. D；7. B；8. C；9. D；10. A.

三、判断题

1. 错误；2. 错误；3. 错误；4. 正确；5. 错误；6. 正确.

四、计算题

1. (1) 在直线 $x=-\frac{1}{2}$ 上可导，但在复平面上处处不解析；

(2) 在复平面上处处不可导，处处不解析；

(3) 在 $z=0$ 处可导，但在复平面上处处不解析；

(4) 在 $z=0$ 和 $z=\frac{3}{4}+\frac{3}{4}i$ 处可导，但在复平面上处处不解析．

2. (1) 在复平面上处处解析，$f'(z)=2z+2i$；

(2) 除 $z=\pm i$ 的复平面上解析，$f'(z)=\frac{1-z^2}{(z^2+1)^2}$；

(3) 除 $z=1$ 的复平面上解析，$f'(z)=-\frac{1}{(z-1)^2}-2\sin z$；

(4) 当 $c=0$ 时，在复平面上处处解析，$f'(z)=\frac{a}{d}$；当 $c\neq 0$ 时，除 $z=-\frac{d}{c}$ 的平面上解析，$f'(z)=\frac{ad-bc}{(cz+d)^2}$．

3. (1) 正确；(2) 正确；(3) 正确．

4. (1) $z=(2k+1)\pi i, k=0,\pm 1,\pm 2,\cdots$；　(2) $z=k\pi i, k=0,\pm 1,\pm 2,\cdots$；

(3) $z=\frac{2k+1}{2}\pi i, k=0,\pm 1,\pm 2,\cdots$；　(4) $z=k\pi-\frac{\pi}{4}, k=0,\pm 1,\pm 2,\cdots$；

(5) i；　(6) $z=\ln 2+i\left(\frac{\pi}{3}+2k\pi\right), k=0,\pm 1,\pm 2,\cdots$.

5. (1) $-i$；(2) $e^2(\cos 1+i\sin 1)$；(3) $e^{-2k\pi}(\cos\ln 3+i\sin\ln 3), k=0,\pm 1,\pm 2,\cdots$；

(4) $e^{-(\frac{\pi}{4}+2k\pi)}(\cos\ln\sqrt{2}+i\sin\ln\sqrt{2}), k=0,\pm 1,\pm 2,\cdots$；(5) $2k\pi i, k=0,\pm 1,\pm 2,\cdots$；

(6) $\ln 5+i(\pi-\arctan\frac{4}{3}+2k\pi), k=0,\pm 1,\pm 2,\cdots$.

6. (1) 不正确；(2) 不正确．

五、证明题

略．

习　题　3

一、填空题

1. $\int_C f(z)\mathrm{d}z+\int_C g(z)\mathrm{d}z$；　2. ML；　3. 7；　4. $e^{-1}-e$；

5. 0；　6. 9；　7. 0；　8. $\frac{\pi^2}{3}i$.

二、单项选择题

1. D；　2. D；　3. B；　4. D；　5. C；　6. B；　7. A；　8. C；　9. A；　10. A.

三、判断题

1. 错误；2. 正确；3. 正确；4. 正确；5. 错误．

四、计算题

1. (1) $\frac{8}{3}+\frac{14}{3}i$；(2) $\frac{8}{3}+\frac{14}{3}i$；(3) $\frac{8}{3}+\frac{14}{3}i$.

2. (1) $1+\frac{1}{2}i$；(2) $\frac{1}{2}i$.

3. (1) $4\pi i$；(2) $8\pi i$.

4. (1) 0 ; (2) 0 ; (3) 0 ; (4) 0; (5) $2\pi i$; (6) $\frac{2}{3}\pi i$.

[(1) ～ (4) 依据的是柯西—古萨基本定理，(5)、(6) 依据的是柯西积分公式]

5. (1) $\frac{1}{4}e^{\frac{1}{2}}\pi i$; (2) $\frac{\pi i}{a}$; (3) $i\pi\sinh 1$; (4) 0 ; (5) 0 ; (6) 0 ; (7) 0 ; (8) 0 ; (9) $\sqrt{3}\pi i$; (10) $\frac{\pi i}{12}$.

6. (1) 0 ; (2) $-\frac{1}{3}i$; (3) $(\pi-\frac{1}{2}\sinh 2\pi)i$; (4) $\sin 1-\cos 1$.

7. 0 .

8. 当 α 与 $-\alpha$ 都不在 C 的内部时，积分值为 0 ; 当 α 与 $-\alpha$ 中有一个在 C 的内部，另一个在 C 的外部时，积分值为 πi ; 当 α 与 $-\alpha$ 都在 C 的内部时，积分值为 $2\pi i$.

9. 是 . 因为 $\frac{f'(z)}{f(z)}$ 在 B 内处处解析 .

10. 不是 .

11. $p=1, f(z)=e^z+C; p=-1, f(z)=-e^{-z}+C.$

五、证明题

略 .

习 题 4

一、填空题

1. $|z|<+\infty$; 2. $\frac{1}{3}$; 3. $R_1\leqslant R_2$; 4. $0<|z|<1$; 5. $\sum_{n=-\infty}^{-1}c_n(z-a)^n$;

6. $\frac{1}{2}<|z|<1$.

二、单项选择题

1. C; 2. C; 3. A; 4. D; 5. A; 6. D; 7. B; 8. B; 9. B; 10. A.

三、判断题

1. 错误 . 2. 正确 . 3. 错误 . 4. 正确 . 5. 错误 . 6. 正确 . 7. 错误 . 8. 错误 .

四、计算题

1. (1) 发散; (2) 绝对收敛; (3) 绝对收敛; (4) 条件收敛 .

2. (1) $R=\frac{1}{e}$; (2) 无; (3) $R=1$; $|z-3|<1$; $\frac{z-3}{[1-(z-3)]^2}$;

3～6. 略

五、解答题.

略 .

六、证明题.

略 .

习 题 5

一、填空题

1. 本性，1；　2. 三；　3. 一；　4. 0；　5. $\frac{1}{6}$.

二、单项选择题

1. C；　2. C；　3. C；　4. C；　5. D；　6. C；　7. B；　8. B；　9. B；　10. B.

三、判断题

1. 错误．2. 正确．3. 正确．4. 正确．5. 错误．6. 正确．7. 错误．8. 错误．

四、计算题

1. (1) $z=0$ 三级极点；(2) $z=0$ 二级极点．
2. (1) 无极点；(2) $z=1$ 二级极点；(3) $z=0$ 三级极点．
3. 略．

五、解答题

略.

习 题 6

一、填空题

1. 伸缩率 12，转动角 $-\frac{\pi}{3}$；2. 伸缩率 $2\sqrt{2}$，转动角 $\frac{\pi}{4}$；3. $w=\frac{z-6i}{3iz-2}$；

4. $|w|<1$；5. $w=e^{i\theta}\frac{z^4-\alpha}{z^4-\alpha}, (\theta\in R), \mathrm{Im}\alpha>0$.

二、计算题

1. $w=\beta-ie^{\frac{z}{\alpha}\pi i}$；2. 伸缩率 2，旋转角 $\frac{\pi}{2}$，w 平面上虚轴的正向；

3. $w_1=-1, w_2=-i, w_3=i$ 为顶点的三角形；

4. (1) $w=-\frac{z^2+2}{3z^2}$；(2) $w=-\frac{1}{2}\left(z+\frac{1}{z}\right)$；

5. (1) $u^2+v^2=\frac{1}{4}$；(2) $v=-u$；(3) $\left(u-\frac{1}{4}\right)^2+v^2=\frac{1}{16}$；(4) $u=\frac{1}{2}$；

6. $|c|=|d|$ 且 $ad-bc\neq 0$；

7. $w=\left(\frac{1+ie^{-iz}}{1-ie^{-iz}}\right)^2$；8. $w=e^{i\theta}\frac{z-\beta}{z+\beta}$；9. $w=\frac{2(2z+1)}{-z+2}$；10. $w=i\frac{z-i}{z+i}$；

11. $w=\frac{2z-1}{2-z}$；12. $w=\sqrt{(z-\alpha)^2+\beta^2}+\alpha$；13. $ad-bc\neq 0, |a|=|c|$；

14. $2i\frac{z-i}{z+i}$；15. $w=\sqrt{z^4+4}$.

参 考 文 献

[1] 李红，谢松法. 复变函数与积分变换 [M]. 5 版. 北京：高等教育出版社，2018.
[2] 钟玉泉. 复变函数论 [M]. 4 版. 北京：高等教育出版社，2013.
[3] 杨纶标，郝志峰. 复变函数 [M]. 北京：科学出版社，2003.
[4] 庞学诚，梁金荣，柴俊. 复变函数 [M]. 北京：科学出版社，2016.
[5] 赵建丛，黄文亮. 复变函数与积分变换 [M]. 2 版. 上海：华东理工大学出版社，2012.
[6] 潘永亮，汪琥庭，汪芳庭，宋立功. 复变函数 [M]. 北京：科学出版社，2004.
[7] 西安交通大学高等数学教研室. 复变函数 [M]. 4 版. 北京：高等教育出版社，1996.
[8] 王丽霞. 复变函数与积分变换 [M]. 镇江：江苏大学出版社，2012.
[9] 沈小芳. 复变函数 积分变换及其应用 [M]. 武汉：华中科技大学出版社，2017.
[10] 罗文强. 复变函数与积分变换 [M]. 北京：科学出版社，2012.
[11] 宋苏罗. 复变函数与积分变换 [M]. 北京：科学出版社，2013.
[12] 包革军，邢宇明，盖云英. 复变函数与积分变换 [M]. 3 版. 北京：科学出版社，2013.
[13] 王志勇. 复变函数与积分变换 [M]. 2 版. 武汉：华中科技大学出版社，2017.
[14] 刘建亚，吴臻，郑修才，等. 复变函数与积分变换 [M]. 2 版. 北京：高等教育出版社，2011.
[15] 刘子瑞，徐忠昌. 复变函数与积分变换 [M]. 2 版. 北京：科学出版社，2011.